DIV+CSS

布局与样式之网站设计精粹

李海燕　编著

清华大学出版社

北京

内 容 简 介

本书结合大量实际案例，详细讲解如何运用DIV+CSS进行网页制作，并穿插讲解各种经验和技巧。

本书共分18章。第1章介绍了CSS模块化、XHTML代码语义、CSS Sprites技术、CSS重置代码等知识要点，并分享了实际项目中的使用技巧；第2章~第15章详解运用DIV+CSS制作的14个类型和风格各不相同的大型实用网站案例；第16章~第18章介绍了网页在各种浏览器中的兼容问题及解决办法，如何使用Firebug、IE Developer Toolbar和Chrome开发者工具进行网页调试，发布前如何进行网站测试，大型项目中的代码压缩和版本控制以及上传网站的方法。

本书面向网页设计初学者，是学习网页设计、进行实际网站开发的首选图书。

图书在版编目（CIP）数据

DIV+CSS布局与样式之网站设计精粹 / 李海燕编著. —北京：清华大学出版社，2014（2018.1重印）
ISBN 978-7-302-37398-8

I. ①D… II. ①李… III. ①网页制作工具 IV.①TP393.092

中国版本图书馆CIP数据核字（2014）第162900号

责任编辑：夏非彼
封面设计：王　翔
责任校对：闫秀华
责任印制：沈　露

出版发行：清华大学出版社
网　　　址：http://www.tup.com.cn，http://www.wqbook.com
地　　　址：北京清华大学学研大厦A座　　　　　　　邮　　编：100084
社 总 机：010-62770175　　　　　　　　　　　　　　邮　　购：010-62786544
投稿与读者服务：010-62776969，c-service@tup.tsinghua.edu.cn
质量反馈：010-62772015，zhiliang@tup.tsinghua.edu.cn
印 装 者：北京中献拓方科技发展有限公司
经　　销：全国新华书店
开　　本：190mm×260mm　　　　印　张：23.5　　　　字　数：602千字
版　　次：2014年9月第1版　　　　　　　　　　　印　次：2018年1月第2次印刷
印　　数：3501~3800
定　　价：49.80元

产品编号：057663-01

前　言

本书是一本详细讲解如何运用DIV+CSS进行网站制作的技术书，是最全的网站重构案例书，由天涯社区前端工程师李海燕结合多年工作经验和项目开发经验所编写。

学习DIV+CSS有用吗

Web前端开发技术包括三个核心要素：XHTML、CSS和JavaScript，本书的DIV+CSS技术充分运用了其中的两个：XHTML和CSS。企业在招聘前端开发或网站制作的人员时，能熟练运用DIV+CSS技术进行网站制作成为筛选人才的必选项。同时运用DIV+CSS技术制作的网站与传统TABLE布局相比，无论在SEO还是在性能上都远远胜出。可以说如果从事与网站相关的工作，那么不懂DIV+CSS将寸步难行。

精心梳理知识要点

本书第1章梳理了作者多年在网站制作中积累的知识要点和技巧，包括公司网站制作流程、CSS模块化、XHTML代码语义、CSS Sprites、CSS重置代码等，使读者少走弯路，快速积累经验。

细致介绍制作过程

本书第2章~第15章详细讲解如何运用DIV+CSS制作14个类型和风格各不相同的大型网站案例。这些案例都是实际项目或目前互联网上正在使用的页面，取材新颖，内容实用。每个案例都分别进行了细致分析，包括网站效果图、布局规划、切图、搭建网站框架、XHTML编写和CSS编写。

系统讲解在企业的实际项目中涉及的问题和解决办法

本书第16章~第18章分别介绍网页在各种浏览器中的兼容问题及解决办法，如何使用Firebug、IE Developer Toolbar和Chrome开发者工具进行网页调试，网页发布前如何进行网站测试，大型项目中的代码压缩和版本控制以及上传网站方法，加深读者对网站制作的认识，提高读者实战能力。

本书涉及的技术或知识点

◎ 网站开发流程	◎ CSS Sprites	◎ CSS模块化
◎ XHTML代码语义	◎ class组合与继承	◎ CSS Hack
◎ Firebug	◎ IE Developer Toolbar	◎ Chrome开发者工具
◎ 浏览器兼容	◎ 代码测试	◎ 版本控制
◎ 网站上传	◎ 清除浮动	◎ 浏览器内核
◎ 如何切图	◎ CSS样式重置	

本书的案例

◎ 企业网站：Communications通讯

◎ 个人网站：博客

◎ 产品展示网站：CLOTHES公司服装展示

◎ 教育科研机构网站：北京理工大学

◎ 电子商务网站：唯品会

◎ 电子政务网站：山西省人民政府驻北京办事处

◎ 搜索资讯网站：Google

◎ 电影网站：豆瓣电影

◎ 游戏网站：游戏部落

◎ 婚庆网站：婚礼花艺

◎ 论坛类网站：天涯来吧

◎ 餐饮网站：美味比萨餐厅

◎ 汽车网站：一汽奔腾

◎ 在线阅读网站：唐茶——阅读新境界

本书特点

1. 讲解细致，分析透彻，本书无论是理论知识的介绍，还是实例的开发，都从实际应用角度出发，精心选择开发中的典型例子。

2. 深入浅出、轻松易学，以实例为主线，激发读者的阅读兴趣，让读者能够真正学习到DIV+CSS技术最实用、最前沿的技术。

3. 图文并茂，步骤详细，对每段代码中的重点都进行了讲解，使读者易于理解和消化，帮助读者快速掌握。

4. 贴近读者、贴近实际，汇总讲解了在网页制作中遇到的兼容问题，并详细介绍各种常用网页调试工具的使用和说明，帮助读者快速找到浏览器各种兼容问题的最优解决方案，书中很多实例来自作者工作的实际案例和现在流行的网站。

5. 贴心提醒，醒目易记，本书根据需要在各章使用了很多"注意"形式，对每个实例制作时遇到的问题进行了总结，让读者可以在学习过程中更轻松地理解相关知识点及概念。

本书读者

- XHTML和CSS开发初学者和前端开发爱好者
- 前端开发工程师
- 网站重构工程师
- 从事后端开发但对前端开发感兴趣的人员
- 网页设计人员、站长、网站编辑或网站运营
- 喜欢网页设计的大中专院校的学生
- 可作为各种培训学校的入门+实践教程

本书作者

除本书封面署名作者外，参与本书编写的人员还有宋楠、李春城、李柯泉、陈超、杜礼、孔峰、孙泽军、王刚、杨超、张光泽、赵东、李玉莉、刘岩、潘玉亮、林龙，在此表示感谢。

配套源代码下载

本书配套源代码下载地址（注意字母大小写）为http://pan.baidu.com/s/1qWNlNli。

编者

2014年6月

目　录

网站制作前需知

学习DIV+CSS制作网页不仅是因为其流行，更多的是越来越多的人认识到DIV+CSS技术在建站上所体现出的优点。在利用DIV+CSS技术制作一个网页前，除了必备的XHTML和CSS代码知识外，还要了解网站开发流程，以及如何分析页面等知识。

本章主要涉及到的知识点如下。

- 网站开发流程：了解网站开发流程，在项目中占据主动。
- 分析网页效果图：学习如何划分模块，如何切图，以及介绍CSS代码模块化。
- 与产品经理、后端技术人员进行有效的沟通：明白在网页制作中，沟通的重要性。
- XHTML CSS必备基础知识点：XHTML基本构成，CSS基本构成，标签语义化，CSS命名规范，CSS Sprites技术，CSS样式重置，页面质量评估标准，代码注释以及CSS Hack。

> 注意 本章内容是对网页制作涉及的基础知识进行简要介绍，详细知识点请参考XHTML及CSS语法书籍。

1.1 网站开发流程

了解网站开发的基本流程，有助于把握开发进度，明确自己的职责和项目环节。绝大多数公司基本上都按照下面的顺序进行网站开发：网站策划（策划人员）→交互设计（交互设计师）→网页设计（视觉设计师）→前端开发（前端工程师）→后端开发（后端工程师）→测试网页（测试人员）→网站发布→后期运营和维护。

1.2 分析网页效果图

收到一个网页效果图后不要急于开始制作，要先进行分析和规划，分析好了，后期的制作会很轻松。

制作前先建立好几个文件夹，通常文件夹images存放切好的网页图片，文件夹pic用于存放临时图片，文件夹css用于存放CSS文件，文件夹js用于存放JavaScript文件。

1.2.1 划分模块

网页都是由一个个的小模块组成的，对于一个页面，如果它的页面结构和表现有很多统一和相似的地方，便可以运用网页模块化来制作页面，省去重复劳动。如图1.1所示的是划分模块前的原始页面。

图1.1 划分模块前的原始页面

如图1.2所示是划分模块后的页面。

图1.2 划分模块后的页面

1.2.2 CSS模块化

网页上表现相同或相近的区域能提取出可以重复使用的CSS样式，就是CSS模块化。如图1.3所示，①②③④区域的XHTML结构和CSS样式都一样，不同的只是④区域的新闻条目是3条，而其他①②③区域是5条。

> **注意** CSS模块化对于大型网页制作，尤其门户类首页是很实用的一个技巧。

图1.3 对页面划分模块

根据图1.3所示，编写代码1-1。

代码1-1

红色块①②③区域的XHTML代码如下：

```
01  <div>
02      <ul class="newlist-1">
03          <li><a href="#" target="_blank">MINI再度联手，邀请狗狗开汽
车</a></li>
04          <li><a href="#" target="_blank">MINI再度联手，邀请狗狗开汽车</
a></li>
05          <li><a href="#" target="_blank">MINI再度联手，邀请狗狗开汽车</
a></li>
06          <li><a href="#" target="_blank">MINI再度联手，邀请狗狗开汽车</
a></li>
07          <li><a href="#" target="_blank">MINI再度联手，邀请狗狗开汽车</
a></li>
08      </ul>
09  </div>
```

红色块④区域的XHTML代码如下：

```
01  <div>
```

```
02        <ul class="newlist-1">
03            <li><a href="#" target="_blank">MINI再度联手，邀请狗狗开汽车</
a></li>
04            <li><a href="#" target="_blank">MINI再度联手，邀请狗狗开汽车</
a></li>
05            <li><a href="#" target="_blank">MINI再度联手，邀请狗狗开汽车</
a></li>
06        </ul>
07  </div>
```

红色块区域的CSS代码如下：

```
01  .newlist-1{padding:10px;font-size:14px;}
02  .newlist-1 li{height:22px;line-height:22px;overflow:hidden;background:u
rl(../images/dot.gif)
no-repeat left center;}
03  .newlist-1 li a{color:#C2C2C2;}
04  .newlist-1 li a:hover{color:#C2C2C2;text-decoration:none;}
```

红色块④区域的XHTML代码只比红色块①②③区域的XHTML代码少了两行li标签，而CSS样式newlist-1可以重复使用。

1.2.3 class使用技巧

用class组合就是一个XHTML模块的表现样式用几个class样式组合在一起实现，而少用class继承，这样可以有效减少CSS样式的重复编写，可减少代码量，既提高开发效率又提高页面性能。

将代码1-1优化一下，变为如代码1-2所示。

代码1-2

①②③区域的XHTML代码如下：

```
01  <div>
02        <ul class="newlist-1  p10  fs12">
03            <li><a href="#" target="_blank">MINI再度联手，邀请狗狗开汽车</
a></li>
04            <li><a href="#" target="_blank">MINI再度联手，邀请狗狗开汽车</
a></li>
05            <li><a href="#" target="_blank">MINI再度联手，邀请狗狗开汽车</
a></li>
06            <li><a href="#" target="_blank">MINI再度联手，邀请狗狗开汽车</
a></li>
07            <li><a href="#" target="_blank">MINI再度联手，邀请狗狗开汽车</
a></li>
08        </ul>
09  </div>
```

④区域的XHTML代码如下：

```
01  <div>
02        <ul class="newlist-1  p10  fs12">
```

```
03                    <li><a href="#" target="_blank">MINI再度联手，邀请狗狗开汽车</a></li>
04                    <li><a href="#" target="_blank">MINI再度联手，邀请狗狗开汽车</a></li>
05                    <li><a href="#" target="_blank">MINI再度联手，邀请狗狗开汽车</a></li>
06         </ul>
07 </div>
```

图1.3中加框区域的CSS代码如下：

```
01 .p10{padding:10px;}
02 .fs12{font-size:14px;}
03 .newlist-1{ }
04 .newlist-1 li{height:22px;line-height:22px;overflow:hidden;background:url(../images/dot.gif)
no-repeat left center;}
05 .newlist-1 li a{color:#C2C2C2;}
06 .newlist-1 li a:hover{color:#C2C2C2;text-decoration:none;}
```

将.newlist-1中的padding和font-size拆分到另外两个样式中，这样如果将来红色块①②③④中任意一个区域需要修改字体或边距都可以轻松修改。

1.2.4 如何"切图"

"切图"是制作网页必不可少的一个环节。所谓切图，就是把视觉设计师给的网页效果图切成一块一块的小图片供制作时使用，这些小图片也被称为"切片"。一般切图软件有Photoshop、Fireworks等。

 切图的原则是尽量使切片最简单，面积最小，并且一个模块能在高度和宽度上自由伸缩。

切图技巧主要有以下几点：

（1）颜色渐变或图案重复的图片只需切其中任意一块重复的区域。

（2）反之，颜色不是渐变，没有重复图案或不是纯色的图片将其整体作为一个切片。

（3）能用CSS的background-color属性显示的尽量不用图片。

（4）切图的时候将网页效果图放大，切片边缘精确到一个px，否则达不到网页与效果图一致的目的。

1.3 与产品经理、设计师、后端工程师进行有效沟通

制作网页的前端工程师处于整个项目链条的中间位置，一个项目最简单的组合往往由产品经理、视觉设计师、前端工程师及后端工程师组成。在拿到设计图准备制作页面之前，务

必将页面上不明确的部分与产品经理、设计师和后端工程师详细沟通，防止事倍功半的情况发生。

如图1.4所示是一般情况下的项目成员及分工。

图1.4 项目成员及分工

1.4 XHTML CSS基础知识

本节简要概述了在网页制作中涉及到的XHTML和CSS基础知识以及一些经验总结和实用技巧。在工作中熟练掌握基础知识，合理使用经验总结，灵活运用实用技巧，有助于提高网页制作效率，提高网站性能。

1.4.1 XHTML文件的构成

HTML（HyperText Mark-up Language）即超文本标记语言或超文本链接标示语言，是构成网页文档的主要语言。XHTML 指扩展超文本标签语言（EXtensible HyperText Markup Language），是更严格更纯净的 HTML 版本。XHTML文件的结构包括头部（Head）、主体（Body）两大部分，其中头部描述浏览器所需的信息，而主体则包含所要说明的具体内容。

 注意 XHTML 1.0在2000年1月26日成为W3C的推荐标准。

如代码1-3所示是一个XHTML文件：

代码1-3

```
01 <!DOCTYPE html PUBLIC "-//W3C//DTD XHTML 1.0 Transitional//EN"
"http://www.w3.org/TR/xhtml1/DTD/xhtml1-transitional.dtd">
02 <html xmlns="http://www.w3.org/1999/xhtml">
```

```
03 <head>
04 <meta http-equiv="Content-Type" content="text/html; charset=utf-8" />
05 <title>网页标题</title>
06 <link href="css/home.css" rel="stylesheet" type="text/css" />
07 </head>
08 <body>
09 <div id="doc">
10     <div id="hd">/*..modules..*/</div>
11     <div id="bd">/*..modules..*/</div>
12     <div id="ft">/*..modules..*/</div>
13 </div>
14 </body>
15 <script type="text/javascript" src="js/home.js"></script>
16 </html>
```

其中，DOCTYPE和xmlns都是必须的。编码格式经常使用的有UTF-8和GBK两种，UTF-8是针对英文网页设计的编码格式；GBK是针对中文网页设计的编码格式。在没有特殊需求的情况下统一使用UTF-8编码，因为UTF-8是国际编码，通用性好，另外使用UFT-8编码有个好处是后端页面，如PHP、ASP等一般都使用UTF-8编码，所以与其通信时可以防止出现乱码和不必要的麻烦。

CSS一般位于XHTML文件的头部，JavaScript一般位于XHTML文件的末尾，防止JavaScript文件在加载时出现加载时间过长，而导致页面出现空白等糟糕的用户体验。

注意 XHTML标签全部小写。

1.4.2 CSS文件的构成

级联样式表（Cascading Style Sheet）简称CSS，通常又称为"层叠样式表（Style Sheet）"，它是用来进行网页风格设计的。比如，网页上蓝色的字、红色的按钮，这些都是风格。通过设立样式表，可以统一地控制XHTML中各标签的显示属性。CSS样式表可以使人更能有效地控制网页外观。如代码1-4是一个CSS文件：

代码1-4

```
01 /*css reset*/
02 html{color:#000;}}body,div,dl,dt,dd,ul,ol,li,h1,h2,h3,h4,h5,h6/*...*/
03 /*全局公共样式*/
04 textarea{resize:none;} /*hack for chrome, disable chrome resizes
textarea*/
05 a{color:#049;outline-style:none;}
06 a:hover{color:#f00;}
07 .cf{zoom:1;}
08 .cf:after{content:'.';display:block;visibility:hidden;clear:both;height:0px;}
09 /*moduleABC ABC模块的样式*/
10 #moduleABC h2{font-size:14px;font-weight:bold;}
11 #moduleABC p{font-size:12px;line-height:1.5;}
```

如代码1-4所示，CSS文件分为三部分：第一部分为CSS重置；第二部分为公共样式；第三部分为模块样式（非公共）。所有的公共样式一般写在第二部分，位于模块样式之上，方便查找。

在模块CSS部分，尽量写出样式的详细路径，比如：

```
01 #mty_bbs_myblock .searchbar .addblock ul li a{margin:.2em 0;padding-bottom:.2em}
```

尽量不要简写为：

```
01 #mty_bbs_myblock .searchbar a{margin:.2em 0;padding-bottom:.2em}
```

注意 CSS代码建议全部小写。

1.4.3 标签语义化

制作网站前，首先应该明白各标签的含义。XHTML每个标签都有自己的含义，都有各自的适用范围，各标签不能随意滥用和忽略。

比如在一个页面中，<div>用了几十个甚至上百个，这是个无意义的标签，只是表示文档中的一个分区而已，非常不利于后期的维护；而<table>标签表示表格，并不是说DIV+CSS结构的页面就不能使用，该用的时候，就要大胆使用。

使用标签语义化有很多好处：

- 语义化的网页，容易被搜索引擎抓取，便于网站的推广。
- 去掉样式或者样式丢失时页面结构依然清晰分明。
- 移动设备能够更加完美地展示网页。
- 阅读器会根据标签的语义自动解析，呈现更容易阅读的内容形式。
- 便于后期的开发以及维护，提高团队合作效率。

如表1.1是网页制作中常用的XHTML标签的英文全拼和中文翻译。

表1.1 常见XHTML标签语义汇总

标签名称	标签英文全拼	标签中文翻译
div	Division	分隔
span	Span	范围
ol	ordered list	排序列表
ul	unordered list	不排序列表
li	list item	列表项目
dl	definition list	定义列表
dt	definition term	定义术语
dd	definition description	定义描述
h1~h6	header 1 to header 6	标题1~标题6
p	paragraph	段落
a	anchor	锚
pre	preformatted	预定义格式

（续表）

标签名称	标签英文全拼	标签中文翻译
strong	strong	加重
em	emphasized	强调
b	bold	粗体
i	italic	斜体
fieldset	fieldset	域集
legend	legend	图标
caption	caption	标题
area	area	图像映射内部的区域
form	form	表单
img	image	图像
input	input	输入域
label	label	针对表单控件的标签
object	object	内嵌对象
option	option	下拉列表选项
select	select	选择列表
textarea	textarea	文本区域
table	table	表格
tbody	table body	表格的主体部分
td	table data cell	表格单元
tfoot	table foot	表格脚注
th	table header cell	表格的表头单元格
thead	table head	表格的标题
tr	table row	表格的行

1.4.4 CSS命名规范

CSS命名既要简洁又要尽可能体现出该样式的作用，可以方便以后阅读和理解，提高可维护性。

CSS的命名一般有两种方法：

- 第一种是驼峰命名法，例如topMenu、subLeftMenu。
- 另一种是划线命名法，例如top-menu、sub-left-menu、top_menu、sub_left_menu。可以单独使用一种方法也可以将两种方法组合使用。

如表1.2所示是常用的CSS命名：

表1.2 常用的CSS命名

页面元素	CSS名称	页面元素	CSS名称
容器	container	栏目	column
页头	header	页面外围控制整体布局宽度	wrapper
内容	content/container	标题	title
页面主体	main	摘要	summary
页尾	footer	标志	logo
导航	nav	广告	banner

（续表）

页面元素	CSS名称	页面元素	CSS名称
侧栏	sidebar	登录	login
左右中	left right center	登录条	loginbar
主导航	mainNav	注册	regsiter
子导航	subNav	搜索	search
顶导航	topNav	功能区	shop
边导航	sidebar	标题	title
左导航	leftSidebar	加入	joinUs
右导航	rightSidebar	状态	status
菜单	menu	按钮	btn
子菜单	subMenu	滚动	scroll
提示信息	msg	标签页	tab
当前的	current	文章列表	list
小技巧	tips	服务	service
图标	icon	热点	hot
注释	note	新闻	news
指南	guild	下载	download
投票	vote	合作伙伴	partner
友情链接	link	版权	copyright

1.4.5 CSS样式重置

　　浏览器对XHTML标签都有自己默认的样式，如果不对这些默认样式进行重置，那么为了使网页在各浏览器中都呈现出与效果图一致的样子，需要在CSS中对每个XHTML标签反复设置相同的规则。

　　CSS重置的样式一般都是固定的，如代码1-5所示。

代码1-5

```
01 /*css reset*/
02 body,div,dl,dt,dd,ul,ol,li,h1,h2,h3,h4,h5,h6,pre,code,form,fieldset,leg
end,input,button,textarea,p,blockquote,th,td{margin:0; padding:0;}
03 table{border-collapse:collapse; border-spacing:0;}
04 ol,ul{list-style:none;}
05 fieldset,img {border:0;}
06 textarea{resize:none;}
07 input:focus,textarea:focus {outline:none}
08 a{text-decoration:none;}
09 a:hover{text-decoration:underline;}
10 q:before, q:after{content:'';}
11 abbr, acronym{border:0; font-variant:normal;}
12 address,cite,dfn,optgroup,em,var{font-style:normal;}
13 legend{color:#000;}
14 .clear{clear:both;height:0;overflow:hidden;}
15 .cf:after{visibility:hidden;display:block;font-size:0;content:"";clear
:both;height:0;}
16 *.cf{zoom:1;}
```

.cf样式用于对DIV内部的元素清除浮动，从而避免了增加一个空的DIV标签来清除浮动。

注意 CSS重置的样式可以根据个人需求不同自定义，也可以参考大型网站，如Yahoo的CSS Reset代码。

如代码1-6所示。

代码1-6

XHTML代码如下：
推荐的写法：

```
01  <div class="cf">
02      <div class="left">这里是左边导航</div>
03      <div class="right">这里是右边内容</div>
04  </div>
```

不推荐的写法：

```
01  <div>
02      <div class="left">这里是左边导航</div>
03      <div class="right">这里是右边内容</div>
04      <div class="clear"></div>
05  </div>
```

CSS代码如下：

```
01  .clear{clear:both;height:0;overflow:hidden;}
02  .cf:after{visibility:hidden;display:block;font-size:0;content:"";clear
:both;height:0;}
03  *.cf{zoom:1;}
04  .left{float:left;}
05  .right{float:right;}
```

注意 实际项目的CSS文件中，要在CSS文件头部增加代码01~05作为CSS样式重置代码。

1.4.6 CSS Sprites技术

CSS Sprites是一种处理网页图片的方式。它是将一个页面涉及到的零星背景图片都整合到一张大图中，再利用CSS的background-image、background-repeat和background-position的组合对背景图片定位，background-position可以用数字精确定位出背景图片的位置。

使用CSS Sprites的好处是能够减少网页HTTP请求，提高网页性能。因为客户端每显示一张图片都会向服务器发送请求，所以，图片越多请求次数越多，造成延迟的可能性也就越大。

但是，CSS Sprites技术在实际开发中，要视情况决定是否有必要使用。由于CSS Sprites在开发时需要将小图片一张一张整合到一起，过程繁琐、耗时，因此，对于小流量或简单的页面，耗费的人力、时间成本与收效不成正比，不推荐使用。对于较高流量的页面，可以使用CSS Sprites技术合并图片，并且整合后的图片大小不高于200KB时推荐使用。如图1.5所示是一张网页导航的CSS Sprites图，图片的名称是nav.gif。

图1.5 网页导航的CSS Sprites注

蓝色是正常状态下的样式，红色是鼠标指针移上去后的样式。根据图1.5所示，编写代码1-7。

代码1-7

XHTML代码如下：

```
01 <div class="nav">
02     <ul class="cf">
03         <li class="home"><a href="#" alt="Home" title="Home">Home</
a></li>
04         <li class="blog"><a href="#" alt="Blog" title="Blog">Blog</
a></li>
05         <li class="contact"><a href="#" alt="Contact"
title="Contact">Contact</a></li>
06     </ul>
07 </div>
```

CSS代码如下：

```
01 /*css reset*/
02 body,div,dl,dt,dd,ul,ol,li,h1,h2,h3,h4,h5,h6,pre,code,form,fieldset,leg
end,input,button,textarea,p,blockquote,th,td{margin:0; padding:0;}
03 table{border-collapse:collapse; border-spacing:0;}
04 ol,ul{list-style:none;}
05 fieldset,img {border:0;}
06 textarea{resize:none;}
07 input:focus,textarea:focus {outline:none}
08 a{text-decoration:none;}
09 a:hover{text-decoration:underline;}
10 q:before, q:after{content:'';}
11 abbr, acronym{border:0; font-variant:normal;}
12 address,cite,dfn,optgroup,em,var{font-style:normal;}
13 legend{color:#000;}
14 .clear{clear:both;height:0;overflow:hidden;}
15 .cf:after{visibility:hidden;display:block;font-size:0;content:"";clear
:both;height:0;}
16 *.cf{zoom:1;}
17 /*nav*/
18 .nav{width:450px;height:44px;margin:20px auto;}
19 .nav ul li {width:150px; height:44px;float:left; }
20 .nav ul li a {width:150px; height:44px;float:left; background:url(../
images/nav.gif) no-repeat; text-indent:-999em;overflow:hidden;}
21 .nav ul .home a{background-position:0px 0px;}
22 .nav ul .blog a{background-position:-150px 0px;}
23 .nav ul .contact a{background-position:-300px 0px;}
```

```
24   .nav ul .home a:hover{background-position:0px -44px;}
25   .nav ul .blog a:hover{background-position:-150px -44px;}
26   .nav ul .contact a:hover{background-position:-300px -44px;}
```

注意 代码1-7的CSS文件中，注释/*nav*/以下是导航样式，注释/*css reset*/是CSS样式重置代码。

如图1.6所示是完成后的网页导航效果。

图1.6 网页导航效果

如图1.7所示是鼠标指针移到导航上的网页效果。

图1.7 鼠标指针移到导航上的网页效果

1.4.7 页面质量评估标准

通过插件YSlow或W3C验证http://validator.w3.org/ 都可以检测XHTML和CSS代码的质量。

YSlow是Yahoo发布的一款基于Firefox的插件。YSlow可以对网站的页面进行分析，为方便用户提高网站性能，会列出具体的修改意见。如图1.8所示是Yslow的Grade视图，即等级视图，是Yslow给出的网站性能评分。

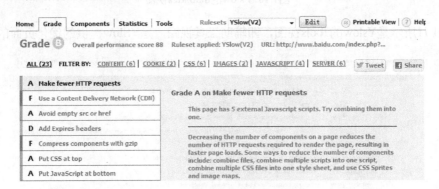

图1.8 Yslow的等级视图Grade视图

如图1.9所示是Yslow的Components视图，即组件视图，通过Components考验查看网页各个元素占用的空间大小。

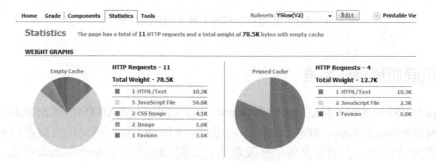

图1.9　Yslow的Components视图

如图1.10所示是Yslow的Statistics视图，即统计信息视图，Statistics视图统计页面对比了空缓存和使用缓存后页面元素的加载情况。

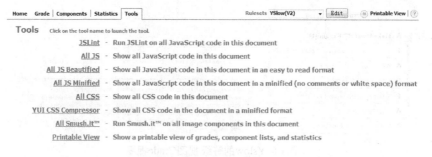

图1.10　Yslow的Statistics视图

如图1.11所示是Yslow的Tools视图，即辅助工具视图，是YSlow提供的优化页面的小工具。

图1.11　Yslow的Tools视图

注意　可以根据网站实际情况选择性的做优化。

通常判断代码质量优劣的标准如下：

● 浏览器兼容性测试。
● XHTML代码结构是否清晰。
● XHTML代码结构是否复杂。

- XHTML代码是否和CSS混杂在一起。
- XHTML代码中是否大量出现不被推荐使用的标签。
- XHTML和CSS代码是否书写规范。

1.4.8 代码注释的重要性

代码加注释对于网站制作者本身是一个标记，在大型项目中，能及时有效地进行维护和修改。对代码的阅读者来说，也是一个解释，能让读者透彻了解网站的结构和设计者的思路。对于企业来说，在人员接替时能保证稳定过渡。

1. XHTML代码注释

XHTML代码注释语法：<!--......-->，中间是注释内容。

如代码1-8所示。

代码1-8

```
01 <!DOCTYPE html PUBLIC "-//W3C//DTD XHTML 1.0 Transitional//EN"
"http://www.w3.org/TR/xhtml1/DTD/xhtml1-transitional.dtd">
02 <html xmlns="http://www.w3.org/1999/xhtml">
03 <head>
04 <meta http-equiv="Content-Type" content="text/html; charset=utf-8" />
05 <title>网页标题</title>
06 <link href="css/home.css" rel="stylesheet" type="text/css" />
07 </head>
08 <body>
09     <!--这是一段注释。注释不会在浏览器中显示。-->
10     <p>这是一段普通的段落。</p>
11 </body>
12 </html>
```

2. CSS代码注释

CSS代码注释语法有两种：

（1）/* 注释内容 */

（2）//

其中，前者可以注释多行，从"/*"开始到"*/"之间的都是注释，后者是单行注释。如代码1-9所示。

代码1-9

多行注释：

```
01 /* ----------文字样式开始---------- */
02 /*标题字体样式*/
03 . white12px{color:white;font-size:16px;}
04 /*正文字体样式*/
05 .dreamdublack16px{color:black;font-size:16px;}
06 /* ----------文字样式结束---------- */
```

单行注释：

```
01  //详细摘要
02  .summary{font-size:12px;color:#666;}
```

添加注释时，每行注释应简洁清楚的交代该段代码的功能，同时当一段代码被更改时，相应的注释也应改被更改。

1.4.9 CSS Hack

由于不同的浏览器对CSS的解析不一样，因此会导致生成的页面效果不一样。这时需要针对不同的浏览器去写不同的CSS，让它能够同时兼容不同的浏览器，能在不同的浏览器中得到相同的页面效果。这个针对不同的浏览器写不同的CSS代码的过程，就叫CSS Hack。

写CSS Hack在CSS的编写中是下下策，不推荐使用，因为质量好的XHTML和CSS代码通常99.9％不需要写CSS Hack就能处理各浏览器的兼容问题，而且写CSS Hack不利于将来的维护和修改。

写CSS Hack代码应该根据浏览器的现代程度由高往低写，比如Firfox、IE 9、IE 8、IE 7及IE 6的CSS Hack书写顺序应该是Firfox、IE 9、IE 8、IE 7、IE 6。

如表1.3所示是常用CSS Hack兼容一览表（IE 6~IE 8、Chrome、Firefox等主流浏览器兼容表）。

表1.3 常用CSS Hack兼容一览表图（IE 6~IE 8、Chrome等主流浏览器兼容一览表图）

CSS Hack	IE 6	IE 7	IE 8	Firefox	Chrome	Safari	Opera
*+html	×	×	×	×	×	×	×
*html	√	×	×	×	×	×	×
_	√	√	×	×	×	×	×
*	√	√	√	×	×	×	×
\9	√	√	√	×	×	×	×
\0	×	×	√	×	×	×	√
\0/	×	×	√	×	×	×	×
!important	√	√	√	√	√	√	√

浏览器有两种模式：急速模式和普通模式。只要有一种模式不支持使用，表1.3中就用×表示，由于无法判断用户使用的是哪种模式，所以为了保险起见，只要有一种模式下不支持这种CSS Hack的写法，就不建议使用。

注意　随着各浏览器版本的升级，对网页的渲染规则也逐渐向W3C标准靠拢，CSS Hack代码也会随之变化。表1.3只是某个时期的CSS Hack的一个参考。

如代码1-10所示是两个DIV块在Firfox、IE 8、IE 7及IE 6下不同显示效果的代码。

代码1-10

XHTML代码：

```
01 <!DOCTYPE html PUBLIC "-//W3C//DTD XHTML 1.0 Transitional//EN"
"http://www.w3.org/TR/xhtml1/DTD/xhtml1-transitional.dtd">
```

```
02 <html xmlns="http://www.w3.org/1999/xhtml">
03 <head>
04 <meta http-equiv="Content-Type" content="text/html; charset=utf-8"/>
05 <title>CSS Hack</title>
06 <link type="text/css" rel="stylesheet" href="1.10.css"/>
07 </head>
08 <body>
09 <div class="block"></div>
10 <div class="block mt color"></div>
11 </body>
12 </html>
```

CSS代码：

```
01 /*css reset*/
02 body,div,dl,dt,dd,ul,ol,li,h1,h2,h3,h4,h5,h6,pre,code,form,fieldset,leg
end,input,button,textarea,p,blockquote,th,td{margin:0; padding:0;}
03 table{border-collapse:collapse; border-spacing:0;}
04 ol,ul{list-style:none;}
05 fieldset,img {border:0;}
06 textarea{resize:none;}
07 input:focus,textarea:focus {outline:none}
08 a{text-decoration:none;}
09 a:hover{text-decoration:underline;}
10 q:before, q:after{content:'';}
11 abbr, acronym{border:0; font-variant:normal;}
12 address,cite,dfn,optgroup,em,var{font-style:normal;}
13 legend{color:#000;}
14 .clear{clear:both;height:0;overflow:hidden;}
15 .cf:after{visibility:hidden;display:block;font-size:0;content:"";clear
:both;height:0;}
16 *.cf{zoom:1;}
17 /*block css兼容*/
18 .block{width:500px;height:20px;background-color:#eee;}
19 .mt{
20     margin-top:0px;/*FF*/
21     margin-top:50px\9;/*IE 8*/
22     *margin-top:150px;/*IE 7*/
23     _margin-top:200px;/*IE 6*/
24 }
25 .color{
26     background-color:red;/*FF*/
27     background-color:green\9;/*IE 8*/
28     *background-color:orange;/*IE 7*/
29     _background-color:blue;/*IE 6*/
30 }
```

注意 为方便阅读，部分代码分行显示，实际工作中通常一个类、id或标签的样式写在一行。

如图1.12所示是代码1-10在Firfox、IE 8、IE 7及IE 6下页面的显示效果。

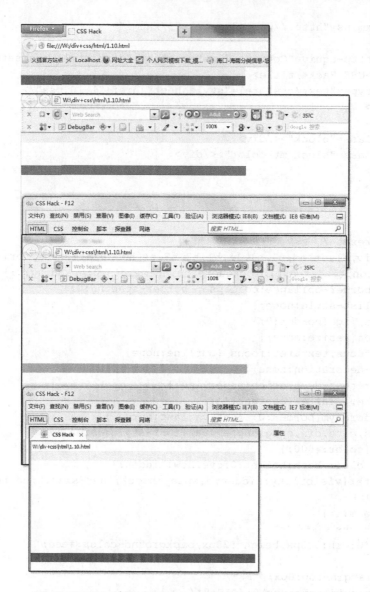

图1.12 代码1-10在Firfox、IE 8、IE 7及IE 6下页面的显示效果

企业网站

第 2 章

企业网站是企业在互联网上进行网络营销和形象宣传的平台，相当于企业的网络名片。企业可以利用网站来进行品牌宣传、产品资讯发布、招聘等等。许多公司都拥有自己的网站，企业网站由一系列相关网页组成，这些页面主要展示自己产品的详细情况，以及公司的实力。页面数量可多可少，具体由企业规模及业务决定。

本章主要涉及到的知识点如下。

- 企业网站效果图分析：将页面拆分，对每个模块进行分析，为后面的开发做准备。
- 网站布局规划和切图：对网站页面进行布局规划和切图，并导出图片。
- XHTML编写：XHTML框架搭建；网站公共模块的XHTML编写；各页面主体内容的XHTML编写。
- CSS编写：CSS重置代码和网站公用样式的编写；网站公共模块的CSS编写；网站框架的CSS编写；各页面主体内容的CSS编写。
- 制作中的注意事项：学会并习惯写XHTML注释和CSS注释。

> **注意** 本章主要介绍企业网站的DIV+CSS页面制作，是本书中最简单和最基础的一个例子，运用了最基础的DIV+CSS制作知识。本书的案例只作为分析和讲解的例子，不能作为商业用途。

2.1 页面效果图分析

本节主要对网站效果图进行分析，包括页面头部和页脚分析、首页主体内容分析和内页主体内容分析。图2.1和图2.2所示psd格式的UI图分别是企业网站的首页和公司产品页的页面效果图。

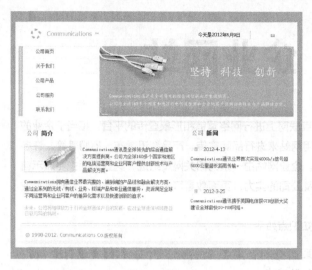

图2.1 首页

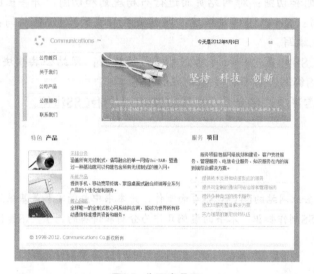

图2.2 公司产品页

注意 首页UI图和XHTML页面通常表示为index.psd和index.html，除首页外的其他页面统称为内页。

2.1.1 头部和页脚分析

页面的头部，如图2.3所示，包括标志、日期、邮箱、导航和网站banner，分别对应图中①②③④⑤。

标志、邮箱和banner分别是三张图片，日期是一段文字，导航是文字链接列表，单击每行文字可以跳转到相应的子页面，导航有背景图。

网站的banner通常是一张反映公司核心产品或核心价值观的图片或Flash动画，色彩鲜艳，是一个网站的点睛之处，这个例子中的banner是一张图片。

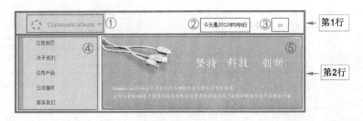

图2.3 页面头部

在布局上，头部先分为上下两行：第一行分为左右两栏，标志在左栏，向左浮动，日期和邮箱在右栏，向右浮动；第二行分为左右两栏，导航在左栏，向左浮动，banner在右栏，向右浮动。

页脚如图2.4所示，是一段关于公司版权信息的文字，这段文字有白色到灰色的渐变背景。

© 1998-2012, Communications Co.版权所有

图2.4 页脚

2.1.2 首页主体内容分析

首页的主体内容，如图2.5所示，包括两部分：公司简介和公司新闻。

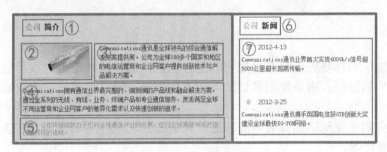

图2.5 首页的主体内容

公司简介由标题、一张图片和三段文字组成，分别对应图中①②③④⑤。图片和第一段文字以图文环绕的形式展现，第三段文字的颜色区别于页面中的其他文字，各段落之间间距相等。各段落中文字的样式、大小以及行高都一样。

公司新闻由标题、日期+文字链接列表组成，分别对应图中⑥⑦。日期前有小标识，每个日期和文字组成的列表项之间有距离。

在布局上分为左右两栏，左栏是公司简介，向左浮动，右栏是公司新闻，向右浮动。在图文环绕这种页面展现形式中，如果图片向左浮动，则文字在图片右边并包围整张图片，如果图片向右浮动，则文字在图片左边并包围整张图片。

2.1.3 内页主体内容分析

公司产品页的主体内容，如图2.6所示，包括两部分：特色产品和服务项目。

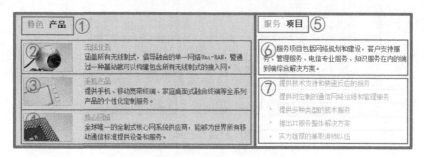

图2.6 公司产品页的主体内容

特色产品由标题和三个结构相似的模块组成，分别对应图中①②③④。其中每个模块由图片、标题和内容摘要组成。图片与文字是左右结构，图片在左边，文字在右边。

服务项目由标题、一段文字和一个文字链接列表组成，分别对应图中⑤⑥⑦。文字链接列表由5条文字链接组成，每一条文字链接前面都有一个三角形小图标，每条文字链接由点划线分隔。

在布局上，分为左右两栏，左栏是特色产品，向左浮动，右栏是服务项目，向右浮动。

2.2 布局规划及切图

任何网站制作前都要先做好布局规划和图片切割，制作时才能迅速找到目标文件的位置并正确引用文件的路径。布局规划和切图不会占用很长时间，但却是制作网站的必要步骤和基本功。

本节主要介绍企业网站的页面布局规划、页面图片切割并导出图片。这些工作是制作本章案例前的必要步骤。

2.2.1 页面布局规划

根据前面对网站效果图的分析，为了后面写出清晰简洁的XHTML代码，对页面的整体结构进行了提炼，得到了页面的大致布局图，如图2.7所示。

2.2.2 切割首页及导出图片

切图片既要准确又要尽可能小，图片切得是否精确直接影响CSS的编写质量，进而影响页面效果。

首页需要切割的图片包括企业标志logo.gif、邮箱小图标icon-mail.png、日期与邮箱之间的竖线top_line.gif、导航的背景nav_bg.gif、banner图

图2.7 页面布局图

片banner.jpg、公司简介中的图片pix1.gif、公司新闻列表中的日期小图标icon-date.gif。主体内容的背景图片bd-bg.gif、页脚背景图片ft-bg.gif、整个页面背景bg.gif。如图2.8所示是首页在Photoshop中的所有切片。

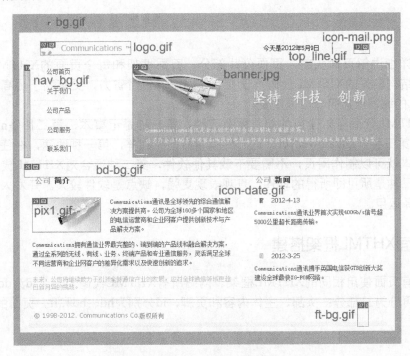

图2.8 首页在Photoshop中的所有切片

如图2.8所示，每个被切到的图片在Photoshop中都由一个数字表示其对应的切片的序号，比如ft-bg.gif对应的切片的序号是37。

2.2.3 切割内页及导出图片

公司产品页的页面头部与首页的页面头部相同，所以这部分图片就不需要重复切割。只需要切割产品页的内容部分即可。如图2.9所示是公司产品页在Photoshop中的所有切片：产品特色中的三张图片依次切下来，分别是pix2.jpg、pix3.jpg和pix4.jpg；服务项目中切下来的是三角形小图标bullet2.gif。

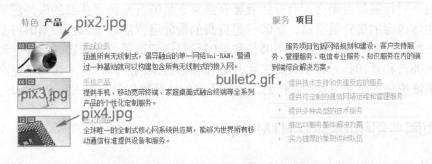

图2.9 公司产品页在Photoshop中的所有切片

本节将详细讲解页面头部、页面公共部分、页面框架和每个页面的XHTML代码的编写。语义和结构良好的XHTML代码不仅在制作网站时省时省力，更有利于提高网站排名，因此XHTML的编写虽然简单但很重要。

编写XHTML代码可以使用的编辑器有三种，第一种是记事本，第二种是notepad++、editPlus等，第三种是Dreamweaver。这三种编辑器各有利弊，第一种快速，在任何情况下只要打开记事本就可以制作网页，不需要下载其他软件，第二种适合对XHTML代码熟练掌握的人员，第三种是所见即所得的软件，直观表现更强，缺点是软件较大。开发人员可以根据自身情况选择运用。

2.3.1 页面XHTML框架搭建

网站所有页面使用相同的XHTML框架。网站所有XHTML代码用一个id为doc的div标签包裹。里面再分为三部分：头部、主体内容和页脚，id分别为hd、bd和ft。页面的XHTML框架编写如下：

代码2-1

```
01 <div id="doc">
02     <!--start of hd-->
03     <div id="hd" class="cf"></div>
04     <!--end of hd-->
05     <!--start of bd-->
06     <div id="bd" class="cf"></div>
07     <!--end of bd-->
08     <!--start of ft-->
09     <div id="ft" class="gray font-tahoma"> </div>
10     <!--end of ft-->
11 </div>
```

第01行和第11行是页面最外层容器#doc，第01行是#doc的开始标签，第11行是#doc的结束标签，每一对标签都要闭合，有开始就要有结束。第03行是页面头部的最外层容器。第06行是页面主体内容的最外层容器。第09行是页脚的最外层容器。第02行和第04行是标识页面头部在哪开始和在哪结束的注释，第05行和第07行是标识页面主体内容在哪开始和在哪结束的注释，第08行和第10行是标识页脚在哪开始和在哪结束的注释。这些注释不是必须的，但是为了将来维护和方便其他人阅读代码，编写适当的注释体现了开发人员良好的职业素质。

2.3.2 页面头部和页脚的XHTML编写

XHTML文件的结构包括头部（Head）和主体（Body）两大部分，其中头部描述浏览器所需的信息，而主体则包含所要说明的具体内容。

页面头部包括两部分，第一部分包括网站标志、日期和邮箱；第二部分包括导航和banner。

第一部分的XHTML代码编写如下：

代码2-2

```
01 <div class="logo-date-mail cf">
02     <h1 class="logo"><a href="index.html">Communications</a></h1>
03     <div class="date-mail">
04          <div class="date">今天是2012年5月9日</div>
05          <div class="mail"><a href="mailto:co-mail@communications.com">mail</a></div>
06     </div>
07 </div>
```

第02行是网站标志。标志一般都有链接，地址指向网站的首页，更方便用户在网站的首页和各页面之间进行切换。标志是一个网站中最重要的组成部分，用h1有利于搜索引擎抓取，h1标签不易使用过多，一般一个就足够了。h1里面的a标签中填写网站的主体或公司名称Communications，不仅标识了此处代码的含义，而且保证了在不加载CSS文件时页面仍有良好的可读性。

第04行是网站的日期，这里是一段普通的文字，用一个类名为date的div包括。

第05行是网站的邮箱，这里是一个链接，链接里面的文字mail同样是为了保证在不加载CSS文件时页面仍有良好的可读性。

第二部分的XHTML代码编写如下：

代码2-3

```
01 <div class="nav">
02     <ul class="cf">
03          <li class="first"><a href="index.html">公司首页</a></li>
04          <li><a href="#">关于我们</a></li>
05          <li><a href="products.html">公司产品</a></li>
06          <li><a href="services.html">公司服务</a></li>
07          <li><a href="#">联系我们</a></li>
08     </ul>
09 </div>
10 <div class="banner"><img src="images/banner.jpg" /></div>
```

第02~08行是网站导航中包含的文字链接列表。XHTML中的ul标签表示无序列表，无序列表是一个项目的列表，列表项内部可以使用段落、换行符、图片、链接以及其他列表等。所以导航用ul标签，每个li标签中包含a标签，a标签中填写导航文字。

页脚是一段文字，用一个div包含相关的内容。页脚的XHTML代码编写如下：

```
<div id="ft" class="gray font-tahoma">© 1998~2012. Communications Co.版权所有</div>
```

2.3.3 页面公共部分的XHTML编写

页面的公共部分除了页头和页脚外，还包括主体内容各模块的标题。如图2.10所示，灰色阴影覆盖的区域是各页面的公共部分。

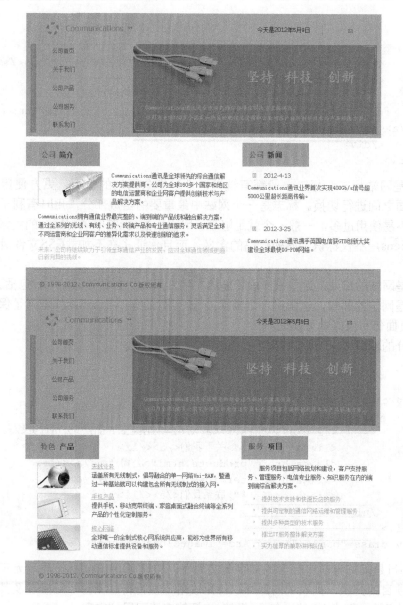

图2.10 网站所有页面的公共部分

主体内容各模块的标题的XHTML代码编写如下。

代码2-4

```
01  <h2><span class="blue">公司</span>简介</h2>
02  <h2><span class="blue">公司</span>新闻</h2>
03  <h2><span class="blue">特色</span>产品</h2>
```

```
04  <h2><span class="blue">服务</span>项目</h2>
```

第01~02行分别是首页的公司简介和公司新闻的标题。第03~04行分别是公司产品页的特色产品和服务项目的标题。

2.3.4 首页主体内容的XHTML编写

首页主体内容包括公司简介和公司新闻两部分。公司简介包括标题和详细内容，详细内容是3段文字和一张图片。图片和第一段文字是图文环绕的形式，因此图片和文字要包含在一个p标签中。公司新闻包括标题和详细内容，详细内容是一个由日期和文字组成的列表，这个列表可以用dl标签，里面的dt填充日期，dd填充文字。首页主体内容的XHTML代码编写如下：

代码2-5

```
01  <div class="introduce">
02      <h2><span class="blue">公司</span>简介</h2>
03      <div class="content">
04          <p><img src="images/pix1.gif" />Communications通信是全球领先
的综合通信解决方案提供商。公司为全球160多个国家和地区的电信运营商和企业网客户提供创新技术与产
品解决方案。</p>
05          <p>Communications拥有通信业界最完整的、端到端的产品线和融合解决方
案，通过全系列的无线、有线、业务、终端产品和专业通信服务，灵活满足全球不同运营商和企业网客户
的差异化需求以及快速创新的追求。</p>
06          <p class="green">未来，公司将继续致力于引领全球通信产业的发展，应
对全球通信领域更趋日新月异的挑战。</p>
07      </div>
08  </div>
09  <div class="news">
10      <h2><span class="blue">公司</span>新闻</h2>
11      <dl>
12          <dt class="deepblue font-tahoma">2012-4~13</dt>
13          <dd class="mt8 mb45"><a href="#" target="_
blank">Communications通信业界首次实现400Gb/s信号超5000公里超长距离传输。</a></dd>
14      </dl>
15      <dl>
16          <dt class="deepblue font-tahoma">2012~3~25</dt>
17          <dd class="mt8"><a href="#" target="_blank">Communications
通信携手英国电信获GTB创新大奖    建设全球最快XG-PON网络。</a></dd>
18      </dl>
19  </div>
```

第01~08行是公司简介，其中第02行是标题，第03~07行是详细内容。第09~19行是公司新闻，其中第10行是标题，第11~18行是详细内容，第11~14行和第15~18行的结构完全相同，它们共同构成了一个日期和文字的列表。

> **注意** XHTML用什么标签不是固定的，也不是规定好的，具体要根据标签的语义来决定，比如p标签表示段落，ul表示无序项目列表，ol表示有序项目列表，dl表示自定义项目列表等，明白标签的语义后自然而然就知道该用什么标签来写最好。

2.3.5 内页主体内容的XHTML编写

公司产品页的主体内容包括特色产品和服务项目两部分。特色产品包括标题和详细内容，详细内容又分为三个部分，每个部分由一张图片、一个小标题及一段文字组成。小标题和文字用dl标签，其中dl中的dt填充小标题，dd填充文字。服务项目包括标题和详细内容，详细内容是一段文字和文字链接组成的列表，这段文字用p标签包含文字，文字链接列表用ul标签，里面的li标签填充文字。公司产品页主体内容的XHTML代码编写如下：

代码2-6

```
01  <div class="products">
02      <h2><span class="blue">特色</span>产品</h2>
03      <div class="pro-item">
04          <div class="photo"><img src="images/pix2.jpg"/></div>
05          <dl>
06              <dt><a href="#" target="_blank" class="green">无线业
务</a></dt>
07              <dd>涵盖所有无线制式，倡导融合的单一网络Uni-RAN，即通过一种
基站就可以构建包含所有无线制式的接入网。</dd>
08          </dl>
09      </div>
10      <div class="pro-item">
11          <div class="photo"><img src="images/pix3.jpg"/></div>
12          <dl>
13              <dt><a href="#" target="_blank" class="green">手机产
品</a></dt>
14              <dd>提供手机、移动宽带终端、家庭桌面式融合终端等全系列产品的
个性化定制服务。</dd>
15          </dl>
16      </div>
17      <div class="pro-item">
18          <div class="photo"><img src="images/pix4.jpg"/></div>
19          <dl>
20              <dt><a href="#" target="_blank" class="green">核心网
络</a></dt>
21              <dd>全球唯一的全制式核心网系统供应商，能够为世界所有移动通信
标准提供设备和服务。</dd>
22          </dl>
23      </div>
24  </div>
25  <div class="services-lists">
26      <h2><span class="blue">服务</span>项目</h2>
27      <p>服务项目包括网络规划和建设、客户支持服务、管理服务、电信专业服务、知识服务
在内的端到端综合解决方案。</p>
28      <ul>
29          <li><a href="#" target="_blank" class="green">提供技术支持和
快速反应的服务</a></li>
30          <li><a href="#" target="_blank" class="green">提供可定制的通
信网络运维和管理服务</a></li>
31          <li><a href="#" target="_blank" class="green">提供多种类型的
```

```
技术服务</a></li>
32              <li><a href="#" target="_blank" class="green">推出IT服务整体
解决方案</a></li>
33              <li class="last"><a href="#" target="_blank" class="green">
实力雄厚的兼职讲师队伍</a></li>
34          </ul>
35  </div>
```

第01~24行是特色产品，其中第02行是标题，第03~09行、第10~16行、第17~23行分别是三个结构相同的XHTML代码模块，它们共同组成了一个由图片、小标题、文字组成的列表。第25~35行是服务项目，其中第26行是标题，第27行是一段话，第28~34行是一个ul列表，里面有5个li标签，即第29~33行共同组成了一个文字链接列表。

2.3.6 首页XHTML代码总览

前面对网站首页各个模块的XHTML代码进行了逐一编写，如图2.11所示是这些模块组成的首页XHTML框架图，说明了层的嵌套关系。

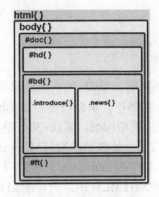

图2.11 首页XHTML框架图

在这些XHTML代码的基础上增加页面的<!DOCTYPE>声明及html头部元素，就是首页的完整XHTML代码。完整的首页XHTML代码如下：

代码2-7

```
01  <!DOCTYPE HTML>
02  <html>
03  <head>
04  <meta charset="utf-8">
05  <title>公司首页</title>
06  <link href="css/style.css" rel="stylesheet" type="text/css" />
07  </head>
08  <body>
09  <div id="doc">
10  <!--start of hd-->
11  <div id="hd" class="cf">
12      ...
18  </div>
```

```
19 <div class="nav">
20      ...
27 </div>
28 <div class="banner"><img src="images/banner.jpg" /></div>
29 </div>
30 <!--end of hd-->
31 <!--start of bd-->
32 <div id="bd" class="cf">
33      <div class="introduce">
34          ...
40      </div>
41      <div class="news">
42          ...
51      </div>
52 </div>
53 <!--end of bd-->
54 <!--start of ft-->
55 <div id="ft" class="gray font-tahoma">© 1998~2012. Communications Co.版
权所有</div>
56 <!--end of ft-->
57 </div>
58 </body>
59 </html>
```

第01行是页面的<!DOCTYPE>声明。第03~07行是html头部元素。第02行和第59行是页面的html标签，对应图2.11中html{}。第08行和第58行是页面的body标签，对应图中body{}。第09行和第57行是页面最外层容器，对应图中#doc。第10~30行是页面头部的XHTML代码，对应图2.11中的#hd{}区域。第31~53行是页面主体内容的XHTML代码，对应图2.11中的#bd{}区域，其中第33~40行是公司简介，对应图2.11中的.introduce{}区域，第41~51行是公司新闻，对应图2.11中的.news{}区域。第54~56是页脚的XHTML代码，对应图2.11中的#ft区域。

2.3.7 内页XHTML代码总览

前面对公司产品页各个模块的XHTML代码进行了逐一编写，如图2.12所示是这些模块组成的公司产品页的XHTML框架图，说明了层的嵌套关系。

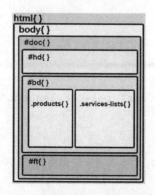

图2.12 公司产品页的XHTML框架图

在这些XHTML代码的基础上增加页面的<!DOCTYPE>声明及html头部元素，就是公司产品页的完整XHTML代码。完整的公司产品页的XHTML代码如下：

代码2-8

```
01  <!DOCTYPE HTML>
02  <html>
03  <head>
04  <meta charset="utf-8">
05  <title>公司产品</title>
06  <link href="css/style.css" rel="stylesheet" type="text/css" />
07  </head>
08  <body>
09  <div id="doc">
10  <!--start of hd-->
11  <div id="hd" class="cf">
12  …
18  </div>
19  <div class="nav">
20      …
27  </div>
28  <div class="banner"><img src="images/banner.jpg" /></div>
29  </div>
30  <!--end of hd-->
31  <!--start of bd-->
32  <div id="bd" class="cf">
33  <div class="products">
34      …
56  </div>
57  <div class="services-lists">
58      …
67  </div>
68  </div>
69  <!--end of bd-->
70  <!--start of ft-->
71  <div id="ft" class="gray font-tahoma">© 1998~2012. Communications Co.版权所有</div>
72  <!--end of ft-->
73  </div>
74  </body>
75  </html>
```

第01行是页面的<!DOCTYPE>声明。第03~07行是html头部元素。第02行和第75行是页面的html标签，对应图中html{}。第08行和第74行是页面的body标签，对应图中body{}。第09行和第73行是页面最外层容器，对应图中#doc。第10~30行是页面头部的XHTML代码，对应图2.12中的#hd{}区域。第31~69行是页面主体内容的XHTML代码，对应图2.12中的#bd{}区域，其中第33~56行是特色产品，对应图2.12中的.products{}区域，第57~67行是服务项目，对应图2.12中的.services-lists{}区域。第70~72是页脚的XHTML代码，对应图2.12中的#ft区域。

2.4　CSS编写

　　CSS能够对网页中元素的位置、排版进行px级的精确控制，是目前基于文本展示最优秀的表现设计语言。编写灵活精确的CSS样式，最根本的是准确理解CSS盒模型的含义。

　　本节主要讲解企业网站的CSS编写，包括网站公共部分的CSS编写、页面框架的CSS编写、页头和页脚的CSS编写、首页和内页的CSS编写。

2.4.1　页面公共部分的CSS编写

　　页面公共部分包括CSS重置、页面中公用字体、字体颜色、边距的CSS样式，以及内容部分的公司简介、公司新闻、特色产品、服务项目、全球服务和客户评价的标题。

　　CSS重置代码务必在编写页面CSS样式前编写。由于浏览器对XHTML标签的默认样式的设置不一样，因此要使页面展现的效果在各浏览器中一致，CSS重置代码是最开始要编写的。

　　除CSS重置代码外，前面分析了页面公共部分并且编写了页面公共部分的XHTML代码，这两部分的CSS代码编写如下：

代码2-9

```
01 /*css reset*/
02 body,div,dl,dt,dd,ul,ol,li,h1,h2,h3,h4,h5,h6,pre,code,form,fieldset,leg
end,input,button,textarea,p,blockquote,th,td{margin:0; padding:0;}
     /*以上元素的内外边距都设置为0*/
03 table{border-collapse:collapse; border-spacing:0;}
     /*合并表格边框，单元格的边框间距为0*/
04 ol,ul{list-style:none;}                              /* 隐藏列表符号*/
05 fieldset,img {border:0;}
06 textarea{resize:none;}                               /*文本区尺寸不能调节*/
07 input:focus,textarea:focus {outline:none}           /*获得焦点时边框为0*/
08 a{text-decoration:none;}
09 a:hover{text-decoration:underline;}
10 q:before, q:after{content:'';}                       /*去掉被引用内容的引号*/
11 abbr, acronym{border:0; font-variant:normal;}
     /*网页中的文字缩写与简称设置为正常字体*/
12 address,cite,dfn,optgroup,em,var{font-style:normal;}
     /*以上标签的字体都设置为正常字体*/
13 legend{color:#000;}
14 .clear{clear:both;height:0;overflow:hidden;}
15 /*清除浮动类 .cf*/
16 .cf:after{visibility:hidden;display:block;font-size:0;content:"";clear
:both;height:0;}
17 *.cf{zoom:1;}                                        /* IE 6/7浏览器(触发hasLayout) */
18 /*global css*/
19 body{font-size:12px;font-family:"宋体";background:url("../images/
```

```
bg.gif") repeat left top;color:#545454;}
20    a{color:#545454;}                                    /*网站所有链接的颜色设置*/
21    a:hover{color:#545454;}
22    .green{color:#6FCB00;}                                /*网站通用文字颜色设置*/
23    .green:hover{color:#6FCB00;}
24    .blue{color:#3E9DE2;}
25    .deepblue{color:#324A6D;}
26    .deepblue1{color:#106092;}
27    .gray{color:#787878;}
28    .font-tahoma{font-family:Tahoma;}                     /*网站通用文字字体设置*/
29    .mt8{margin-top:8px;}                                 /*网站通用外边距设置*/
30    .mt20{margin-top:20px;}
31    .mb45{margin-bottom:45px;}
32    #bd h2{font-size:15px;padding:15px 0;margin:10px 0;}
      /*网站通用标题样式设置*/
33    #bd h2 span{padding:0 10px 0 5px;}
```

第01~17行是CSS重置代码，通过对相关元素的内外边距、字体、字号等的重新设置，覆盖掉各浏览器中有可能不一样的默认样式，从而提高浏览器的兼容性。第18~33行是公用CSS代码，第32~33行是页面公共标题样式的设置。

2.4.2 页面框架的CSS编写

前面分析了页面的布局图并且编写了页面框架的XHTML代码，根据这两部分编写页面框架的CSS代码如下：

代码2-10

```
01    #doc{
02        width:733px;
03        background:#fff;
04        padding:0 10px 9px 9px;
05        margin:105px auto;
06    }
07    /*页面头部#hd的CSS样式*/
08    #hd{
09        margin:0 0 12px 0;
10    }
11    /*网站内容#bd的CSS样式*/
12    #bd{
13        background:url("../images/bd-bg.gif") no-repeat left top;
14        line-height:18px;
15        border-bottom:1px solid #A8A8A8;
16        padding:0 0 8px 16px;
17    }
18    /*网站页脚#ft的CSS样式*/
19    #ft{
20        background:url("../images/ft-bg.gif") repeat-x left top;
21        border-top:1px solid #E5E5E5;
22        margin:5px 0 0 0;
```

```
23          height:47px;
24          line-height:47px;
25          padding:0 0 0 10px;
26      }
```

第01~06行是页面最外层容器#doc的CSS代码。第05行代码通过设置左右边距为auto，实现了#doc容器在页面中水平居中显示的目的。这个知识在网页布局中也经常使用，即通常设置一个div或其他标签容器的左右边距是auto，从而使该容器在父级容器中水平居中显示。

2.4.3 页面头部和页脚的CSS编写

前面分析了页面头部并且编写了页面头部的XHTML代码，在页面头部中，网站标志、日期和邮箱的CSS代码如下：

代码2-11

```
01  .logo-date-mail{padding:18px 0;}
02  .logo{
03          background:url("../images/logo.gif") no-repeat left top;
            /*标志的背景图*/
04          width:182px;                        /*标志的宽*/
05          height:27px;                        /*标志的高*/
06          float:left;                         /*包含标志的div向左浮动*/
07  }
08  .logo a{
09          display:block;                      /*将a设置为块元素*/
10          width:100%;                         /*a的宽是父元素的100% */
11          height:100%;                        /*a的高是父元素的100% */
12          text-indent:-999em;                 /*a中的文字缩进-999em */
13  }
14  .date-mail{
15          float:right;                        /*日期和邮箱向右浮动*/
16  }
17  .date{
18          float:left;                         /*日期向左浮动*/
19          padding:6px 25px 6px 0;             /*日期的内边距*/
20          background:url("../images/top_line.gif") no-repeat right center;
/*日期右边的竖线*/
21  }
22  .mail{
23          background:url("../images/icon-mail.png")no-repeat left top;  /*邮
箱背景图*/
24          width:32px;                         /*邮箱的宽*/
25          height:19px;                        /*邮箱的高*/
26          float:left;                         /*包含邮箱的div向左浮动*/
27          margin:3px 30px 0;                  /*邮箱的外边距*/
28          display:inline;                     /*修复ie6双边距bug*/
29  }
30  .mail a{
31          display:block;                      /*将a设置为块元素*/
32          width:100%;                         /*a的宽是父元素的100% */
```

```
33        height:100%;                           /*a的高是父元素的100%  */
34        text-indent:-999em;                    /*a中的文字缩进-999em  */
35  }
```

第02~13行是标志的CSS代码，其中第03行代码是标志的背景图片。网站的标志由于不经常更换，而且网站标志所用的字体一般都不是网站常用的字体，为了防止客户端没有安装某些特殊字体造成网页文字变形，所以网站的标志最好用图片制作。第06行代码实现标志向左浮动。第12行代码利用文字缩进-999em，实现标志中的文字在页面展示时不可见。第15行代码实现了日期和邮箱整体向右浮动。第28行代码对于解决浏览器兼容很重要，在IE 6浏览器下，class为mail的div容器，其左右外边距是其他浏览器的双倍。也就是说，如果没有这句代码，在IE 6下，class为mail的div容器，其左右外边距显示的不是30px，而是60px。

> 注意 一个div盒子如果设置了margin，并且该div设置了float浮动，那么在IE 6下便会产生双边距问题，解决办法是在该浮动的div上增加样式display:inline。

头部导航和banner的CSS代码如下：

代码2-12

```
01  .nav{
02        background:url("../images/nav_bg.gif") no-repeat left top;
          /*导航背景图*/
03        float:left;                            /*导航向左浮动*/
04        width:217px;                           /*导航的宽*/
05        height:182px;                          /*导航的高*/
06        overflow:hidden;                       /*隐藏溢出高度的部分*/
07  }
08  .nav ul{
09        border-top:1px solid #EBEBEB;          /*导航中列表的上边框*/
10        margin:0 0 0 12px;                     /*列表的外边距*/
11  }
12  .nav ul li.first{
13        height:30px;                           /*列表第一行的高度*/
14        line-height:30px;                      /*列表第一行的行高*/
15  }
16  .nav ul li{
17        border-bottom:1px dotted #DBDBDB;      /*列表每行的下边框*/
18        height:37px;                           /*列表每行的高度*/
19        line-height:37px;                      /*列表每行的行高*/
20        padding:0 0 0 25px;                    /*列表每行的内边距*/
21        margin:0 0 0 8px;                      /*列表每行的外边距*/
22  }
23  .nav ul li a:hover{
24        color:#3E9DE2;                         /*鼠标经过文字颜色*/
25        text-decoration:none;                  /*鼠标经过文字去掉下划线*/
26  }
27  .banner{
28        float:right;                           /*banner向右浮动*/
29        width:516px;                           /*banner的宽*/
30  }
```

```
31  .banner img{
32      display:block;                           /*将图片设置为块元素*/
33  }
```

第01~26行是导航的CSS代码，第27~33行是banner的CSS代码。第03行和第28行是布局的关键，分别实现了导航向左浮动和banner向右浮动。第06行隐藏溢出导航高度的部分，是为了将导航最后一行的下边框截取掉。第13~14行也是一个知识点，通常利用设置某div块的高度height和行高line-height相同，从而实现该div块中单行文字垂直居中显示。第18~19行同样运用了该知识。第32行通过将图片设置为块元素，从而解决各浏览器下图片有3px空白的bug。

本章中网站的页脚由于只有一行文字，因此页脚的样式定义在#ft中，见代码2-10中的第19~26行。

2.4.4 首页主体内容的CSS编写

根据对首页主体内容的分析和首页主体内容的XHTML代码，编写首页主体内容的CSS代码如下。

代码2-13

```
01  /*index.html*/
02  /*introduce*/
03  /*class为introduce 的div表示UI中的"公司介绍"，向左浮动，并且宽度设置为445px */
04  .introduce{
05      width:445px;
06      float:left;
07  }
08  /* "公司介绍"中的图片向左浮动实现图文环绕 */
09  .introduce img{
10      margin:0 10px 0 0;
11      float:left;
12  }
13  .introduce .content{
14      padding:0 50px 0 0;
15  }
16  .introduce .content p{
17      margin:0 0 12px 0;
18  }
19  /*news*/
20  /* class为news 的div表示UI中的"公司新闻"，向右浮动，并且宽度设置为272px */
21  .news{
22      width:272px;
23      float:right;
24  }
25  .news dl{
26      padding:0 10px 0 0;
27  }
28  /* "公司新闻"中的日期列表设置背景图片，并且文字向左移动30px*/
29  .news dl dt{
30      background:url("../images/icon-date.gif") no-repeat 8px center;
```

```
31          padding:0 0 0 30px;
32     }
```

第04~18行是公司介绍部分的CSS代码。第21~32行是公司新闻部分的CSS代码。第06行和第23行是这两部分布局的关键，分别实现公司介绍向左浮动和公司新闻向右浮动。第30行代码是通过为公司新闻的日期添加背景图片，可以实现每个日期前面都有一个名为icon-date.gif的小图标。

2.4.5 内页主体内容的CSS编写

根据对内页主体内容的分析和内页XHTML代码，编写内页主体内容的CSS代码如下：

代码2-14

```
01  /*products.html*/
02  /*products*/
03  /*class为products 的div表示UI中的"特色产品"，向左浮动，并且宽度设置为445px */
04  .products{
05      width:445px;
06      float:left;
07  }
08  /* "特色产品"中，每个class为pro-item的div模块中，图片向左浮动*/
09  .products .pro-item .photo{
10      float:left;
11      width:92px;
12      height:52px;
13  }
14  .products .pro-item dl{
15      margin:0 25px 8px 118px;
16  }
17  .products .pro-item dl dt a{
18      text-decoration:underline;
19  }
20  /*services-lists*/
21  /* class为services-lists 的div表示UI中的"服务项目"，向右浮动，并且宽度设置为
272px */
22  .services-lists{
23      width:272px;
24      float:right;
25  }
26  /* "服务项目"中，每段文字首行缩进两个汉字的距离*/
27  .services-lists p{
28      text-indent:2em;
29  }
30  .services-lists ul{
31      margin:10px 0;
32  }
33  /* "服务项目"中的文字链接列表设置背景图片，文字链接向左移动30px，每行设置下边框，
且文字在每个li标签中垂直居中显示 */
```

```
34  .services-lists ul li{
35      background:url("../images/bullet2.gif") no-repeat 8px center;
36      padding:0 0 0 30px;
37      border-bottom:1px dotted #ccc;
38      height:23px;
39      line-height:23px;
40  }
41  /*服务项目中的文字链接列表,最后一行的下边框设置为无*/
42  .services-lists ul li.last{
43      border-bottom:0 none;
44  }
```

第03~19行是公司产品页中"特色产品"的CSS代码。第21~44行是公司产品页中"服务项目"的CSS代码。第06行、第24行代码是布局的关键,分别实现特色产品向左浮动和服务项目向右浮动。第10行代码通过设置图片向左浮动,使图片后面的文字环绕到图片的右边,实现了该图片与旁边文字的图文环绕。第28行代码是汉字排版中常用到的知识,通过设置首行缩进的值为2em,实现段落首行缩进两个汉字。

2.4.6 网站CSS代码总览

前面讲解了页面头部、页面主体内容、页脚、CSS重置和页面公用的CSS代码,这些代码共同组成了网站页面的完整CSS代码。网站页面的完整CSS代码如下:

代码2-15

```
01  @charset "utf-8";
02  /*css reset*/
03  body,div,dl,dt,dd,ul,ol,li,h1,h2,h3,h4,h5,h6,pre,code,form,fieldset,legend,input,button,textarea,p,blockquote,th,td{margin:0; padding:0;}
04  …
17  *.cf{zoom:1;}
18  /*global css*/
19  body{ background:url("../images/bg.gif") repeat left top;color:#545454;font-size:12px;font-family:"宋体"; }
20  …
51  #bd h2 span{padding:0 10px 0 5px;}
52  /*module css*/
53  /*index.html*/
54  /*introduce*/
55  .introduce{width:445px;float:left;}
56  …
58  .introduce .content p{margin:0 0 12px 0;}
59  /*news*/
60  .news{width:272px;float:right;}
61  …
62  .news dl dt{background:url("../images/icon-date.gif") no-repeat 8px center;padding:0 0 0 30px;}
63  /*products.html*/
64  /*products*/
```

```
65  .products{width:445px;float:left;}
66  ...
68  .products .pro-item dl dt a{text-decoration:underline;}
69  /*services-lists*/
70  .services-lists{width:272px;float:right;}
71  ...
74  .services-lists ul li.last{border-bottom:0 none;}
```

通常为了减少CSS文件的大小，进而提高页面渲染速度，每个CSS样式尽量在一行显示，以减少不必要的空格。

2.5 制作中需要注意的问题

通过对本章案例中的企业网站的分析和制作，总结了以下三点在制作中需要注意的问题。

1. XHTML和CSS文件注释

文件注释必不可少，但是要适可而止。注释太多会增大文件的大小，受带宽影响，用户在浏览网页时增加了等待时间，造成不好的用户体验。网站在上线前先要在测试服务器上进行测试，测试好没有问题后，将相关的CSS文件、JavaScript文件先删除注释，然后进行压缩。这些文件的压缩可以利用下载相关工具实现，也可以使用在线压缩工具实现。

2. 清除浮动的方法

在制作过程中如果应该清除浮动的地方没有很好地清除，会在容器的盒模型上产生很多负作用，没法实现正确的页面效果。这些负作用包括：

- 背景不能显示。
- 由于浮动产生，如果对父级元素设置了背景，而父级元素不能被撑开，所以导致CSS背景不能显示。
- 边框不能撑开。
- 如果父元素设置了CSS边框属性，由于子元素里使用了float属性，产生浮动，父元素不能被撑开，导致边框不能随内容而被撑开。
- margin和padding设置值不能正确显示。

由于浮动导致父元素和子元素之间设置的padding、margin属性的值不能正确表达。特别是上下边的padding和margin不能正确显示。

以两个div容器为例，代码2-16为没有清除浮动时的代码，图2.13是在浏览器中的效果。

代码2-16

```
01  <style type="text/css">
02  .box{border:3px solid red;width:200px;}
03  .a{float:left;border:2px solid black;width:200px;height:100px;}
04  </style>
```

```
05 <div class="box">
06     容器box<div class="a">容器a</div>
07 </div>
```

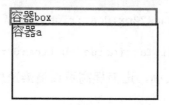

图2.13 未清除浮动时在浏览器中的效果

如图2.13所示，容器box没有包含容器a，但是在XHTML中，容器box是应该包含容器a的。清除浮动有很多方法，主要有下面3种。

（1）在结尾处加空div标签clear:both

在父元素的结尾处添加一个空div，利用在这个空div上增加CSS样式clear:both来清除浮动，让父元素能自动获取到高度，如代码2-17所示。

代码2-17

```
01 <style type="text/css">
02 .box{border:3px solid red;width:200px;}
03 .a{float:left;border:2px solid black;width:200px;height:100px;}
04 .clear{clear:both;}
05 </style>
06 <div class="box">
07     容器box<div class="a">容器a</div>
08     <div class="clear"></div>
09 </div>
```

缺点是如果页面浮动布局多，就要增加很多空div，而这些空div不但没有任何语义，而且增加了XHTML文件大小，因此不推荐使用。

（2）在父级div定义overflow:hidden

使用overflow:hidden时，浏览器会自动检查浮动区域的高度，从而使父容器的高度能包含子容器的高度，如代码2-18所示。

代码2-18

```
01 <style type="text/css">
02 .box{border:3px solid red;width:200px;overflow:hidden;}
03 .a{float:left;border:2px solid black;width:200px;height:100px;}
04 </style>
05 <div class="box">
06     容器box<div class="a">容器a</div>
07 </div>
```

缺点是：和position配合使用时需要注意，超出的尺寸会被隐藏。在没有使用position时可以使用。

（3）在父级div定义伪类:after和zoom

这个是一个很流行的清除浮动的方法，在很多大项目上已经被完全采用。这个方法来源于http://www.positioniseverything.net/easyclearing.html，通过after的伪类:after和IE hack来实现，完全兼容于当前主流浏览器，如代码2-19所示。

代码2-19

```
<style type="text/css">
.cf:after{visibility:hidden;display:block;font-size:0;content:"";clear:both;height:0;}
*.cf{zoom:1;}
.box{border:3px solid red;width:200px;overflow:hidden;}
.a{float:left;border:2px solid black;width:200px;height:100px;}
</style>
<div class="box cf">
    容器box<div class="a">容器a</div>
</div>
```

缺点是代码多，可以定义公共类，以减少CSS代码。

使用以上三种方法都可以清除浮动，清除浮动后在浏览器中的效果如图2.14所示。

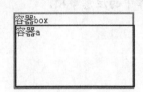

图2.14 清除浮动后在浏览器中的效果

3．切割效果图的方法

切图方法有多种，可以使用Photoshop或Fireworks自带的切片工具，也可以用QQ的截屏或者创建新文件，把需要的部分复制过来保存都可以，关键看个人喜好。

第3章

个人网站

个人网站是一个可以发布个人信息及相关内容的网站，形式包括博客、个人论坛、个人主页等，现在越来越多的人通过网站展示自己、发布信息。

本章主要涉及到的知识点如下。

- 个人网站效果图分析：将页面拆分，对每个模块进行分析。
- 网站布局规划和切图：对网站页面进行布局规划和切图，并导出图片。
- XHTML编写：XHTML框架搭建；网站公共模块的XHTML编写；各页面主体内容的XHTML编写。
- CSS编写：网站公用样式的编写；网站公共模块的CSS编写；网站框架的CSS编写；各页面主体内容的CSS编写。
- 制作中的注意事项。

注意　本章将主要讲解个人网站的DIV+CSS页面制作。个人网站的特点是页面设计绚丽，布局灵活，学习本章后能对DIV+CSS网页制作知识进一步熟练掌握。

 3.1　页面效果图分析

本节主要对网站效果图进行分析，包括页面头部分析、首页主体内容分析和内页主体内容分析。图3.1和图3.2所示psd格式的UI图分别是个人博客的首页和博客正文页的页面效果图。

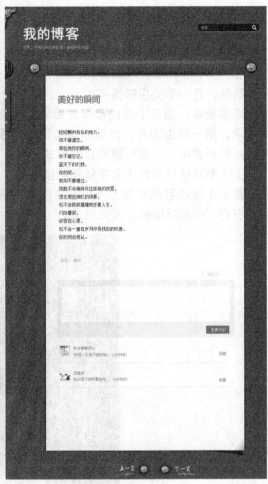

图3.1 首页   图3.2 博客正文页

3.1.1 头部分析

页面的头部,如图3.3所示,包括博客标题、签名和站内搜索,分别对应图中①②③。博客标题和签名都是文字,站内搜索是一个文本框和按钮。

图3.3 页面头部

在布局上,头部分为左右两栏,左栏是博客标题和签名,由于博客标题和签名的文字字数不确定,所以这里的DIV是正常文档流,不采用向左浮动,可以不必设置该div的宽度。右栏是站内搜索,向右浮动。

3.1.2 首页主体内容分析

首页的主体内容，如图3.4所示，包括导航、博客列表和上下翻页按钮，分别对应图中①②③。

导航，是一个文字链接列表，由三张图片组成。

博客列表，由三个结构和样式相似的模块组成。通过这三个模块可以发现，共有两种形式展示。第一种由图片、文章标题和日期组成。第二种由文章标题、文章摘要和日期组成。在这两种形式中，文章标题和日期样式相同，可以共用。

上下翻页按钮由两个文字链接组成。

首页主体内容从布局上分为左右两栏。导航是左栏，向左浮动，博客列表和上下翻页按钮是右栏，向右浮动或正常文档流。

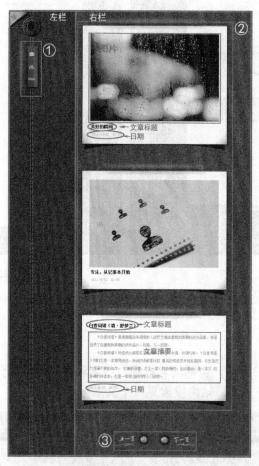

图3.4 首页的主体内容

3.1.3 内页主体内容分析

博客正文页的主体内容如图3.5所示，包括导航、博客内容和上下翻页按钮，分别对应图中①②③。

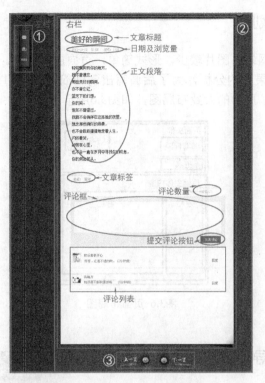

图3.5 博客正文页的主体内容

在布局上，分为左右两栏，导航是左栏，向左浮动，其他部分是右栏，正常文档流。

导航和上下翻页按钮与首页主体部分的导航及上下翻页按钮，无论是内容还是样式都完全一致，不再赘述。

正文由文章标题、日期及浏览量、正文段落和文章标签组成。这几部分是正常文档流，按照顺序依次从上到下布局。

评论由评论数量、评论框、提交评论按钮和评论列表组成。其中，每个评论列表项由用户头像、用户名、评论内容和回复按钮组成。在布局上，每个评论列表项都分为左右两栏，用户头像是左栏，向左浮动，其他部分是右栏，向右浮动或正常文档流。

 3.2 布局规划及切图

本节将主要介绍个人网站的页面布局规划、页面图片切割并导出图片。这些工作是制作本章案例前必要的步骤。

3.2.1 页面布局规划

个人网站属于小型网站，图片较少，形式简单，页面层级较少。

根据前面对网站效果图的分析，为了后面写出清晰简洁的XHTML代码，对页面的整体结构进行了提炼，得到了页面的大致布局图，如图3.6所示。

图3.6 页面布局图

3.2.2 切割首页及导出图片

首页需要切割的图片包括三张整体背景图bg.jpg、body_bg.jpg和doc_bg.jpg，站内搜索背景图片search.jpg，上下翻页按钮ico_next.png和ico_prev.png，导航按钮nav_01.png、nav_02.png和nav_03.png，博客列表背景图catalog_bg.jpg、catalog_bg_top.jpg和catalog_bg_bom.jpg，博文列表导图pic1.jpg和pic2.jpg。如图3.7所示是首页在Photoshop中的所有切片。

3.2.3 切割内页及导出图片

博客正文页的头部、导航、上下翻页按钮与首页相同，所以这几部分的图片就不需要重复切割了。只需要切割内页的正文和评论部分的图片即可，包括正文背景图text_bg.jpg、text_bg_top.jpg和text_bg_bom.jpg，评论数量背景图on.png，发表评论的用户头像head1.jpg和head2.jpg。page.psd在Photoshop中的所有切片如图3.8所示。

图3.7 首页在Photoshop中的所有切片

图3.8 博客正文页在Photoshop中的所有切片

3.3 XHTML编写

本节将详细讲解页面头部、页面公共部分、页面框架和每个页面XHTML代码的编写。语义和结构良好的XHTML代码不仅在制作网站时省时省力，更有利于提高网站排名，因此XHTML的编写虽然简单但很重要。

3.3.1 页面XHTML框架搭建

网站所有页面使用相同的XHTML框架。这个框架用一个id为doc的div标签包含所有XHTML代码。里面再分为三部分：头部、主体内容和页脚，id分别为hd、bd和ft。页面的XHTML框架编写如下。

代码3-1

```
01  <div id="doc">
```

```
02          <!--start of hd-->
03          <div id="hd" class="cf"></div>
04          <!--end of hd-->
05          <!--start of bd-->
06          <div id="bd" class="cf"></div>
07          <!--end of bd-->
08  </div>
```

第01行和第08行是页面最外层容器#doc。第02~04行是页面头部。第05~07行是页面主体内容。

3.3.2 页面头部的XHTML编写

页面头部包括博客标题、签名和站内搜索。

- 博客标题既是一个标题，又是个人网站中最重要的内容，为利于搜索引擎抓取，通常放在h1标签中。博客标题通常是有链接的，单击后跳转到个人网站首页。
- 博客签名是一个段落，利用p标签实现。
- 站内搜索利用一个input文本框和一个input按钮实现。

页面头部的XHTML代码编写如下：

代码3-2

```
01  <div class="search">
02          <input type="text" name="search-box" class="search-box" value="搜索" />
03          <input type="button" name="search-btn" class="search-btn" />
04  </div>
05  <div class="info">
06          <h1 class="name"><a href="index.html">我的博客</a></h1>
07          <div class="remark">世界上没有比快乐更能使人美丽的化妆品</div>
08  </div>
```

第01~04行代码是站内搜索，第06行是博客标题，第07行是签名。

3.3.3 页面公共部分的XHTML编写

页面的公共部分除了页面头部外，还包括导航和上下翻页按钮。如图3.9所示，①、②、③、④、⑤、⑥区域是各页面的公共部分。

图3.9 网站所有页面的公共部分

导航的XHTML代码编写如下：

代码3-3

```
01 <div class="nav">
02     <ul class="cf">
03             <li class="letter"><a href="#">私信</a></li>
04             <li class="file"><a href="#">存档</a></li>
05             <li class="rss"><a href="#">RSS</a></li>
06     </ul>
07 </div>
```

上下翻页按钮的XHTML代码如下：

```
<div class="page"><a href="#" class="prev">上一页</a><a href="#"
class="next">下一页</a></div>
```

3.3.4 首页主体内容的XHTML编写

首页的主体内容包括导航、博客列表和上下翻页按钮。这三部分内容分别对应的div的class名是.nav、.index_text和.page。导航和上下翻页按钮属于公共部分，XHTML代码已经编写，不再赘述。博客列表对应的div的class名是.index_text，每个博客列表项对应的div的class名是.catalog，每个列表项中为了实现背景可以随里面内容的高度变化而变化，需要用.catalog-top和.catalog-con将列表项分成两部分编写。.catalog-top中是为了在页面上表现列表项顶部的背景图，没有实际意义，里面没有内容。.catalog-con中包含文章标题、图片、文章摘要和日期，分别对应的div的class名是.title、.photo、.abstract和.time。首页主体内容的XHTML代码编写如下：

代码3-4

```
01 <div class="nav">
02     …
07 </div>
08 <div class="index-text">
09     <div class="catalog">
10         <div class="catalog-top"></div>
11         <div class="catalog-con">
12             <div class="photo"><img src="temp/pic1.jpg" alt="美
好的瞬间" title="美好的瞬间" /></div>
13             <h2 class="title"><a href="page.html">美好的瞬间</
a></h2>
14             <div class="time">2011-10-22  12:55</div>
15         </div>
16     </div>
17     <div class="catalog">
18         <div class="catalog-top"></div>
19         <div class="catalog-con">
20             <div class="photo"><img src="temp/pic2.jpg" alt="专
注，从记事本开始" title="专注，从记事本开始" /></div>
21             <h2 class="title"><a href="#">专注，从记事本开始</a></
h2>
22             <div class="time">2011-9-20  10:09</div>
23         </div>
24     </div>
25     <div class="catalog">
26         <div class="catalog-top"></div>
27         <div class="catalog-con">
28             <h2 class="title"><a href="#">白香词谱（清·舒梦兰）</
a></h2>
29             <div class="abstract">
30                 <p>《白香词谱》是清朝嘉庆年间靖安人舒梦兰编选唐朝到清
朝的词作品集。词谱选录了由唐朝到清朝的词作品共一百篇，凡一百调。</p>
31                 <p>《白香词谱》所选词大都是较为通用的，小令、中调、长
调均有。《白香词谱》同时又是一本简明词选。所选的词都是比较著名的或者艺术性较高的，好些是历久
传诵不衰的名作。它兼收并蓄，不主一家，既收婉约，也收豪放，是一本不可多得的好选本，也是一本较
佳的词学入门读物。</p>
32             </div>
33             <div class="time">2011-8-20  18:23</div>
34         </div>
35     </div>
36 </div>
37 <div class="page"><a href="#" class="prev">上一页</a><a href="#"
class="next">下一页</a></div>
```

第01~03行是导航。第04~33行是首页的博客列表，其中第05~12行、第13~20行、第21~31行分别是三个博客列表项。这三部分的结构基本相同，不同的是第三个博客列表项中没有图片，取而代之的是文章摘要。

3.3.5 内页主体内容的XHTML编写

博客正文页的主体内容包括导航、博客内容和上下翻页按钮。分别对应的div的class名是.nav、.page-text和.page。博客内容包括文章标题、日期及浏览量、正文、标签和评论。文章标题是页面中仅次于博客标题的重要部分，用h2标签。日期及浏览量对应的div的class名是.info。正文对应的div的class名是.content。标签对应的div的class名是.label。评论对应的div的class名是.comment。博客正文页主体内容的XHTML代码编写如下：

代码3-5

```
01 <div class="nav">
02     ...
07 </div>
08 <div class="page-text">
09     <div class="text_top"></div>
10     <div class="text_mid">
11         <h2><a href="#">美好的瞬间</a></h2>
12         <div class="info"><span class="time">2011-10-22 12:55</span>
<span class="browsing-times">浏览: 1125</span></div>
13         <div class="content">
14             轻轻飘向有你的地方，<br/>
15             ...
27             你的何去何从。
28         </div>
29         <div class="label">标签: <a href="index.html">随笔</a></div>
30         <div class="comment">
31             <div class="comm">评论</div>
32             <div class="poster">
33                 <div class="poster-box"><textarea></textarea></div>
34                 <input type="button" name="submit" class="submit" value="发表评论" />
35             </div>
36             <div class="tag-con">
37             <ul>
38                 <li class="cf">
39                     <img src="temp/head1.jpg" alt="欢乐青春开心" />
40                     <div class="words">
41                         <a href="#" class="name">欢乐青春开心</a>
42                         <p>好呀，还是不错的哈。(2分钟前)</p>
43                         <a href="#comment_anchor" class="reply">回复</a>
```

```
44                                         </div>
45                                      </li>
46                                      <li class="cf">
47                                         <img src="temp/head2.jpg" alt="欢乐青春
开心" />
48                                      <div class="function"><a
href="#comment_anchor" class="reply">回复</a></div>
49                                      <div class="words"><a href="#"
class="name">沈地方</a>知识是不断积累的哈。(4分钟前)</div>
50                                      </li>
51                                   </ul>
52                                </div>
53                             </div>
54                          </div>
55                          <div class="text_bom"></div>
56                       </div>
57 <div class="page"><a href="#" class="prev">上一页</a><a href="#"
class="next">下一页</a></div>
```

第01~07行是导航，第08~56行是博客内容，第57行是上下翻页按钮。第09行和第55行是两句空的DIV标签，通过样式设置博客内容的顶部和底部背景，第10行通过样式设置博客内容主体的背景，第09行、第10行和第55行代码共同实现了博客内容背景随内容高度变化而变化的效果。

3.3.6 首页XHTML代码总览

前面对网站首页各个模块的XHTML代码进行了逐一编写，如图3.10所示是这些模块组成的首页的XHTML框架图，说明了层的嵌套关系。

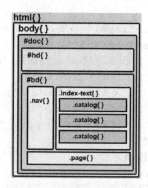

图3.10 首页XHTML框架图

在这些XHTML代码的基础上增加页面的<!DOCTYPE>声明及html头部元素，就是首页的完整XHTML代码。完整的首页XHTML代码如下：

代码3-6

```
01  <!DOCTYPE HTML>
02  <html>
```

```
03  <head>
04       <meta charset="utf-8">
05       <title>博客首页</title>
06       <link href="css/style.css" rel="stylesheet" type="text/css" />
07  </head>
08  <body>
09  <div id="doc">
10       <!--start of hd-->
11       <div id="hd" class="cf">
12            <div class="search">
13            ...
15            </div>
16            <div class="info">
17            ...
19            </div>
20   </div>
21   <!--end of hd-->
22   <!--start of bd-->
23   <div id="bd" class="cf">
24       <div class="nav">
25            ...
30       </div>
31       <div class="index-text">
32            <div class="catalog">
33                 ...
39            </div>
40            <div class="catalog">
41                 ...
47            </div>
48            <div class="catalog">
49                 ...
58            </div>
59       </div>
60        <div class="page"><a href="#" class="prev">上一页</a><a href="#"
class="next">下一页</a></div>
61   </div>
62   <!--end of bd-->
63  </div>
64  </body>
65  <!--[if IE 6]>
66  <script src="js/DD_belatedPNG_0.0.8a-min.js"></script>
67  <script>
68       DD_belatedPNG.fix('*');
69  </script>
70  <![endif]-->
71  </html>
```

> 注意 DD_belatedPNG_0.0.8a-min.js是为了解决IE 6下，PNG24格式的透明背景图片边缘有锯齿的问题。"DD_belatedPNG.fix('*');"的意思是CSS中引用的所有PNG24格式的图片在IE 6中都应用该js解决边缘锯齿问题。

第01行是页面的<!DOCTYPE>声明。第02~07行是html头部元素。第02行和第71行是页面的html标签，对应图3.10中html{}。第08行和第64行是页面的body标签，对应图3.10中body{}。第09行和第63行是页面最外层容器，对应图中#doc。第10~21行是页面头部，对应图3.10中的#hd{}区域。第22~62行是页面主体内容，对应图3.10中的#bd{}区域，其中第24~30行是导航，对应图3.10中的.nav{}区域，第31~59行是博客列表，对应图3.10中的.index-text{}区域，第32~39行、第40~47行和第48~58行是三个结构相似的博客列表项，分别对应图3.10中的三个.catalog{}区域。第60行代码是上下翻页按钮，对应图3.10中的.page{}区域。

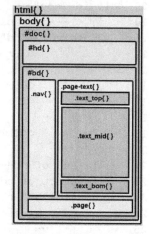

3.3.7 内页XHTML代码总览

前面对博客正文页各个模块的XHTML代码进行了逐一编写，如图3.11所示是这些模块组成的博客正文页的XHTML框架图，说明了层的嵌套关系。

在这些XHTML代码的基础上增加页面的<!DOCTYPE>声明及html头部元素，就是博客正文页的完整XHTML代码。完整的博客正文页的XHTML代码如下：

图3.11 博客正文页的XHTML框架图

代码3-7

```
01   <!DOCTYPE HTML>
02   <html>
03   <head>
04       <meta charset="utf-8">
05       <title>博客正文页</title>
06       <link href="css/style.css" rel="stylesheet" type="text/css" />
07   </head>
08   <body>
09   <div id="doc">
10     <!--start of hd-->
11     <div id="hd" class="cf">
12         <div class="search">
13             ...
15         </div>
16         <div class="info">
17             ...
19         </div>
20     </div>
21     <!--end of hd-->
22     <!--start of bd-->
23     <div id="bd" class="cf">
24         <div class="nav">
25             ...
30         </div>
31         <div class="page-text">
32             <div class="text_top"></div>
33             <div class="text_mid">
```

```
34                  ...
77                  </div>
78                  <div class="text_bom"></div>
79              </div>
80              <div class="page"><a href="#" class="prev">上一页</a><a href="#"
class="next">下一页</a></div>
81          </div>
82      <!--end of bd-->
83  </div>
84  </body>
85  <!--[if IE 6]>
86  <script src="js/DD_belatedPNG_0.0.8a-min.js"></script>
87  <script>
88          DD_belatedPNG.fix('*');
89  </script>
90  <![endif]-->
91  </html>
```

第01行是页面的<!DOCTYPE>声明。第03~07行是html头部元素。第02行和第91行是页面的html标签，对应图3.11中html{}。第08行和第84行是页面的body标签，对应图3.11中body{}。第09行和第83行是页面最外层容器，对应图3.11中#doc。第10~21行是页面头部，对应图3.11中的#hd{}区域。第22~82行是页面主体内容，对应图3.11中的#bd{}区域，其中第24~30行是导航，对应图3.11中的.nav{}区域，第31~79行是博客内容，对应图3.11中的.page-text{}区域，第32行、第78行是两个空的div，分别对应图3.11中的.text_top {}和. text_bom{}区域。第80行代码是上下翻页按钮，对应图3.11中的. page{}区域。

3.4 CSS编写

本节主要讲解个人网站的CSS编写，包括页面头部、页面公共部分、页面框架首页和内页的CSS编写。

3.4.1 页面公共部分的CSS编写

页面公共部分包括CSS重置、页面中公用字体、字体颜色、边距的CSS样式，以及页面头部、导航、上下翻页按钮。

除CSS重置代码外，前面分析了页面公共部分并且编写了页面公共部分的XHTML代码，这两部分的CSS代码编写如下：

代码3-8

```
01  /*css reset*/
02  body,div,dl,dt,dd,ul,ol,li,h1,h2,h3,h4,h5,h6,pre,code,form,fieldset,leg
```

```
end,input,button,textarea,
   p,blockquote,th,td{margin:0; padding:0;}/*以上元素的内外边距都设置为0*/
   03 …
   17 *.cf{zoom:1;} /* IE 6/7浏览器 (触发hasLayout) */
   18 /*global css*/
   19 /*网站所有链接的颜色设置*/
   20 a{color:#000;}
   21 a:hover{color:#000;}
   22 html{background:url("../images/bg.jpg") repeat left top;}
   23 body{font-family:"宋体";font-size:12px;color:#7A7A7A;background:u
rl("../images/body_bg.jpg") repeat-y left top;line-height:22px;}
   24 #doc{width:950px;background:url("../images/doc_bg.jpg") no-repeat left
top;}
   25 /*页面头部样式*/
   26 #hd{height:170px;}
   27 …
   33 #hd .info .remark{color:#7FA5D1;padding:8px 0 0 0;}
   34 /*网站内容样式*/
   35 #bd{}
   36 /*导航样式*/
   37 #bd .nav{height:135px;width:51px;float:left;margin:95px 0 0
64px;display:inline;}
   38 #bd .nav ul{}
   39 #bd .nav ul li{width:51px;}
   40 #bd .nav ul li a{width:42px;height:45px;display:block;text-indent:-
999em;overflow:hidden;}
   41 #bd .nav ul li.letter{background:url("../images/nav_01.png") no-repeat
left top;height:47px;}
   42 #bd .nav ul li.file{background:url("../images/nav_02.png") no-repeat
left top;height:44px;}
   43 #bd .nav ul li.rss{background:url("../images/nav_03.png") no-repeat
left top;height:45px;}
   44 /*上下翻页按钮样式*/
   45 #bd .page{padding:0 0 100px 370px;clear:both;}
   46 #bd .page a{text-decoration:none;color:#fff;margin:0 5px 0
0;height:51px;text-indent:-999em;
   float:left;display:inline;}
   47 #bd .page a.prev{width:127px;background:url("../images/ico_prev.png")
no-repeat;}
   48 #bd .page a.next{width:135px;background:url("../images/ico_next.png")
no-repeat;}
```

第01~17行的CSS重置代码是固定的。第18~24行是公用CSS代码，第25~33行是页面头部的样式。第37~43是网站导航的样式。第45~48行是网站上下翻页按钮的样式。

3.4.2 页面框架的CSS编写

前面分析了页面的布局图并且编写了页面框架的XHTML代码，根据这两部分编写页面框架的CSS代码如下：

代码3-9

```
01  #doc{
02      width:950px;
03      background:url("../images/doc_bg.jpg") no-repeat left top;
04  }
05  #hd{
06      height:170px;
07  }
08  #bd{}
```

3.4.3 页面头部的CSS编写

前面分析了页面头部并且编写了页面头部的XHTML代码，页面头部的CSS代码如下：

代码3-10

```
01  #hd .search{
02      float:right;                                          /*网站搜索向右浮动*/
03      width:207px;
04      height:37px;
05      padding:0 0 0 14px;
06      margin:55px 30px 0 0;
07      display:inline;                                      /*修复IE 6双边距bug */
08      background:url("../images/search.jpg") no-repeat left top;
        /*网站搜索的背景*/
09  }
10  #hd .search .search-box{
11      width:170px;
12      border:none;                                          /*去掉文本框的默认边框*/
13      background:none;
14      color:#A1A7AF;
15      float:left;                                           /*文本框向左浮动*/
16      font-size:12px;
17      margin:11px 0 0 0;
18  }
19  #hd .search .search-btn{
20      width:30px;
21      height:25px;
22      border:none;                                          /*去掉按钮的默认边框*/
23      background:none;
24      cursor:pointer;                                       /*鼠标在按钮上指针变手形*/
25      float:right;                                          /*按钮向右浮动*/
26  }
27  #hd .info{padding:65px 0 0 150px;width:470px;}
28  #hd .info .name{font-size:42px;font-family:"黑体";color:#fff;}
29  #hd .info .name a{color:#fff;}
30  #hd .info .remark{color:#7FA5D1;padding:8px 0 0 0;}
```

第01~26行是站内搜索的CSS代码，其中第02行代码实现站内搜索整体向右浮动。第15行和第25行实现站内搜索的搜索框和按钮分别向左和向右浮动。第07行代码利用"display:inline;"

解决了在IE 6下浮动块左div右双边距的问题。第24行通过将cursor的值设置为pointer，实现当鼠标移到input按钮上时指针由箭头变成手形，这些网站制作的细节带给了浏览者良好的用户体验。

3.4.4 首页主体内容的CSS编写

根据对首页主体内容的分析和首页主体内容的XHTML代码，编写首页主体内容的CSS代码如下：

代码3-11

```
01  /*index.html*/
02  #bd .index-text{
03      width:536px;
04      margin:0 0 0 150px;
05      float:left;                         /*包含博客列表的DIV向左浮动*/
06      display:inline;                     /* 解决IE 6下左边双边距的bug */
07  }
08  #bd .catalog{
09      width:536px;
10      margin:0 0 40px 0;
11      /*每个博客列表项内容区的背景*/
12      background:url("../images/catalog_bg.jpg") repeat-y left top;
13  }
14  #bd .catalog-top{
15      /*每个博客列表项顶部的背景*/
16      background:url("../images/catalog_bg_top.jpg") no-repeat left
top;
17      height:32px;
18      overflow:hidden;                            /*隐藏溢出高度的部分*/
19  }
20  #bd .catalog-con{
21      padding:25px 50px 40px;
22      width:436px;
23      /*每个博客列表项底部的背景*/
24      background:url("../images/catalog_bg_bom.jpg") no-repeat left
bottom;
25  }
26  #bd .catalog .time{color:#A1A1A1;padding:0 0 10px 0;height:15px;}
27  #bd .catalog .title{font-size:14px;}
28  #bd .catalog .title a{color:#000;}
29  #bd .catalog .abstract{
30      word-wrap:break-word;                            /*强制换行*/
31  }
32  #bd .catalog .abstract p{padding:0 0 20px 0;}
33  #bd .catalog .view{
34      text-align:right;                                /*文字居右*/
35  }
36  #bd .catalog .view a{color:#A1A1A1;}
```

第05行代码实现了博客列表向左浮动，前面介绍了导航也是向左浮动，因此在布局上博客列表浮在了导航的右侧，实现了页面效果。第06行解决了IE 6下浮动div块左右双边距问题。注意第30行word-wrap的使用方法，word-wrap有两个值normal和break-word，normal是默认值，浏览器保持默认处理方式，不强制换行，break-word是在长单词或URL地址内部进行换行，当文本是连续的英文字母时浏览器强制其换行显示。第30行将word-wrap的值设置为break-word就是对可能出现的长串英文字母进行换行显示，防止文本溢出其所在的div容器。

3.4.5 内页主体内容的CSS编写

根据对内页主体内容的分析和内页XHTML代码，编写内页主体内容的CSS代码如下：

代码3-12

```
01  /*page.html*/
02  #bd .page-text{margin:60px 0 0 160px;width:781px;}
03  #bd .page-text .text_top{
04      background:url("../images/text_bg_top.jpg") no-repeat left top;/*
博客内容的顶部背景*/
05      height:111px;
06      overflow:hidden;
07  }
08  #bd .page-text .text_bom{
09      background:url("../images/text_bg_bom.jpg") no-repeat left top;
/*博客内容底部背景*/
10      height:78px;
11      overflow:hidden;
12  }
13  #bd .page-text .text_mid{
14      background:url("../images/text_bg.jpg") repeat-y left top;  /*博
客内容区域背景*/
15      padding:0 100px 60px 105px;
16  }
17  #bd .page-text h2{
18      font-size:28px;
19      font-family:"黑体";
20      line-height:normal;                    /*覆盖全局line-height设置*/
21  }
22  #bd .page-text h2 a{color:#3D659A;}
23  #bd .page-text .info{padding:20px 0 30px;color:#999;}
24  #bd .page-text .info .time{padding:0 15px 0 0;}
25  #bd .page-text .content{
26      color:#444;
27      font-size:14px;
28      padding:0 0 60px;
29      word-wrap:break-word;                    /*强制换行*/
30  }
31  #bd .page-text .label{padding:12px 0 25px;color:#7592B7;}
32  #bd .page-text .label a{margin:0 10px 0 0;color:#7592B7;}
33  #bd .page-text .comment .comm{
```

```
34          float:right;                              /*向右浮动*/
35          margin:0 10px;
36          display:inline;                           /*解决IE 6下左右双边距bug */
37          color:#ACACAC;
38          background:url("../images/on.png") no-repeat left top;        / * 评
论背景*/
39          width:75px;
40          height:32px;
41          line-height:32px;                         /*文字垂直居中*/
42          text-align:center;                        /*文字水平居中*/
43     }
44   #bd .page-text .comment .poster{
45          width:540px;
46          background-color:#EBF0F5;
47          padding:20px 15px 0;
48          text-align:right;                         /*使"发表评论"水平居右*/
49          clear:both;                               /*清除浮动*/
50     }
51   #bd .page-text .comment .poster-box{width:540px;background-
color:#fff;height:115px;}
52   #bd .page-text .comment .poster-box textarea{
53          width:535px;
54          height:110px;
55          border:0;                                 /*去掉文本区域默认边框*/
56          margin:5px 0 0 5px;
57          font-size:12px;
58          overflow:auto;/*IE下去掉右侧默认滚动条，当内容超过文本区域高度时才出现*/
59     }
60   #bd .page-text .comment .poster .submit{
61          width:77px;
62          height:26px;
63          border:none;
64          color:#fff;
65          font-size:14px;
66          background-color:#11539E;
67          margin:10px 0;
68          cursor:pointer; /*鼠标移到input按钮上，鼠标指针变成手形*/
69     }
70   #bd .page-text .comment .tag-con{padding:20px 0 0;}
71   #bd .page-text .comment .tag-con li{border-bottom:1px solid
#D3DDE7;padding:20px 0;}
72   #bd .page-text .comment .tag-con li img{
73          float:left;                               /*用户头像向左浮动*/
74          width:30px;
75          height:30px;
76          padding:2px;
77          border:1px solid #CDCACF;
78     }
79   #bd .page-text .comment .tag-con li .words{color:#666;margin:0 0 0
45px;}
80   #bd .page-text .comment .tag-con li .words .name{
```

```
81        color:#1C67BD;
82        padding:0 5px 0 0;
83        display:block;                        /*显示为块级元素*/
84 }
85 #bd .page-text .comment .tag-con li .words p{
86        float:left;                           /*用户的评论内容向左浮动*/
87        width:480px;
88 }
89 #bd .page-text .comment .tag-con li .reply{
90        float:right;                          /*"回复"向右浮动*/
91        color:#1C67BD;
92 }
```

第20行将line-height设置为normal，是为了覆盖body中对line-height的全局设置。因为h2中字体的大小是28px，而全局的line-height是22px，如果不修改h2的line-height，会造成h2中的文字被截掉一部分的错误效果。第49行的"clear:both;"是为了使.poster回到文档流中。第83行的代码是将类名为.name的a容器由内联元素变成块级元素，实现了用户名单独一行显示的效果。

3.4.6 网站CSS代码总览

前面讲解了页面头部、页面主体内容、CSS重置和页面公用的CSS代码，这些代码共同组成了网站页面的完整CSS代码，如代码3-13所示：

代码3-13

```
01 @charset "utf-8";
02 /*css reset*/
03 body,div,dl,dt,dd,ul,ol,li,h1,h2,h3,h4,h5,h6,pre,code,form,fieldset,legend,input,button,textarea,
   p,blockquote,th,td{margin:0; padding:0;}
04 …
17 *.cf{zoom:1;}
18 /*global css*/
19 a{color:#000;}
20 …
43 #bd .page a.next{width:135px;background:url("../images/ico_next.png")no-repeat;}
44 /*module css*/
45 /*index.html*/
46 #bd .index-text{width:536px;margin:0 0 0 150px;float:left;display:inline;}
47 …
56 #bd .catalog .view a{color:#A1A1A1;}
57 /*page.html*/
58 #bd .page-text{margin:60px 0 0 160px;width:781px;}
59 …
80 #bd .page-text .comment .tag-con li .reply{float:right;color:#1C67BD;}
```

3.5 制作中需要注意的问题

3.5.1 块级元素和行内元素

块级元素是指这些元素显示为一块内容。与之相反，行内元素是指这些元素的内容显示在行中。每个块级元素都是从一个新行开始显示，而且其后的元素也是另起一行进行显示。而行内元素一般显示在块级元素里面。

一般的块级元素有\<p\>、\<h1\>~\<h6\>、\<ul\>\<ol\>\<li\>、\<table\>、\<form\>、\<div\>和\<body\>等。而内联元素有\<input\>、\<a\>、\<img\>、\<span\>等。

块级元素和行内元素之间可以通过设置display的值来进行转换。将display的值设置为block，可以让行内元素表现得像块级元素一样。也可以通过把display的值设置为inline，让块级元素表现得跟行内元素一样。块级元素和行内元素在网页中的表现如图3.12所示。

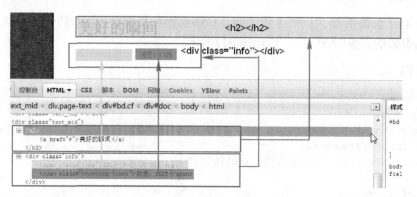

图3.12 块级元素和行内元素

图3.12中\<h2\>和\<div\>是块级元素，因此\<h2\>\</h2\>中的内容和\<div class="info"\>\</div\>中的内容各占一行显示，\<span\>元素是行内元素，因此\<div class="info"\>\</div\>中的\<span class="time"\>2011-10-22 12:55\</span\>和\<span class="browsing-times"\>浏览：1125\</span\>在一行显示，并且都包含在块级元素\<div class="info"\>\</div\>中。

3.5.2 CSS文档流

网页元素按照XHTML结构自上而下，从左向右一行一行的布局，叫做CSS文档流。也就是说，普通流中的元素的位置由元素在XHTML中的位置决定。CSS文档流是网页中最基本的布局方式。没有任何定位和浮动的XHTML元素都处于CSS文档流中。如图3.13所示是本章的个人博客正文页去掉CSS样式后在浏览器中的表现及相对应的XHTML代码，这些XHTML元素所在的布局就是一个典型的CSS文档流。

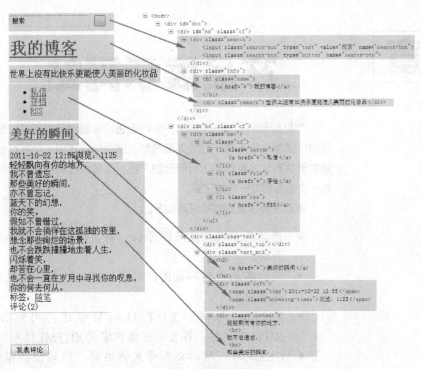

图3.13 CSS文档流

第 4 章

产品展示网站

产品展示网站是一个对客户的产品进行详细展示的网站,包括规格,产品的款式颜色等所有产品的详细信息。这类网站犹如一个展厅或展位,能让顾客更直观地了解网站上所展示的产品,让顾客在看到产品的同时对产品的每一个信息都有一定的了解。

本章主要涉及到的知识点如下。

- 产品展示网站效果图分析:将页面拆分,对每个模块进行分析。
- 网站布局规划和切图:对网站页面进行布局规划和切图,并导出图片。
- XHTML编写:XHTML框架搭建;网站公共模块的XHTML编写;各页面主体内容的XHTML编写。
- CSS编写:网站公用样式的编写;网站公共模块的CSS编写;网站框架的CSS编写;各页面主体内容的CSS编写。
- 制作中的注意事项。

注意　本章主要介绍产品展示网站的DIV+CSS页面制作。产品展示网站的主流展示方式是利用平面图片和文字介绍做成类似目录的方式。

 4.1　页面效果图分析

本节主要对网站效果图进行分析,包括页面头部和页脚分析、首页主体内容分析和内页主体内容分析。图4.1和4.2所示psd格式的UI图分别是产品展示网站的首页和产品信息页的页面效果图。

图4.1 首页

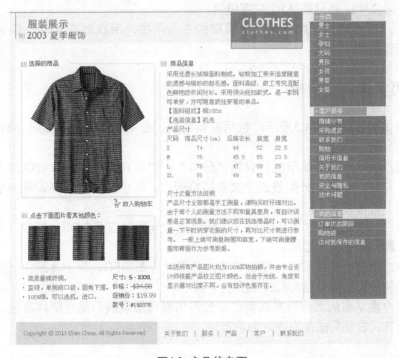

图4.2 产品信息页

注意 首页UI图和XHTML页面通常表示为index.psd和index.html，除首页外的其他页面统称为内页。

4.1.1 头部和页脚分析

页面的头部，如图4.3所示，包括网站签名和标志，分别对应图中①②。

网站签名是文字，标志是一张图片。整个头部的背景如阴影所示，其高度小于标志的高度。

图4.3 页面头部

在布局上，头部分为左右两栏，左栏是网站签名，右栏是标志。由于头部的高度小于标志的高度，因此，标志采用相对头部这个父容器的绝对定位，这样标志脱离CSS文档流并叠于页面头部之上，头部容器的高度不会受标志高度的影响。

页脚如图4.4所示，包括版权和底导航两部分，分别对应图中①②。

图4.4 页脚

版权是一段文字，底导航是5个文字链接。

在布局上，版权和底导航分别位于页脚的左右两栏，版权向左浮动，底导航可以不浮动，正常文档流即可。

4.1.2 首页主体内容分析

首页的主体内容，如图4.5所示，包括右侧导航、公司信息和服装展示，分别对应图4.5中的①②③。

右侧导航，由三个子导航组成，包括"分类"、"客户服务"和"我的信息"，分别对应图中ABC，这三个子导航分别是三个文字链接列表。每个文字链接列表有一个标题总结了这部分导航的主要内容。

公司信息由一张图片和"关于我们"版块组成，分别对应图中DE。其中，"关于我们"版块由一个标题和三段文字组成。

服装展示，由男士夏装和女士夏装组成，分别对应图中FG。男士夏装由标题和服装列表组成，女士夏装与男士夏装结构和样式完全一样。

首页主体内容从布局上分为左右两栏。公司信息和服装展示是主要内容区，可以看做左栏，正常文档流。右侧导航是右栏，向右浮动。

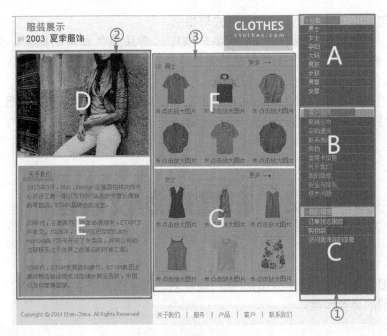

图4.5 首页的主体内容

4.1.3 内页主体内容分析

产品信息页的主体内容如图4.6所示,包括右侧导航、商品简介和商品信息,分别对应图中①②③。

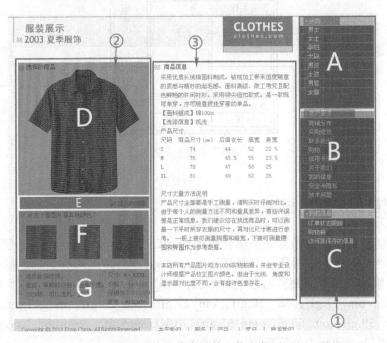

图4.6 产品信息页的主体内容

右侧导航与首页的右侧导航结构和样式都相同。

商品简介，包括商品大图、加入购物车按钮、商品颜色和商品摘要，分别对应图中DEFG。其中，商品颜色是三张图片组成的图片列表，商品摘要是两个文字列表。

商品信息，由几段商品的详细介绍组成。

内页主体内容从布局上分为左右两栏。商品简介和商品信息是主要内容区，可以看作是左栏，正常文档流。右侧导航是右栏，向右浮动。

4.2 布局规划及切图

本节将主要介绍产品展示网站的页面布局规划、页面图片切割并导出图片。这些工作是制作本章案例前的必要步骤。

4.2.1 页面布局规划

根据前面对网站效果图的分析，为了后面写出清晰简洁的XHTML代码，对页面的整体结构进行了提炼，得到了页面的大致布局图，如图4.7所示。

图4.7 页面布局图

4.2.2 切割首页及导出图片

首页需要切割的图片包括网站整体背景图bg.gif、网站标志logo.gif、右侧导航标题背景图m_03.gif、"关于我们"模版的背景图index_54.gif、服装展示列表标题部分的背景图片index_57.gif、服装展示列表每件服装的背景图片om_bg.gif、网站使用的图片11.jpg、om_15.gif、om_16.gif、om_17.gif、om_26.gif、om_27.gif、om_28.gif、om_47.gif、om_48.gif、om_49.gif、om_59.gif、om_60.gif、om_61.gif、小图标sign.gif、arrow.gif、zoom.gif。如图4.8所示的是首页在Photoshop中的所有切片。

图4.8 首页在Photoshop中的所有切片

4.2.3 切割内页及导出图片

产品信息页的头部、右侧导航与首页相同，所以这几部分的图片就不需要重复切割了。只需要主体内容区的图片即可，包括商品大图sp2.gif、商品大图背景图片sp1.gif、放入购物车小图标product_07.gif、商品小图sp4.gif、sp5.gif、sp6.gif、商品小图背景图片product_13.gif、商品信息背景图片product_05.gif。如图4.9所示是产品信息页在Photoshop中的所有切片。

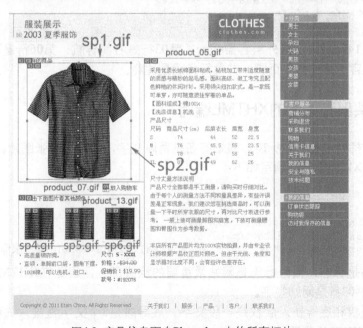

图4.9 产品信息页在Photoshop中的所有切片

4.3 XHTML编写

本节将详细讲解页面头部和页脚、页面公共部分、页面框架以及每个页面的XHTML代码编写。语义和结构良好的XHTML代码不仅在制作网站时省时省力，更有利于提高网站排名，因此XHTML的编写虽然简单但很重要。

4.3.1 页面XHTML框架搭建

网站所有页面使用相同的XHTML框架。这个框架用一个id为doc的div标签包含所有XHTML代码。里面再分为4部分：右侧导航、头部、主体内容和页脚，id分别为rightNav、hd、bd和ft。页面的XHTML框架编写如下：

代码4-1

```
01  <div id="doc">
02      <!--start of rightNav-->
03      <div id="rightNav"></div>
04      <!--end of rightNav-->
05      <!--start of hd-->
06      <div id="hd" class="cf"></div>
07      <!--end of hd-->
08      <!--start of bd-->
09      <div id="bd" class="cf"></div>
10      <!--end of bd-->
11      <!--start of ft-->
12      <div id="ft" class="cf"></div>
13      <!--end of ft-->
14  </div>
```

第01行和第14行是页面最外层容器#doc。第03行是右侧导航。第06行是页面头部。第09行是页面主体内容。第12行是页脚。其他行代码是注释。

4.3.2 页面头部和页脚的XHTML编写

页面头部包括网站签名和标志。网站签名是两段文字，标志是一张图片。
页面头部的XHTML代码编写如下：

代码4-2

```
01  <h1><a href="#">clothes</a></h1>
02  <p class="hei">服装展示</p>
03  <p class="sign hei"><span class="arial">2003</span>夏季服饰</p>
```

第01行代码是标志，因为标志是网站最重要的组成部分，因此在XHTML代码中放到签名的前面。第02~03行是网站签名。

页脚包括版权和底导航。版权是一段文字。底导航是5个文字链接，其中每个链接用竖线分隔。页脚的XHTML代码编写如下：

代码4-3

```
01 <div class="copyRight arial">Copyright © 2011 Etam China. All Rights
Reserved</div>
02 <div class="bomNav"><a href="#" target="_blank">关于我们</a>|<a href="#"
target="_blank">服务</a>|<a href="#" target="_blank">产品</a>|<a href="#"
target="_blank">客户</a>|<a href="#" target="_blank">联系我们</a></div>
```

第01行代码是版权，第02行是底导航。

4.3.3 页面公共部分的XHTML编写

页面的公共部分除了页面头部和页脚外，还包括右侧导航。如图4.10所示，加框区域是
各页面的公共部分。

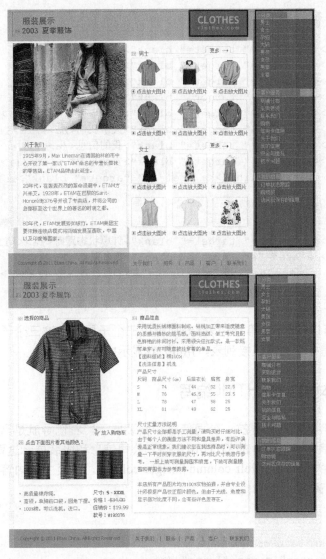

图4.10 网站所有页面的公共部分

右侧导航的XHTML代码编写如下：

代码4-4

```
01  <h2>分类</h2>
02  <ul>
03      <li><a href="#" target="_blank">男士</a></li>
04      <li><a href="#" target="_blank">女士</a></li>
05      <li><a href="#" target="_blank">孕妇</a></li>
06      <li><a href="#" target="_blank">大码</a></li>
07      <li><a href="#" target="_blank">男孩</a></li>
08      <li><a href="#" target="_blank">女孩</a></li>
09      <li><a href="#" target="_blank">男婴</a></li>
10      <li class="noline"><a href="#" target="_blank">女婴</a></li>
11  </ul>
12  <h2>客户服务</h2>
13  <ul>
14      <li><a href="#" target="_blank">商铺分布</a></li>
15      <li><a href="#" target="_blank">采购退货</a></li>
16      <li><a href="#" target="_blank">联系我们</a></li>
17      <li><a href="#" target="_blank">购物</a></li>
18      <li><a href="#" target="_blank">信用卡信息</a></li>
19      <li><a href="#" target="_blank">关于我们</a></li>
20      <li><a href="#" target="_blank">我的信息</a></li>
21      <li><a href="#" target="_blank">安全与隐私</a></li>
22      <li class="noline"><a href="#" target="_blank">技术问题</a></li>
23  </ul>
24  <h2>我的信息</h2>
25  <ul>
26      <li><a href="#" target="_blank">订单状态跟踪</a></li>
27      <li><a href="#" target="_blank">购物袋</a></li>
28      <li class="noline"><a href="#" target="_blank">访问我保存的信息</a></li>
29  </ul>
```

第02~11行、第13~23行和第25~29行分别对应三个子导航。这三个子导航结构和样式都相同。每个子导航是一个文字链接列表，用ul列表显示内容。

4.3.4 首页主体内容的XHTML编写

首页的主体内容包括右侧导航、公司信息和服装展示。右侧导航是网站所有页面的公共部分，在前面已经编写了这部分的XHTML代码。公司信息和服装展示这两部分属于#bd中的内容，分别对应div的class名是.left-column和.right-column。首页主体内容中的公司信息和服装展示的XHTML代码编写如下：

代码4-5

```
01  <div class="left-column">
02      <img src="images/l1.jpg" />
03      <div class="us">
```

```
04                    <h3 class="sign">关于我们</h3>
05                    <p>1915年…诞生。</p><p>20年代，…之都。</p><p>80年代，…国家。
</p>
06            </div>
07      </div>
08      <div class="right-column">
09          <div class="list">
10              <div class="hd sign cf">
11                    <span class="more"><a href="#">更多</a></span>
12                    <h4>男士</h4>
13              </div>
14              <ul>
15                    <li>
16                          <a href="#"><img src="images/om_15.gif"/></a>
17                          <p><a href="#">单击放大图片</a></p>
18                    </li>
19                    …
20                    <li>
21                          <a href="#"><img src="images/om_28.gif"/></a>
22                                <p><a href="#">单击放大图片</a></p>
23                    </li>
24              </ul>
25          </div>
26          <div class="list">
27              <div class="hd sign cf">
28                    <span class="more"><a href="#">更多</a></span>
29                    <h4>女士</h4>
30              </div>
31              <ul>
32                    <li>
33                          <a href="#"><img src="images/om_47.gif"/></a>
34                          <p><a href="#">单击放大图片</a></p>
35                    </li>
36                    …
37                    <li>
38                          <a href="#"><img src="images/om_61.gif"/></a>
39                          <p><a href="#">单击放大图片</a></p>
40                    </li>
41              </ul>
42          </div>
43      </div>
```

　　第01~07行是公司信息。第08~43行是服装展示。其中第02行是公司信息顶部的大图片，第03~06行是公司信息中的"关于我们"，第04行是"关于我们"的标题，第05行是"关于我们"中的三个段落，分别用了三个p标签来包含三段文字。第09~25行和第26~42行是服装展示中的两个服装展示区，第09~25行是男士夏装展示区，第26~42行是"女士夏装"展示区。这两个服装展示区域的结构，都是由一个标题、更多链接和服装列表组成。其中以"男士夏装"展示区为例，第11行是更多链接，第12行是标题，第14~24行是服装列表，由ul标签包含几个li标签组成。

4.3.5 内页主体内容的XHTML编写

产品信息页的主体内容包括右侧导航、商品简介和商品信息。右侧导航是网站所有页面的公共部分，在前面已经编写了这部分的XHTML代码。商品简介和商品信息这两部分属于#bd中的内容，分别对应div的class名是.left-column和.right-column。产品信息页主体内容中的商品简介和商品信息的XHTML代码编写如下：

代码4-6

```
01  <div class="left-column">
02      <div class="big-pic">
03          <h3 class="sign">选择的商品</h3>
04          <img src="images/sp2.gif" />
05      </div>
06      <div class="buy"><a href="#">放入购物车</a></div>
07      <div class="small-pic">
08          <h3 class="sign">单击下面图片看其他颜色</h3>
09          <ul>
10              <li><a href="#"><img src="images/sp4.gif" /></a></li>
11              <li><a href="#"><img src="images/sp5.gif" /></a></li>
12              <li><a href="#"><img src="images/sp5.gif" /></a></li>
13          </ul>
14      </div>
15      <div class="info cf">
16          <dl class="info-list-left">
17              <dd>• 高质量棉府绸。</dd>
18              <dd>• 直领，单胸前口袋，圆角下摆。</dd>
19              <dd>• 100%棉。可以洗机。进口。</dd>
20          </dl>
21          <dl class="info-list-right arial">
22              <dd>尺寸:<strong>S - XXXL</strong></dd>
23              <dd>价格: <span class="red linethrough">$34.00</span></dd>
24              <dd>促销价: <span class="red">$19.99</span></dd>
25              <dd>款号: #192076</dd>
26          </dl>
27      </div>
28  </div>
29  <div class="right-column">
30      <div class="detail">
31          <h3 class="sign">商品信息</h3>
32          <p>采用优质…亦可随意披挂穿着的单品。<br/>…会有些许色差存在。</p>
33      </div>
34  </div>
```

第01~28行是商品简介。第29~34行是商品信息。其中第02~05行是商品大图，包括第03行的标题和第04行的图片。第06行是"放入购物车"按钮，这个按钮是一个链接。第07~14

行是商品颜色，由第08行的标题和第09~13行的颜色信息ul列表组成。第15~27行是商品摘要，由两个结构相同的dl列表组成。第31行是商品信息的标题，第32行是几段商品的详细介绍。

4.3.6 首页XHTML代码总览

前面对网站首页各个模块的XHTML代码进行了逐一编写，如图4.11所示是这些模块组成的首页的XHTML框架图，说明了层的嵌套关系。

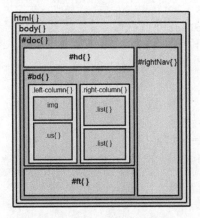

图4.11 首页XHTML框架图

在这些XHTML代码的基础上增加页面的<!DOCTYPE>声明及html头部元素，就是首页的完整XHTML代码。完整的首页XHTML代码如下：

代码4-7

```
01 <!DOCTYPE HTML>
02 <html>
03 <head>
04 <meta charset="utf-8">
05 <title>首页</title>
06 <link href="css/style.css" rel="stylesheet" type="text/css" />
07 </head>
08 <body>
09 <div id="doc">
10 <!--start of rightNav-->
11 <div id="rightNav">
12     ...
13 </div>
14 <!--end of rightNav-->
15 <!--start of hd-->
16 <div id="hd" class="cf">
17     ...
18 </div>
19 <!--end of hd-->
20 <!--start of bd-->
```

```
21 <div id="bd" class="cf">
22      <div class="left-column">
23              <img src="images/l1.jpg" />
24              <div class="us">
25                      ...
26              </div>
27      </div>
28      <div class="right-column">
29              <div class="list">
30                      ...
31              </div>
32              <div class="list">
33                      ...
34              </div>
35      </div>
36 </div>
37 <!--end of bd-->
38 <!--start of ft-->
39 <div id="ft" class="cf">
40      ...
41 </div>
42 <!--end of ft-->
43 </div>
44 </body>
45 </html>
```

> **注意** 使用的网页编码格式一般有两种：UTF-8和GBK。UTF-8是国际编码，通用性强。本书所有网站均使用UTF-8编码格式。

第01行是页面的<!DOCTYPE>声明。第03~07行是html头部元素。第02行和第45行是页面的html标签，对应图4.11中html{}。第08行和第44行是页面的body标签，对应图4.11中body{}区域。第09行和第43行是页面最外层容器，对应图4.11中#doc区域。第10~14行是右侧导航，对应图4.11中的#rightNav{}区域。第15~19行是页面头部，对应图4.11中的#hd{}区域。第20~37行是页面主体内容，对应图4.11中的#bd{}区域，第38~42行是页脚，对应图4.11中的#ft{}区域。第22~27行是"公司信息"，对应图4.11中的.left-column{}区域，第28~35行是"服装展示"，对应图4.11中的.right-column{}区域。第23行是公司信息中的大图片，对应图4.11中的img区域，第24~26行是公司信息中的"关于我们"，对应图4.11中的.us{}区域，第29~31行和第32~34行是两个服装展示列表，分别对应图4.11中的两个.list{}区域。

4.3.7 内页XHTML代码总览

前面对产品信息页各个模块的XHTML代码进行了逐一编写，如图4.12所示是这些模块组成的产品信息页的XHTML框架图，说明了层的嵌套关系。

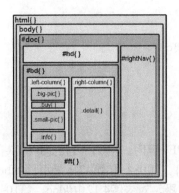

图4.12 产品信息页的XHTML框架图

在这些XHTML代码的基础上增加页面的<!DOCTYPE>声明及html头部元素,就是产品信息页的完整XHTML代码。完整的产品信息页的XHTML代码如下:

代码4-8

```
01  <!DOCTYPE HTML>
02  <html>
03  <head>
04  <meta charset="utf-8">
05  <title>产品信息页</title>
06  <link href="css/style.css" rel="stylesheet" type="text/css" />
07  </head>
08  <body>
09  <div id="doc">
10  <!--start of rightNav-->
11  <div id="rightNav">
12      ...
13  </div>
14  <!--end of rightNav-->
15  <!--start of hd-->
16  <div id="hd" class="cf">
17      ...
18  </div>
19  <!--end of hd-->
20  <!--start of bd-->
21  <div id="bd" class="cf">
22      <div class="left-column">
23          <div class="big-pic">
24              ...
25          </div>
26          <div class="buy"><a href="#">放入购物车</a></div>
27          <div class="small-pic">
28              ...
29          </div>
30          <div class="info cf">
31              ...
32          </div>
33      </div>
34      <div class="right-column">
35          <div class="detail">
36              ...
37          </div>
38      </div>
39  </div>
```

```
40  <!--end of bd-->
41  <!--start of ft-->
42  <div id="ft" class="cf">
43      …
44  </div>
45  <!--end of ft-->
46  </div>
47  </body>
48  </html>
```

第01行是页面的<!DOCTYPE>声明。第03~07行是html头部元素。第02行和第48行是页面的html标签，对应图4.12中html{}。第08行和第47行是页面的body标签，对应图4.12中body{}。第09行和第46行是页面最外层容器，对应图4.12中#doc。第10~14行是右侧导航，对应图4.12中的#rightNav{}区域。第15~19行是页面头部，对应图4.12中的#hd{}区域。第20~40行是页面主体内容，对应图4.12中的#bd{}区域，第41~45行是页脚，对应图4.12中的#ft{}区域。第22~33行是商品简介，对应图4.12中的.left-column{}区域，第34~38行是商品信息，对应图4.12中的.right-column{}区域。第23~25行是商品简介中的商品大图，对应图4.12中的.big-pic{}区域，第26行是商品简介中的加入购物车按钮，对应图4.12中的.buy{}区域，第27~29行是商品简介中的商品颜色，对应图4.12中的.small-pic{}区域，第30~32行是商品简介中的商品摘要，对应图4.12中的.info{}区域。第35~37行是商品信息中的详细介绍，对应图4.12中的.detail{}区域。

4.4　CSS编写

本节将讲解产品展示网站的CSS编写，包括页面头部和页脚、页面公共部分、首页和内页的CSS编写。

4.4.1　页面公共部分的CSS编写

页面公共部分包括CSS重置、页面中公用字体、字体颜色的样式，以及页面头部、页脚和右侧导航。

根据前面对页面公共部分的分析及XHTML代码的编写，CSS重置代码、页面公用样式和右侧导航的CSS代码编写如下：

代码4-9

```
01  /*css reset*/
02  body,div,dl,dt,dd,ul,ol,li,h1,h2,h3,h4,h5,h6,pre,code,form,fieldset,legend,input,button,textarea,p,blockquote,th,td{margin:0; padding:0;}
    /*以上元素的内外边距都设置为0*/
03  …
04  *.cf{zoom:1;} /* IE 6/7浏览器（触发hasLayout） */
05  /*global css*/
06  a{color:#4B565F;}
07  a:hover{color:#4B565F;}
```

```
08  .arial{font-family:Arial;}
09  .hei{font-family:"黑体";}
10  .red{color:#FF0000;}
11  .linethrough{text-decoration:line-through;}
12  .sign{background:url("../images/sign.gif") no-repeat left
center;padding-left:18px;}
13  h1,h2,h3,h4{font-weight:normal;font-size:12px;}
14  body{font-family:"宋体";font-size:12px;color:#5A6F7C;line-height:20px;}
15  #rightNav{
16      float:right;                            /*右侧导航向右浮动*/
17      width:153px;                            /*右侧导航的宽*/
18      background:#fff;                        /*右侧导航的背景色*/
19      margin:0 13px 0 0;                      /*右侧导航的上下左右外边距*/
20      display:inline;                         /*解决IE 6下右侧双边距bug*/
21  }
22  #rightNav a,#rightNav a:hover{color:#fff;}
23  #rightNav h2{
24      background:url("../images/m_03.gif") no-repeat left top; /*标题背景图*/
25      color:#fff;                             /*标题文字颜色*/
26      height:19px;                            /*标题高度*/
27      line-height:19px;                       /*标题行高*/
28      padding:0 0 0 20px;                     /*标题的左内边距*/
29  }
30  #rightNav ul{background:#5E6E7B;padding:0 0 50px 0;}
31  #rightNav ul li{
32      height:16px;                            /*右侧导航列表每项的高*/
33      line-height:16px;                       /*右侧导航列表每项行的高*/
34      border-bottom:1px dotted #fff;          /*右侧导航每项的下划线*/
35      padding:0 0 0 16px;                     /*右侧导航每项左边的内边距*/
36  }
37  #rightNav ul li.noline{border-bottom:0;}/*为右侧导航的li定义一个没有下划线的类*/
```

第01~04行是CSS重置代码，与前几章相同。第05~14行是公用CSS代码，第15~37行是右侧导航的样式。网站的公用CSS代码是将网页制作中需要重复使用的样式提炼总结出来的，其中第12行定义了小图标sign.gif作为背景的类，网页中的大部分标题都应用到了这个类。第16行实现了右侧导航向右浮动，第20行对display的设置是为了解决在IE 6下#rightNav右边距双倍的问题，第24行为标题定义了背景图，第26行和第27行共同实现标题在h2内垂直居中的目的。第32行和第33行共同实现了右侧导航列表的每一项在li标签内垂直居中的目的。

4.4.2 页面框架的CSS编写

前面分析了页面的布局图并且编写了页面框架的XHTML代码，根据这两部分编写页面框架的CSS代码如下：

代码4-10

```
01  #doc{
02      width:766px;                                    /*#doc的宽度*/
03      background:#fff; /*#doc的背景色*/
04      margin:10px auto 0;                             /*#doc的外边距*/
05      border-top:1px solid #5E6E7B;                   /*#doc的上边框*/
06      background:url("../images/bg.gif") repeat left top;
/*#doc的背景图*/
07  }
08  #rightNav{float:right;width:153px;background:#fff;margin:0 13px 0
0;display:inline;}
```

```
09  #hd{height:50px;position:relative;margin:0 153px 0 12px;border-left:1px
solid #5E6E7B;padding:10px 0 0 0;}
10  #bd{margin:0 166px 0 12px;background:#fff;padding:15px 0 0;}
11  #ft{margin:0 166px 0 12px;height:44px;line-height:44px;}
```

第01~07行代码是对页面最外层容器#doc的定义，第08行是右侧导航，第09行是页面头部最外层容器的样式，第10行是页面主体内容最外层容器的样式，第11行是页脚最外层容器的样式。第02行定义了#doc的宽度，第04行实现了#doc在整个屏幕中水平居中显示，第06行通过在background中设置bg.gif图片在X和Y方向同时重复，实现了bg.gif这张图片铺满整个#doc容器。

4.4.3 页面头部和页脚的CSS编写

前面分析了页面头部并且编写了页面头部的XHTML代码，页面头部的CSS代码如下：

代码4-11

```
01  #hd{
02      height:50px;                               /*#hd的高*/
03      position:relative;                        /*#hd相对定位*/
04      margin:0 153px 0 12px;
05      border-left:1px solid #5E6E7B;            /*#hd的左边框*/
06      padding:10px 0 0 0;
07  }
08  #hd h1{
09      background:url("../images/logo.gif") no-repeat left top;/*标志的背景图片*/
10      width:141px;                              /*标志的宽*/
11      height:71px;                              /*标志的高*/
12      position:absolute;                        /*标志相对定位*/
13      top:0px;                                  /*标志顶部相对父容器#hd的上边距*/
14      left:431px;                               /*标志左边缘相对父容器#hd的左边距*/
15  }
16  #hd h1 a{
17      width:100%;
18      height:100%;
19      display:block;                            /*将a标签转换成块元素*/
20      text-indent:-999em;                       /*a中的文字向左移动999em*/
21      overflow:hidden;                          /*截掉溢出a之外的部分*/
22  }
23  #hd p{font-size:20px;margin:0 0 0 24px;}
24  #hd p.sign{
25      font-size:18px;
26      margin:0 0 0 5px;
27      color:#4D565F;
28  }
```

第03行定义了头部最外层容器#hd为相对定位，第12行定义了标志为绝对定位，第13行定义了标志距离#hd顶部为0px，第14行定义了标志距离#hd左侧为431px，这4句代码共同实现了头部标志在#hd容器中的精确定位。第20行通过将text-indent设置置为-999em，使a标签中的文字向左移动999em，由于999em是一个非常大的数字，因此编写这行代码的结果就是a标签中的文字已经不在屏幕显示范围内了，但是如果有足够宽的显示器，a中的文字仍能看到。第21行通过设置overflow的值为hidden，将溢出a标签的内容截掉，由此a标签中的文字无论显示器有多宽都不会显示于屏幕上了。

前面分析了页脚并且编写了页脚的XHTML代码，页脚的CSS代码如下：

代码4-12

```
01  #ft{
```

```
02          margin:0 166px 0 12px;
03          height:44px;
04          line-height:44px;
05      }
06  #ft .copyRight{
07          text-align:center;
08          font-size:11px;
09          background:#D1D1D1;
10          width:282px;
11          float:left;
12      }
13  #ft .bomNav{text-align:center;}
14  #ft .bomNav a{margin:0 5px;}
```

第03~04行共同实现了页脚内容在#ft容器中垂直居中的目的。

4.4.4 首页主体内容的CSS编写

根据对首页主体内容的分析和首页主体内容的XHTML代码，编写首页主体内容的CSS代码如下：

代码4-13

```
01  .left-column{float:left;width:288px;}
02  .left-column img{display:block;}
03  .left-column .us{margin:20px 0 0;background:url("../images/index_54.
gif") no-repeat left top;height:265px;}
04  .left-column .us h3{margin:0 10px;}
05  .left-column .us p{margin:0 20px 15px;}
06  .right-column{float:left;width:300px;margin:10px 0 0;overflow:hidden;}
07  .right-column .list{background:url("../images/index_57.gif") no-repeat left top;}
08  .right-column .list .hd{height:28px;overflow:hidden;}
09  .right-column .list .hd .more{float:right;background:url("../images/
arrow.gif") no-repeat right 10 center;line-height:20px;margin:0 65px 0
0;width:42px;padding:0 0 0 18px;display:inline;}
10  .right-column .list .hd h4{line-height:30px;}
11  .right-column .list ul{width:320px;overflow:hidden;}
12  .right-column .list ul li{background:url("../images/om_bg.gif") no-repeat
center top;float:left;width:88px;height:100px;margin:0 7px 0 3px;display:inline;}
13  .right-column .list ul li img{display:block;height:67px;margin:1px auto 5px;}
14  .right-column .list ul li p{background:url("../images/zoom.gif") no-
repeat 3px center;padding:0 0 0 15px;}
```

第01~05行是公司信息的CSS样式。第06~14行是服装展示的CSS样式。第01行和第06行通过设置float的值为left，实现了公司信息和服装展示最外层容器向左浮动的目的。第02行通过将图片设置为块元素，解决了浏览器中图片下方3px空白的问题。第03~05行是公司信息中"关于我们"的CSS样式，其中第04行定义了"关于我们"中标题的样式，第05行定义了"关于我们"中几个段落的样式。第11~14行是每个服装展示列表的样式。第09行通过设置float的值为right，实现了更多按钮向右浮动的目的。

4.4.5 内页主体内容的CSS编写

根据对内页主体内容的分析和内页XHTML代码，编写内页主体内容的CSS代码如下：

代码4-14

```
01  .right-column .detail{background:url("../images/product_05.gif") no-
repeat left top;padding:0 15px 0 5px;height:472px;}
02  .right-column .detail p{margin:0 8px;line-height:18px;}
03  .left-column .big-pic{background:url("../images/sp1.gif") no-repeat
right top;height:268px;}
04  .left-column .big-pic h3{margin:0 0 0 10px;}
05  .left-column .big-pic img{margin:-10px auto 0;}
06  .left-column .buy{background:url("../images/product_07.gif") no-repeat
200px center;padding:0 10px;text-align:right;height:24px;line-height:24px;}
07  .left-column .small-pic{background:url("../images/product_13.gif") no-
repeat center top;height:110px;margin:0 auto;}
08  .left-column .small-pic h3{margin:0 0 0 10px;}
09  .left-column .small-pic ul{overflow:hidden;padding:10px 0 0 10px;}
10  .left-column .small-pic ul li{width:63px;height:68px;float:left;margin:0
13px;display:inline;}
11  .left-column .info{margin:0 0 22px;}
12  .left-column .info dl{float:left;line-height:18px;margin:7px 0;}
13  .left-column .info dl.info-list-left{width:65%;}
14  .left-column .info dl.info-list-right{width:30%;}
```

第01~02行是商品简介的CSS样式。第03~14行是商品信息的CSS样式。其中第03~05行实现了商品简介中商品大图部分的效果，第06行是加入购物车按钮的样式，第07~10行是商品颜色部分的样式，第11~14行是商品摘要的样式。第13行和第14行中通过设置width的值为百分数，也可以控制相应div容器的宽度。

4.4.6 网站CSS代码总览

前面讲解了页面头部、页脚、页面主体内容、CSS重置和页面公用的CSS代码，这些代码共同组成了网站页面的完整CSS代码，如代码4-15所示。

代码4-15

```
01  @charset "utf-8";
02  /*css reset*/
03  …
04  /*global css*/
05  …
06  /*module css*/
07  /*index.html*/
08  .left-column{ }
09  …
10  /*page.html*/
11  .right-column .detail{ }
12  …
```

注意　省略的代码在每个小节中都有讲解。

4.5 制作中需要注意的问题

4.5.1 网页的编码格式

目前常用的网页编码格式有两种：UTF-8编码格式和GBK编码格式。

UTF-8包含全世界所有国家需要用到的字符，是国际编码，通用性强。UTF-8编码的文字可以在各国支持UTF-8字符集的浏览器上显示。也就是说，如果是UTF-8编码，则在英文IE上也能显示中文，无需下载IE的中文语言支持包。

GBK是在国家标准GB2312的基础上扩容后兼容GB2312的标准。GBK的文字编码是用双字节来表示的，即不论中、英文字符均使用双字节来表示，为了区分中文，将其最高位都设定成1。GBK包含全部中文字符，是国家编码，通用性比UTF-8差，不过UTF-8占用的数据库比GBK大。

为了良好的通用性，现在的网站一般都采用UTF-8的网页编码格式。

4.5.2 CSS加入网页方法

把CSS加入网页的方法主要有三种：内部样式表、行内样式表（内嵌样式表）、外部样式表。

（1）内部样式表主要定义在<head>内。

（2）行内样式表可直接使用style属性定义在标签内部。

（3）使用外部样式表时，CSS文件与网页的XHTML文件是分离开的，分开的文件要用<link rel="stylesheet" type="text/css" href="文件位置/你的CSS文件名.css"/>链接起来，这主要针对CSS样式表较多的网页，特别是要与div标签结合的网页。

第5章

教育科研机构网站

教育科研机构网站是以提供资讯为主的网站，包括学校宣传，在线教育、学习资源等。这类网站内容较多，布局以分栏方式为主。色调轻松、活泼大气，既考虑到所面向学生的年龄层次又体现了比较明确的教育性和科学性。

本章主要涉及到的知识点如下：

- 教育科研机构网站效果图分析：将页面拆分，对每个模块进行分析。
- 网站布局规划和切图：对网站页面进行布局规划和切图，并导出图片。
- XHTML编写：XHTML框架搭建；网站公共模块的XHTML编写；各页面主体内容的XHTML编写。
- CSS编写：网站公用样式的编写；网站公共模块的CSS编写；网站框架的CSS编写；各页面主体内容的CSS编写。
- 制作中的注意事项。

> 注意　本章主要讲了教育科研机构网站的DIV+CSS页面制作。以北京理工大学网站为例，其运用DIV+CSS技术进行了网站重构。目前网络上已存在的学校页面都是用table表格方法制作的，可以对比着进行学习。

 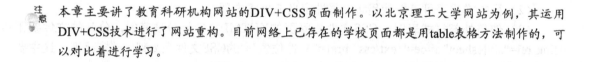

5.1 页面效果图分析

本节主要对网站效果图进行分析，包括页面头部和页脚分析、首页主体内容分析和内页主体内容分析。图5.1和图5.2所示分别是截取现在网上北京理工大学网站的首页和学院设置页的页面图。

图5.1 北京理工大学首页

图5.2 学院设置页

注意 首页UI图和XHTML页面通常表示为index.psd和index.html,除首页外的其他页面统称为内页。

5.1.1 头部和页脚分析

页面的头部如图5.3所示,包括网站标志、导航1和导航2,分别对应图中①②③。
网站标志是一张图片,导航1和导航2都是文字组成的链接。

图5.3 页面头部

在布局上，头部的标志和导航2采用绝对定位，导航1采用向右浮动。这种布局方案并不是唯一的，也可采用标志向左浮动，导航1和导航2向右浮动的布局方式。采用哪种布局方案可以根据实际情况决定，案例的代码采用了第一种布局。

页脚如图5.4所示，由三段文字组成，分别对应图中①②③。内容丰富，包括版权、地址、邮箱和网站备案信息。

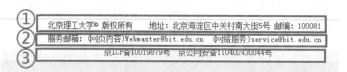

图5.4 页脚

在布局上，三段文字自上而下依次展示，处于正常文档流中。

5.1.2 首页主体内容分析

首页的主体内容，如图5.5所示，包括左侧信息、中间的新闻公告和右侧导航，分别对应图中①②③。

左侧信息由站内搜索、日期、banner和职能机构入口组成，分别对应图中ABCD。其中，banner部分除了一张图片外，还包括两个按钮：国内外科技前沿和北理工学术动态。职能机构入口是两个按钮，由两张有链接的图片组成。

中间的新闻公告由专题报道、新闻和通知公告组成，分别对应图中EFG。其中，专题报道由标题、三个文字链接和"更多"链接组成。新闻由头条新闻和新闻快讯组成，头条新闻和新闻快讯分别由标题和文字链接列表组成，并且利用引入JavaScript来进行切换。

右侧导航，由标题和三个子导航组成，分别对应图中HIJ，这三个子导航分别是三个文字链接列表。

首页主体内容从布局上分为左中右三栏。左侧信息和右侧导航分别位于左右栏，分别向左和向右浮动，新闻公告位于中间栏，没有浮动和定位，是正常文档流。

图5.5 首页的主体内容

5.1.3 内页主体内容分析

学院设置页的主体内容,如图5.6所示,包括面包屑导航、左侧信息和中间的学院信息,分别对应图中①②③。

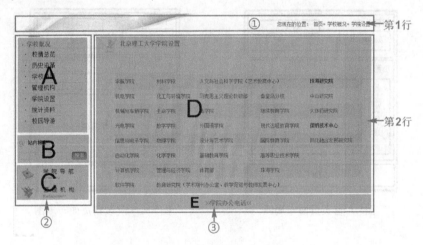

图5.6 学院设置页的主体内容

面包屑导航的作用是告诉访问者他们目前在网站中的位置以及如何返回,是当前页面的目录链接。

左侧信息包括"学校概况"、"站内搜索"和"职能机构"入口,分别对应图中ABC。其中,学校概况是一个文字链接列表,站内搜索与首页基本一致,区别是首页的文字"站内搜索"、搜索框和"搜索"按钮一行显示,而这里分成了两行显示。"职能机构"入口与首页一样,也是两个按钮,由两张有链接的图片组成,但是这两张图片的尺寸比首页大一些。

学院信息"由学院设置"和"学院办公电话"组成,分别对应图中DE。"学院设置"是一个标题和一张填充各学院名称的表格,学院办公电话是一个文字链接。

内页主体内容从布局上先分为上下两行，如图5.6所示，第2行又分为了左右两栏。面包屑导航是第1行，左侧信息和学院信息是第2行，其中，左侧信息是左栏，向左浮动，学院信息是右栏，也是主要内容区，学院信息不做任何浮动和定位，为正常文档流。

5.2　布局规划及切图

本节将主要介绍理工大学网站的页面布局规划、页面图片切割并导出图片。这些工作是制作本章案例前必要的步骤。

5.2.1　页面布局规划

根据前面对网站效果图的分析，为了后面写出清晰简洁的XHTML代码，对页面的整体结构进行了提炼，得到了页面的大致布局图，如图5.7所示是首页的页面布局图，图5.8是学院设置页的页面布局图。

图5.7　首页页面布局图

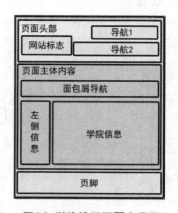

图5.8　学院设置页面布局图

5.2.2　切割首页及导出图片

首页需要切割的图片比较多，包括网站标志logo.gif、页面头部背景图index_02.gif、页面头部导航1的小图标ico1.gif、页面头部导航2的背景图index_11.gif、站内搜索按钮index_21.gif、网站日期小图标ico2.gif、左侧banner背景图index_38.gif、左侧banner图片pic.jpg、学院导航按钮index_50.gif、管理机构按钮index_52.gif、专题报道背景图_index_16.gif、标题头条新闻背景图index_26.gif、标题新闻快讯背景图index_28.gif、新闻内容区及通知公告内容区的背景图index_40.gif、标题通知公告前面的小图标ico3.gif、新闻及通知公告文字链接列表前面的小图标ico4.gif、右侧快速链接背景图index_18.gif、页脚背景图index_56.gif。如图5.9所示是首页在Photoshop中的所有切片。

图5.9 首页在Photoshop中的所有切片

5.2.3 切割内页及导出图片

学院设置页的头部和页脚与首页的相同，所以这两部分的图片就不需要重复切割了。只需要主体内容区的图片即可，包括面包屑导航背景图college_03.gif、主体内容区的背景图college_22.gif、学校概况背景图college_09.gif、站内搜索小图标college_14.gif、站内搜索按钮college_18.gif、学院导航按钮college_04.gif、管理机构按钮college_05.gif、学院设置背景图college_07.gif。如图5.10所示是学院设置页在Photoshop中的所有切片。

图5.10 学院设置页在Photoshop中的的所有切片

5.3 XHTML编写

本节将详细讲解页面头部和页脚、页面公共部分、页面框架和每个页面的XHTML代码的编写。语义和结构良好的XHTML代码不仅在制作网站时省时省力，更有利于提高网站排名，因此XHTML的编写虽然简单但很重要。

5.3.1 页面XHTML框架搭建

由于网站首页和网站内页的主体内容部分的背景图片不同，因此网站首页与网站内页使用不同的XHTML框架，以便于首页和内页主体内容区分别设置背景。这两个框架都用一个id为doc的div标签包含所有XHTML代码。首页里面再分为三部分：头部、主体内容和页脚，id分别为hd、bd和ft。页面的XHTML框架编写如下：

代码5-1

```
<div id="doc">
02        <!--start of hd-->
03        <div id="hd" class="cf"></div>
04        <!--end of hd-->
05        <!--start of bd-->
06        <div id="bd" class="cf"></div>
07        <!--end of bd-->
08        <!--start of ft-->
09        <div id="ft" class="cf"></div>
10        <!--end of ft-->
11 </div>
```

第01和第11行是页面最外层容器#doc。第03行是页面头部。第06行是页面主体内容。第09行是页脚。其他行代码是注释。

内页里面再分为三部分：头部、主体内容和页脚，id分别为hd、page-bd和ft。页面的XHTML框架编写如下：

代码5-2

```
01 <div id="doc">
02        <!--start of hd-->
03        <div id="hd" class="cf"></div>
04        <!--end of hd-->
05        <!--start of page-bd-->
06        <div id="page-bd" class="cf"></div>
07        <!--end of page-bd-->
08        <!--start of ft-->
09        <div id="ft" class="cf"></div>
10        <!--end of ft-->
```

```
11 </div>
```

第01和第11行是页面最外层容器#doc。第03行是页面头部。第06行是页面主体内容。第09行是页脚。其他行代码是注释。

5.3.2 页面头部和页脚的XHTML编写

页面头部包括网站标志、导航1和导航2。网站标志是一张图片，导航1和导航2都是文字组成的链接。

页面头部的XHTML代码编写如下：

代码5-3

```
01 <div id="hd" class="cf">
02     <h1><a href="#">北京理工大学</a></h1>
03     <ul class="nav1">
04         <li><a href="#" target="_blank">书记信箱</a></li>
05         <li><a href="#" target="_blank">校长信箱</a></li>
06         <li><a href="#" target="_blank">校友会</a></li>
07         <li><a href="#" target="_blank">ENGLISH</a></li>
08     </ul>
09     <div class="nav2"><a href="#" target="_blank">学校概况</a>|<a href="#"
target="_blank">党群工作</a>|<a href="#" target="_blank">教育教学</a>|<a href="#"
target="_blank">科研学术</a>|<a href="#" target="_blank">师资队伍</a>|<a href="#"
target="_blank">学生工作</a>|<a href="#" target="_blank">招生就业</a>|<a href="#"
target="_blank">合作交流</a>|<a href="#" target="_blank">公共服务</a></div>
10 </div>
```

第01行和第10行是头部最外层容器的标签，第02行是网站标志，因为标志是网站最重要的组成部分，因此在XHTML代码中放到签名的前面。第03~08行是导航1，第09行是导航2。导航1用的是ul列表，用ul列表包含导航可以方便用CSS设置导航的小图标。导航2的每个链接没有背景图片，所以用a标签就可以了。

页脚包括版权、地址、邮箱和网站备案信息。这些信息分别被三个p标签包裹。页脚的XHTML代码编写如下：

代码5-4

```
01 <div id="ft" class="cf">
02     <p><span class="arial">北京理工大学 © 版权所有</span><span>地址：北京
海淀区中关村南大街5号</span><span>邮编：100081</span></p>
03     <p><span>服务邮箱：(网页内容)<a href="mailto:Webmaster@bit.edu.
cn">Webmaster@bit.edu.cn</a></span><span>(网络服务)<a href="mailto:service@bit.
edu.cn">service@bit.edu.cn</a></span></p>
04     <p><span>京ICP备10019879号</span><span>京公网安备110402430044号</
span></p>
05 </div>
```

第01行和第05行是页脚最外层容器的标签，第02~04行分别是用三个p标签包裹的关于版权、地址、邮箱和网站备案的相关信息。

5.3.3 页面公共部分的XHTML编写

本章案例中，页面的公共部分包括页面头部和页脚，如图5.11所示。页面头部和页脚的XHTML代码在前面已经讲过了，这里不再赘述。

图5.11 网站所有页面的公共部分

5.3.4 首页主体内容的XHTML编写

首页的主体内容包括左侧信息、中间的新闻公告和右侧导航。这三部分分别对应div的class名是.left-column、center-column和.right-column。首页主体内容的XHTML代码编写如下：

代码5-5

```
01 <div id="bd" class="cf">
02     <div class="left-column w359">
```

```
03            <div class="search">
04                    <form method="post" action=""><label for="search_
box">站内搜索</label><input type="text" name="search_box" class="search_box"
id="search_box" /><input type="submit" value="搜索" class="submit" /></form>
05            </div>
06            <div class="date">今天是 2013年11月19日 星期二</div>
07            <div class="sideBanner">
08                    <img src="images/pic.jpg" />
09                    <a class="scienceNews" href="#">国内外科技前沿</a>
10                    <a class="academicNews" href="#">北理工学术动态</a>
11            </div>
12            <div class="sideBar">
13                    <a class="academy" href="college.html">学院导航</a>
14                    <a class="management" href="#">管理机构</a>
15            </div>
16    </div>
17    <div class="right-column w144">
18            <h2 class="quickLink">快速链接</h2>
19            <div class="navList">
20                    <ul>
21                            <li><a href="#">本科生教学</a></li>
22                            ...
23                            <li><a href="#">远程教育</a></li>
24                    </ul>
25                    <ul>
26                            <li><a href="#">科学研究</a></li>
27                            ...
28                            <li><a href="#">京工世纪</a></li>
29                    </ul>
30                    <ul class="noline">
31                            <li><a href="#">学校办公</a></li>
32                            ...
33                            <li><a href="#">友情链接</a></li>
34                    </ul>
35            </div>
36    </div>
37    <div class="center-column indexCen">
38            <div class="specialReport">
39                    <h2>专题报道</h2>
40                    <a href="#" class="more">更多...</a>
41                    <p><a href="#" target="_blank">群众路线教育活动</a><a
href="#" target="_blank">2013军训专题</a><a href="#" target="_blank">中外合作办学</a></p>
42            </div>
43            <div class="news">
44                    <div class="tabButton">
45                            <a href="#">更多...</a>
46                            <ul>
47                            <li class="tabButton-1 selected">头条新闻</li>
48                                    <li class="tabButton-2">新闻快讯</li>
49                            </ul>
50                    </div>
```

```
51                        <ul class="list newsList-1 show">
51                            <li><span>(2013-11-19)</span><a href="#">北理
工软件学院顺利举行"大玩家创新工程"科研资助与奖学金...</a></li>
52                            ...
53                            <li><span>(2013-11-19)</span><a href="#">【视
频】《京工新闻》——北理工召开全国"挑战杯"竞赛获奖..</a></li>
54                        </ul>
55                        <ul class="list newsList-2">
56                            <li><span>(2013-11-19)</span><a href="#">北理
工"共青杯"…</a></li>
57                            ...
58                            <li><span>(2013-11-19)</span><a href="#">北理
工机电学院... </a></li>
59                        </ul>
60                    </div>
61                    <div class="notice">
62                        <h2><a href="#">今日新通告8条</a><span>通知公告</
span></h2>
63                        <ul class="list newsList-1">
64                            <li><span>(2013-11-14)</span><a href="#">良乡
校区…</a></li>
65                            ...
66                            <li><span>(2013-11-19)</span><a href="#">【高
职学院…】</a></li>
67                        </ul>
68                    </div>
69                </div>
70          </div>
```

　　第01和第70行是首页主体内容的最外层容器#bd。第02~16行是左侧信息。第17~36行是右侧导航，第37~69行是中间的新闻和公告。第03和05行是站内搜索最外层容器.search，第04行是站内搜索主体内容，用表单标签<form></form>包含里面的label和input表单元素，并且label元素上面设置了for属性，实现了当用户选择该标签时，浏览器就会自动将焦点转到和标签相关的文本输入框上。第06行是网站日期。第07~11行是左侧banner，包含一张图片和两个a链接。第12~15行是学院导航和管理结构按钮，分别用了两个a标签。第18行是右侧导航的标题，第20~34行分别是三组ul标签组成的链接列表，每个ul由若干li标签组成。第38~42行是专题报道，其中第39行是专题报道的标题，第40行是"更多"链接，第41行是专题报道中间的若干文字链接。第43~60行是头条新闻和新闻快讯，这两部分内容可以在单击相应的标题时显示相对应的内容，比如，单击"头条新闻"这个标题，显示与头条新闻相对应的内容，其他内容隐藏。同样，单击"新闻快讯"这个标题，与新闻快讯相对应的内容显示，其他内容隐藏。在网页制作中，这样的效果展示模块称作Tab切换。第61~68行是通知公告，其中第62行是通知公告的标题，第63~67行是通知公告的文字链接列表，这个文字链接列表与头条新闻及新闻快讯的文字链接列表一样，用标签ul包含若干li构建。在主体内容的顺序安排上，右侧导航放置于中间新闻公告的前面，是因为在后面的CSS布局时，右侧采用了向右浮动，而中间是正常文档流，不需要定义宽度，会自适应#doc中剩余的宽度。

5.3.5 内页主体内容的XHTML编写

学院设置页的主体内容包括面包屑导航、左侧信息和中间的学院信息。这三个部分分别对应的div的class名是.breadTips、.left-column和. center-column。学院设置页主体内容的XHTML代码编写如下：

代码5-6

```
01 <div id="page-bd" class="cf">
02     <div class="breadTips"><span>您现在的位置：</span><a href="index.
html" target="_blank">首页</a>>><a href="#" target="_blank">学校概况</a>>>学院设
置</div>
03     <div class="left-column w184">
04         <div class="schoolSurvey">
05             <h2 class="blue yahei">学校概况</h2>
06             <ul>
07                 <li><a href="#">· 校情总览</a></li>
08                 ...
09                 <li><a href="#">· 校园导游</a></li>
10             </ul>
11         </div>
12         <div class="page-search">
13             <form method="post" action=""><label for="search_
box">站内搜索</label><input type="text" name="search_box" class="search_box"
id="search_box" /><input type="submit" value="搜索" class="submit" /></form>
14         </div>
15         <div class="page-sideBar">
16             <a class="academy" href="#">学院导航</a>
17             <a class="management" href="#">管理机构</a>
18         </div>
19     </div>
20     <div class="center-column collegeCen">
21         <h2 class="blue yahei">北京理工大学学院设置</h2>
22         <table width="616" border="0" cellspacing="0"
cellpadding="0" class="collegeList">
23             <tr class="gray">
24                 <td><a href="#">宇航学院</a></td>
25                 <td><a href="#">材料学院</a></td>
26                 <td colspan="2"><a href="#">人文与社会…</a></td>
27                 <td><a href="#">珠海研究院</a></td>
28             </tr>
29             <tr>
30                 <td><a href="#">机电学院</a></td>
31                 <td><a href="#">化工与环境学院</a></td>
32                 <td><a href="#">马克思主义理论教研部</a></td>
33                 <td><a href="#">秦皇岛分校</a></td>
34                 <td><a href="#">中山研究院</a></td>
35             </tr>
36             <tr class="gray">
37                 <td><a href="#">机械与车辆学院</a></td>
```

```
38                          <td><a href="#">生命学院</a></td>
39                          <td><a href="#">法学院</a></td>
40                          <td><a href="#">继续教育学院</a></td>
41                          <td><a href="#">火炸药研究院</a></td>
42                      </tr>
43                      <tr>
44                          <td><a href="#">光电学院</a></td>
45                          <td><a href="#">教学学院</a></td>
46                          <td><a href="#">外国语学院</a></td>
47                          <td><a href="#">现代远程教育学院</a></td>
48                          <td><a href="#">微纳技术中心</a></td>
49                      </tr>
50                      <tr class="gray">
51                          <td><a href="#">信息与电子学院</a></td>
52                          <td><a href="#">物理学院</a></td>
53                          <td><a href="#">设计与艺术学院</a></td>
54                          <td><a href="#">国际教育学院</a></td>
55                          <td><a href="#">两化融合发展研究院</a></td>
56                      </tr>
57                      <tr>
58                          <td><a href="#">自动化学院</a></td>
59                          <td><a href="#">化学学院</a></td>
60                          <td><a href="#">基础教育学院</a></td>
61                          <td><a href="#">高等职业技术学院</a></td>
62                          <td> </td>
63                      </tr>
64                      <tr class="gray">
65                          <td><a href="#">计算机学院</a></td>
66                          <td><a href="#">管理与经济学院</a></td>
67                          <td><a href="#">体育部</a></td>
68                          <td><a href="#">珠海学院</a></td>
69                          <td> </td>
70                      </tr>
71                      <tr>
72                          <td><a href="#">软件学院</a></td>
73                          <td   colspan="3"><a  href="#">教育研究院（学术期
刊…）</a></td>
74                          <td> </td>
75                      </tr>
76              </table>
77              <p class="officeTel"><a href="#" class="blue">>>>学院办公电话
<<<</a></p>
78          </div>
79  </div>
```

第01~79行是内页主体内容的最外层容器#page-bd，第02行是面包屑导航，第03~19行是左侧信息，第20~78行是中间的学院信息。第04~11行是学校概况，这部分内容包括标题和列表，标题用了h2标签，列表用了ul标签。第12~14行是站内搜索，这部分的XHTML代码与首页基本相同，区别在于样式名不一样，首页是.search，学院设置页是.page-search，重新设置样式名是因为学院设置页的站内搜索与首页的站内搜索的显示效果不一样，因此，样式需要重新编写。第15~18行是学院导航和管理结构按钮，分别用了两个a标签。这部分也与首页相应位置的XHTML代码基本相同，区别也是与首页的样式名不一样。第21行是学院信息中学院设置的标题，第22~76行是学院设置具体内容，利用表格标签table实现。第77行是学院办公电话，是一个a标签包含相关文字。

5.3.6 首页XHTML代码总览

前面对网站首页各个模块的XHTML代码进行了逐一编写，如图5.12所示是这些模块组成的首页的XHTML框架图，说明了层的嵌套关系。

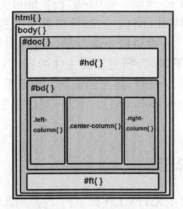

图5.12 首页XHTML框架图

在这些XHTML代码的基础上增加页面的<!DOCTYPE>声明及html头部元素，就是首页的完整XHTML代码。完整的首页XHTML代码如下：

代码5-7

```
01  <!DOCTYPE HTML>
02  <html>
03  <head>
04      <meta charset="utf-8">
05      <title>首页</title>
06      <link href="css/style.css" rel="stylesheet" type="text/css" />
07  </head>
08  <body>
09  <div id="doc">
10      <!--start of hd-->
11      <div id="hd" class="cf">
12      ...
13      </div>
14      <!--end of hd-->
15      <!--start of bd-->
16      <div id="bd" class="cf">
17          <div class="left-column w359">
18          ...
19          </div>
20          <div class="right-column w144">
21          ...
22          </div>
23          <div class="center-column indexCen">
```

```
24              ...
25          </div>
26      </div>
27      <!--end of bd-->
28      <!--start of ft-->
29      <div id="ft" class="cf">
30          ...
31      </div>
32      <!--end of ft-->
33  </div>
34  </body>
35  </html>
```

第01行是页面的<!DOCTYPE>声明。第03~07行是html头部元素。第02行和第35行是页面的一对html标签，对应图5.12中html{}。第08行和第34行是页面的一对body标签，对应图5.12中body{}。第09行和第33行是页面最外层容器，对应图5.12中#doc{}。第11~13行是页面头部，对应图5.12中#hd{}。第16~26行是页面主体内容，对应图5.12中#bd{}。第29~31行是页脚，对应图5.12中#ft{}。第17~19行是左侧信息，对应图5.12中.left-column{}，第20~22行是右侧导航，对应图5.12中.right-column{}，第23~25行是中间的新闻公告，对应图5.12中.center-column{}。

5.3.7 内页XHTML代码总览

前面对学院设置页各个模块的XHTML代码进行了逐一编写，如图5.13所示是这些模块组成的学院设置页的XHTML框架图，说明了层的嵌套关系。

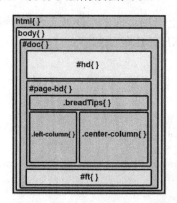

图5.13 学院设置页的XHTML框架图

在这些XHTML代码的基础上增加页面的<!DOCTYPE>声明及html头部元素，就是产品信息页的完整XHTML代码。完整的产品信息页的XHTML代码如下：

代码5-8

```
01  <!DOCTYPE HTML>
02  <html>
03  <head>
04      <meta charset="utf-8">
05      <title>学院设置</title>
06      <link href="css/style.css" rel="stylesheet" type="text/css" />
07  </head>
```

```
08 <body>
09 <div id="doc">
10      <!--start of hd-->
11      <div id="hd" class="cf">
12      ...
13      </div>
14      <!--end of hd-->
15      <!--start of page-bd-->
16      <div id="page-bd" class="cf">
17          <div class="breadTips">...</div>
18          <div class="left-column w184">
19          ...
20          </div>
21          <div class="center-column collegeCen">
22          ...
23          </div>
24      </div>
25      <!--end of page-bd-->
26      <!--start of ft-->
27      <div id="ft" class="cf">
28      ...
29      </div>
30      <!--end of ft-->
31 </div>
32 </body>
33 </html>
```

学院设置页的XHTML框架与首页不同之处在于#page-bd部分不一样。第16~24行是学院设置页的主体内容，对应图5.13中#page-bd{}。第17行是面包屑导航，对应图5.13中.breadTips{}，第18~20行是左侧信息，对应图5.13中.left-column{}，第21~23行是中间的学院信息，对应图5.13中. center-column{}。

5.4　CSS编写

本节主要讲解产品展示网站的CSS编写，包括页面头部和页脚、首页和内页的CSS编写。

5.4.1　页面公共部分的CSS编写

页面公共部分包括CSS重置、页面中公用字体、字体颜色的样式，以及页面头部和页脚。CSS重置代码、页面公用样式的CSS代码编写如下：

代码5-9

```
01 /*css reset*/
02 body,div,dl,dt,dd,ul,ol,li,h1,h2,h3,h4,h5,h6,pre,code,form,fieldset,legend,input,button,textarea,p,blockquote,th,td{margin:0; padding:0;} /*以上元素的内外边距都设置为0*/
```

```
03 …
04 *.cf{zoom:1;}                                /* IE 6/7浏览器 (触发hasLayout) */
05 /*global css*/
06 body{font-family:"宋体";font-size:12px;color:#000;line-height:24px;background:#E1EDFF;}
07 a{color:#555;}
08 a:hover{color:#ec6c00;text-decoration:none;}
09 .arial{font-family:Arial;}
10 .hei{font-family:"黑体";}
11 .yahei{font-family:"微软雅黑";}
12 .blue{color:#2483DB;}
13 .w359{width:359px;}
14 .w184{width:184px;}
15 .w144{width:144px;}
16 .left-column{float:left;margin:0 0 0 9px;display:inline;}
17 .right-column{float:right;margin:0 7px 0 0;display:inline;}
```

第01~04行是CSS重置代码，与前几章相同。第05~17行是公用CSS代码。网站的公用CSS代码是将网页制作中需要重复使用的样式提炼总结出来的，其中第13行定义了宽度为359px的类，第14行定义了宽度为184px的类，第15行定义了宽度为144px的类。单独定义关于宽度的类对于结构类似的内容不必重复编写XHTML代码，在组织CSS样式时更简洁，也更灵活。第16行是页面所有左栏的基本样式，第17行是页面所有右栏的基本样式。

5.4.2 页面框架的CSS编写

前面分析了首页的布局图并且编写了首页框架的XHTML代码，根据这两部分编写页面框架的CSS代码如下：

代码5-10

```
01 #doc{width:998px;margin:0 auto;background:url("../images/index_02.gif") repeat-x left top #fff;border:2px solid #fff;}
02 #hd{height:96px;position:relative;}
03 #bd{padding:20px 0;}
04 #ft{background:url("../images/index_56.gif") repeat-x left top;height:60px;border-top:2px solid #DFDFDF;margin:0 2px;}
```

第01行代码实现了#doc容器在页面中水平居中，并且以图片index_02.gif在页面中水平方向平铺。第02行是页面头部最外层容器#hd的样式，定义了页面头部的高度和相对定位，在该容器上定义相对定位，是因为页面头部里面的内容要相对父容器进行绝对定位。第04行实现了页脚顶部的灰色横线和背景图。

前面分析了学院设置页的布局图并且编写了学院设置页框架的XHTML代码，根据这两部分编写学院设置页框架的CSS代码如下：

代码5-11

```
01 #doc{…}
02 #hd{…}
03 #page-bd{background:url("../images/college_22.gif") no-repeat left
```

```
bottom;padding:0 0 100px;}
    04 #ft{…}
```

第01、02和04行的代码与首页相同，是公用的样式。第03行是学院设置页主体内容的最外层容器的样式，定义了一张背景图college_22.gif。

5.4.3 页面头部和页脚的CSS编写

前面分析了页面头部并且编写了页面头部的XHTML代码，页面头部的CSS代码如下：

代码5-12

```
01 #hd{…}
02 #hd h1{
03     background:url("../images/logo.gif") no-repeat left top;/*标志背景
图片*/
04     width:320px;
05     height:75px;
06     position:absolute;                        /*定义标志为绝对定位*/
07     top:15px;                                 /*标志顶部相对父容器的距离*/
08     left:10px;                                /*标志左边相对父容器的距离*/
09 }
10 #hd h1 a{width:100%;height:100%;display:block;text-indent:-
999em;overflow:hidden;}
11 #hd .nav1{float:right;margin:22px 13px 0 0;}
12 #hd .nav1 li{
13     background:url("../images/ico1.gif") no-repeat left center; /*导
航1每个LI标签的背景*/
14     height:24px;
15     line-height:24px;
16     float:left;
17     padding:0 0 0 16px;
18     margin:0 7px;
19     display:inline;
20 }
21 #hd .nav1 li a{color:#2483DB;}
22 #hd .nav2{
23     position:absolute;                        /*导航2为绝对定位*/
24     top:68px;                                 /*导航2顶部相对父容器的距离*/
25     right:0px;                                /*导航2左边相对父容器的距离*/
26     background:url("../images/index_11.gif") no-repeat left top;/*导
航2的背景*/
27     width:668px;
28     height:27px;
29     line-height:27px;
30     text-align:center;
31 }
32 #hd .nav2 a{margin:0 2px;}
```

第03行定义了标志的背景图片，第06行定义标志为绝对定位，第07~08行分别设置标志的顶部相对父容器#hd的距离和标志的左边相对父容器#hd的距离。第06~08行共同实现了标志在页面头部的精确定位。第10行通过display:block将标志中的a标签设置为了块元素，并定义了a标签的高度和宽度。又通过text-indent:-999em和overflow:hidden实现了a中文字不但包含在XHTML结构中而且不会显示在页面上。第23~25行通过设置导航1为绝对定位以及left和top的值，共同实现了导航2在页面头部的精确定位。

前面分析了页脚并且编写了页脚的XHTML代码，页脚的CSS代码如下：

代码5-13

```
01  #ft{…}
02  #ft p{text-align:center;color:#555;line-height:20px;}
03  #ft p span{margin:0 5px;}
```

第02行设置了页脚文字水平居中、文字颜色和行距。

5.4.4 首页主体内容的CSS编写

根据对首页主体内容的分析和首页主体内容的XHTML代码，编写首页主体内容的CSS代码如下：

代码5-14

```
01  #bd{…}
02  .indexCen{margin:0 164px 0 376px;}
03  .search{width:240px;margin:0 auto;padding:5px;}
04  .search label,.left-column .search input{vertical-align:middle;}
05  .search .search_box{width:128px;height:14px;border:1px solid
#CDE8E1;font-size:12px;margin:0 8px 0 5px;}
06  .search .submit{
07       background:url("../images/index_21.gif") no-repeat left top;
08       width:37px;
09       height:19px;
10       text-align:center;
11       border:0 none;color:#fff;
12  }
13  .date{background:url("../images/ico2.gif") no-repeat 75px center;text-
align:center;}
14  .sideBanner{background:url("../images/index_38.gif") no-repeat left to
p;width:359px;height:253px;padding:82px 0 0;margin:5px 0 0;}
15  .sideBanner img{
16       display:block;
17       margin:0 0 11px 30px;
18       width:300px;
19       height:200px;
20  }
21  .sideBanner a{width:140px;height:25px;margin:0 4px;float:left;display:i
nline;text-indent:-999em;overflow:hidden;}
22  .sideBar{height:39px;padding:10px 0 0 15px;}
23  .sideBar a{width:144px;height:39px;float:left;margin:0
10px;display:inline;text-indent:-999em;overflow:hidden;}
```

```
    24  .sideBar .academy{background:url("../images/index_50.gif") no-repeat
left top;}
    25  .sideBar .management{background:url("../images/index_52.gif") no-repeat
left top;}
    26  .quickLink{background:url("../images/index_18.gif") no-repeat left
top;height:45px;text-indent:-999em;overflow:hidden;}
    27  .navList{border:1px solid #87C7ED;border-top:0;}
    28  .navList ul{border-bottom:1px solid #87C7ED;margin:0 7px;padding:10px
0;overflow:hidden;zoom:1;}
    29  .navList ul.noline{border-bottom:0;}
    30  .navList ul li{height:28px;line-height:28px;width:64px;float:left;}
    31  .navList ul li a{color:#0073B8;}
    32  .specialReport{background:url("../images/index_16.gif") no-repeat left
top;margin:0 0 10px 0;}
    33  .specialReport h2{font-size:12px;color:#fff;float:left;width:69px;text-
align:center;}
    34  .specialReport p{margin:0 42px 0 69px;}
    35  .specialReport p a{color:red;margin:0 10px;}
    36  .specialReport a.more{float:right;}
    37  .news .tabButton{border-bottom:1px solid #39C0EF;height:25px;}
    38  .news .tabButton ul{overflow:hidden;}
    39  .news .tabButton li{width:83px;height:25px;line-height:25px;text-
align:center;font-size:14px;float:left;background:url("../images/index_28.gif") no-
repeat left top;font-weight:bold;margin:0 0 0 10px;display:inline;cursor:pointer;}
    40  .news .tabButton li.selected{background:url("../images/index_26.gif")
no-repeat left top;color:#fff;cursor:default;}
    41  .news .tabButton a{float:right;}
    42  .news .list{display:none;}
    43  .news .show{display:block;}
    44  .list{background:url("../images/index_40.gif") no-repeat center
top;margin:4px auto 0;}
    45  .list li{border-bottom:1px dotted #BCBCBC;padding:0 0 0
16px;background:url("../images/ico4.gif") no-repeat 8px center;}
    46  .list li span{float:right;margin:0 10px 0 0;display:inline;color:#555;}
    47  .notice{margin:10px auto 0;}
    48  .notice h2{height:20px;padding:0 20px 0 0;}
    49  .notice h2 a{float:right;font-size:12px;font-weight:normal;}
    50  .notice h2 span{font-size:14px;color:#EC6C00;background:url("../images/
ico3.gif") no-repeat left center;padding:0 0 0 18px;}
```

第03~12行是站内搜索的样式。第13行是日期的样式。第14~21行是左侧banner的样式。第22~25行是职能机构入口的样式。第26~31行是右侧导航的样式。第32~36行是专题报道的样式。第37~46行是头条新闻和新闻快讯的样式。第47~50行是通知公告的样式。第04行通过设置vertical-align:middle实现表单元素label和input在父元素中垂直居中。第06~12行是站内搜索中搜索按钮的样式，其中第11行通过设置border的值为0 none，去掉了input按钮的默认边框。第16行通过display:block将img从行内元素转变为块元素，进而设置图片的宽和高，再通过margin:0 0 11px 30px设置图片的上下左右位置。第28行通过设置overflow:hidden清除子元素的浮动，进而使ul的高度等于所有li高度之和，其中zoom:1是为了解决IE 6不兼容的问题。第39行通过设置cursor:pointer使li标签在鼠标经过时变为手型。第40行通过设置cursor:default是li

标签在被选中的情况下，鼠标经过时变为指针型。

5.4.5 内页主体内容的CSS编写

根据对内页主体内容的分析和内页XHTML代码，编写内页主体内容的CSS代码如下：

代码5-15

```
01  #page-bd{…}
02  .collegeCen{
03       margin:0 100px 0 200px;
04       _margin:0 100px 0 197px;
05  }
06  .breadTips{padding:35px 113px 12px 0;background:url("../images/
college_03.gif") no-repeat left top; text-align:right;}
07  .schoolSurvey{background:url("../images/college_09.gif") no-repeat left
top;height:244px;}
08  .schoolSurvey h2{background:url("../images/ico3.gif") no-repeat 7px
17px;font-size:15px;height:30px;line-height:30px;padding:10px 0 0 25px;}
09  .schoolSurvey ul{padding:0 15px;line-height:25px;}
10  .schoolSurvey ul li a{color:#000;font-size:14px;}
11  .schoolSurvey ul li a:hover{color:#ec6c00;text-decoration:none;}
12  .schoolSurvey ul li{border-bottom:1px solid #DFDFDF;}
13  .page-search{margin:0 auto 5px;padding:5px;}
14  .page-search label{display:block;background:url("../images/college_14.
gif") no-repeat left center;padding:0 0 0 25px;}
15  .page-search label,.left-column .search input{vertical-align:middle;}
16  .page-search .search_box{width:128px;height:18px;border:1px solid
#CDE8E1;font-size:12px;margin:0 4px 0 0;}
17  .page-search .submit{background:url("../images/college_18.gif")
no-repeat left top;width:37px;height:19px;vertical-align:middle;text-
align:center;border:0;color:#fff;}
18  .page-sideBar a{width:178px;height:39px;display:block;margin:0 auto
5px;text-indent:-999em;overflow:hidden;}
19  .page-sideBar .academy{background:url("../images/college_04.gif") no-
repeat left top;}
20  .page-sideBar .management{background:url("../images/college_05.gif")
no-repeat left top;}
21  .collegeCen h2{background:url("../images/college_07.gif") no-repeat
left top;width:627px;height:50px;line-height:50px;font-size:15px;padding:0 0 0
70px;}
22  .collegeList{margin:45px auto 0;}
23  .collegeList .gray td{background:#eee;}
24  .collegeList td{border-right:1px solid #fff;height:35px;line-
height:35px;}
25  .officeTel{text-align:center;padding:10px 0 0;}
26  .officeTel a{font-size:14px;font-weight:bold;}
```

第06行是面包屑导航的样式。第07~12行是学校概览的样式。第13~17行是站内搜索的样式。第18~20行是"职能机构"入口的样式。第21~24行是学院设置的样式。第25~26行是"学院办公电话"的样式。第04行通过设置_margin:0 100px 0 197px解决了IE 6下.center-column容器与.left-column容器多3px间距的问题。第14行通过设置display:block将label从行内元素转变为块元素，实现了Label标签中内容独占一行的页面效果。第19~20行分别是职能机构入口版块中，"学院导航"和"管理机构"这两个按钮的样式。

5.4.6 网站CSS代码总览

前面讲解了页面头部、页脚、页面主体内容、CSS重置和页面公用的CSS代码,这些代码共同组成了网站页面的完整CSS代码,如代码5-16所示:

代码5-16

```
01  @charset "utf-8";
02  /*css reset*/
03  ...
04  /*global css*/
05  ...
06  /*module css*/
07  /*index.html*/
08  .left-column{ }
09  ...
10  /*page.html*/
11  .right-column .detail{ }
12  ...
```

 注意 省略的代码在每个小节中都有讲解。

5.5 制作中需要注意的问题

5.5.1 label标签中的for属性

<label>标签是input元素的定义标记,是一个行内元素,所有主流浏览器都支持<label>标签。

label元素不会向用户呈现任何特殊效果。它最大的作用是为鼠标用户改进了可用性。当用户选择label标签时,浏览器会自动将焦点转到和标签相关的表单元素上。要实现这个功能,应该把<label>标签的for属性的值设置为相关元素的 id 属性的值。如代码5-17是一段表单元素的XHTML代码:

代码5-17

```
01  <form>
02      <p>
03          <label for="male">Male</label>
04          <input type="radio" name="sex" id="male" />
05      </p>
06      <p>
07          <label for="female">Female</label>
08          <input type="radio" name="sex" id="female" />
09      </p>
10  </form>
```

第03行将label标签的for属性的值设置为male，与04行的表单元素的id属性值相同。第07行将label标签的for属性的值设置为female，与08行的表单元素的id属性值相同。

在浏览器中的显示效果如图5.14所示。

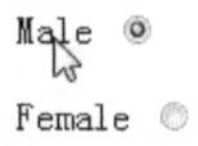

Male ⊙

Female ⊙

图5.14 浏览器中显示效果

单击图中的Male文字后，浏览器自动选中Male旁边id是male的单选按钮。同样，单击图中的Female文字后，浏览器自动选中Female旁边id是female的单选按钮。

5.5.2 zoom:1的作用

在样式中如果出现zoom:1，一般是为了解决IE 6下样式不兼容的问题。

HasLayout是IE渲染引擎的一个内部组成部分。在IE中，一个元素要么自己对自身的内容进行计算大小和组织，要么依赖于父元素来计算尺寸和组织内容。为了调节这两个不同的概念，渲染引擎采用了HasLayout的属性，属性值可以为true或false。当一个元素的HasLayout属性值为true时，我们说这个元素有一个布局（layout）。

微软为了"性能和简洁"，有些元素默认给了一个布局。也就是说它的微软专有属性HasLayout被设为了true。这些元素通常包括body、html、table、tr、th、td、img、表单元素input、button等。

大部分的IE显示错误，都可以通过激发元素的HasLayout属性来修正。可以通过设置一些CSS属性来激发元素的HasLayout属性，使其"拥有布局"。在IE 6中就可以通过zoom:1来激发元素的HasLayout。而overflow:hidden可以激发IE 7下元素的HasLayout。

代码5-18是在IE 6下利用zoom:1解决bug的例子：

代码5-18

```
01  <style type="text/css">
02      div,ul,li{padding:0;margin:0;}
03      div{width:300px;}
04      ul{list-style:none;border:2px solid red;overflow:hidden;}
05      li{float:left;width:100px;background:#999;}
06  </style>
07  <div>
08      <ul>
09          <li>文字1</li>
10          <li>文字2</li>
11          <li>文字3</li>
12          <li>文字4</li>
13      </ul>
14  </div>
```

第08~13行是一个ul列表，第07行和第14行是包含这个ul列表的外层容器。第05行中设置了li元素向左浮动，第04行通过设置overflow:hidden来清除浮动，以使ul标签的高度可以包括所有li标签的高度。

图5.15是代码5-18在Firefox、IE 7和IE 6下的页面效果。

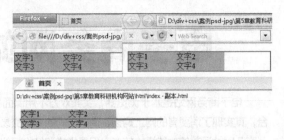

图5.15 浏览器中显示效果

将第04行ul标签的样式增加zoom:1后，在Firefox、IE 7和IE 6下的页面效果如图5.16所示。

图5.16 浏览器中显示效果

第6章

电子商务网站

电子商务网站是基于浏览器，买卖双方不用谋面就能进行各种商贸活动的平台，其实现了消费者的网上购物、商户之间的网上交易和在线电子支付等功能。电子商务网站涵盖的功能模块较多，但是样式和结构相似的模块也很多，有效并准确地提炼相同的XHTML和CSS，并重复使用是制作电子商务网站的关键技巧。

本章主要涉及到的知识有以下几点。

- 教育科研机构网站效果图分析：将页面拆分，对每个模块进行分析。
- 网站布局规划和切图：对网站页面进行布局规划和切图，并导出图片。
- XHTML编写：XHTML框架搭建；网站公共模块的XHTML编写；各页面主体内容的XHTML编写。
- CSS编写：网站公用样式的编写；网站公共模块CSS编写；网站框架的CSS编写；各页面主体内容的CSS编写。
- 制作中的注意事项。

注意　本章主要讲了电子商务网站的DIV+CSS页面制作。以"唯品会"网站为例，运用DIV+CSS技术进行了网站重构。电子商务网站由于商品多，展现形式丰富，相比较其他类型的网站制作起来也更复杂。

6.1　页面效果图分析

本节主要对网站效果图进行分析，包括页面头部和页脚分析、首页主体内容分析和内页主体内容分析。图6.1和图6.2分别是截取"唯品会"网站的首页和商品页的页面图。

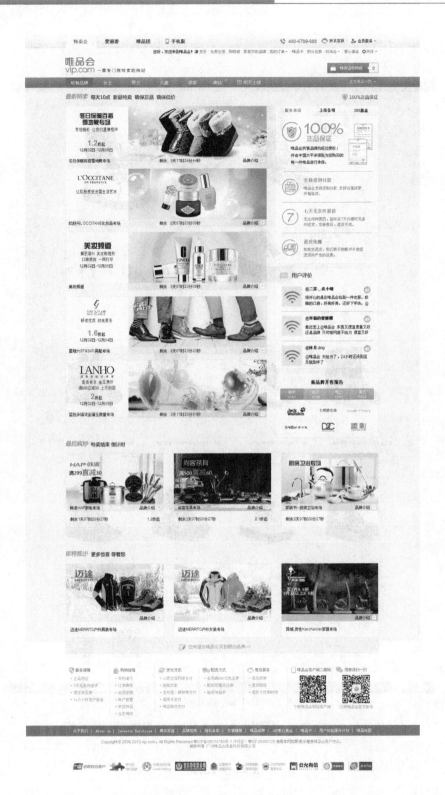

图6.1 "唯品会"首页

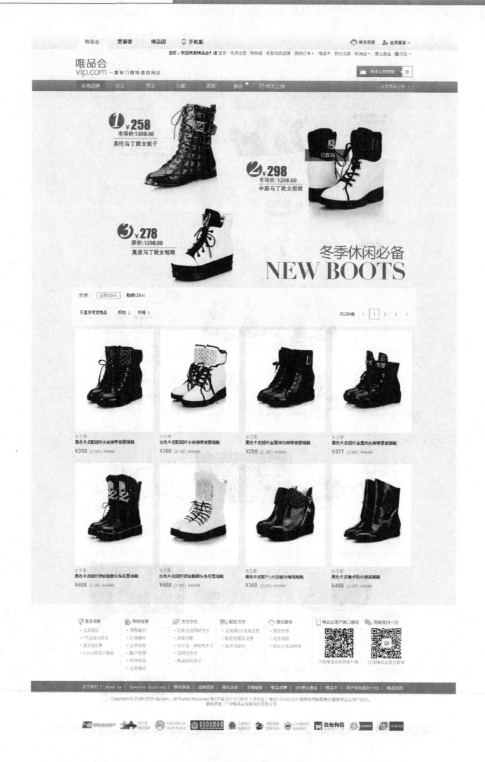

图6.2 y商品页

注意 首页的XHTML页面表示为index.html，除首页外的其他页面统称为内页。

6.1.1 头部和页脚分析

页面的头部，如图6.3所示，包括网站标志、导航1、导航2、购物袋和导航3，分别对应图中①②③④⑤。

网站标志是一张图片，导航1、导航2和导航3都是文字组成的链接，购物袋由文字和数字组成。

图6.3 页面头部

在布局上，导航1分为左右两栏；标志、导航2及购物袋分为左右两栏，其中标志是左栏，向左浮动，导航2和购物袋都是右栏，分别向右浮动；导航3也分为左右两栏。

页脚，如图6.4所示，由更多品牌、导航1、导航2、版权及网站认证组成，分别对应图中①②③④⑤。这5个部分按照CSS正常文档流自上而下顺序排列，其中更多品牌是一段文字链接，导航1和导航2都是文字链接列表，版权是一段文字，网站认证是一组图片列表。

图6.4 页脚

6.1.2 首页主体内容分析

首页的主体内容如图6.5所示，版块划分比较清晰，包括"最新特卖"、"服务承诺"、"上市公司"、"365基金"、"用户评价"、"新品开售预告"、"最后疯抢"和"即将推出"，分别对应图中①②③④⑤⑥⑦⑧。

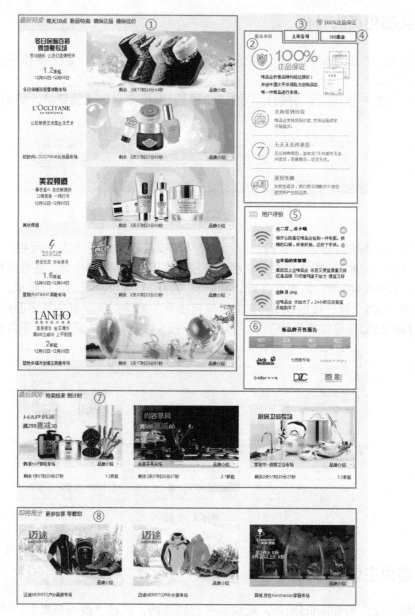

图6.5 首页的主体内容

"服务承诺"、"上市公司"和"365基金"这三部分内容在展现形式上采用流行的Tab切换效果。

"最新特卖"、"最后疯抢"和"即将推出"这三部分是主要品牌展示区域，都是由标题和一组相似的模块组成的，每个模块都包含商品图片和品牌信息。

"用户评价"由标题和用户评论列表组成，其中每个用户评价包含了用户头像、用户名和评价内容。

"新品开售预告"由标题和一组品牌标志组成。

首页主体内容的各版块中，"最新特卖"是左栏，向左浮动。"服务承诺"、"上市公司"、"365基金"、"用户评价及"新品开售预告"是右栏，向右浮动。"最后疯抢"

和"即将推出",没有浮动和定位,是正常文档流。

6.1.3 内页主体内容分析

商品页的主体内容如图6.6所示,包括"商品banner"和"商品分类信息",分别对应图中①②。

"商品banner"是一张展示该品牌热卖商品的图片,每个热卖商品都有链接可以引导用户浏览相关商品具体信息。

"商品分类"信息由商品信息功能和商品展示列表组成。其中,商品信息功能包含商品分类功能、折扣价格等排序功能和分页功能。商品展示列表由若干商品模块组成,每个商品模块包含商品图片、品牌名称、商品名称和价格。

商品banner、商品信息功能及商品展示列表不做任何浮动和定位,自上而下顺序排列,是正常的CSS文档流。

图6.6 商品页的主体内容

6.2 布局规划及切图

本节将主要介绍"唯品会"网站的页面布局规划、页面图片切割并导出图片。这些工作是制作本章案例前的必要步骤。

6.2.1 页面布局规划

根据前面对网站效果图的分析，为了后面写出清晰简洁的XHTML代码，对页面的整体结构进行了提炼，得到了页面的大致布局图，图6.7是首页的页面布局图，如图6.8所示是商品页的页面布局图。

图6.7 首页布局图

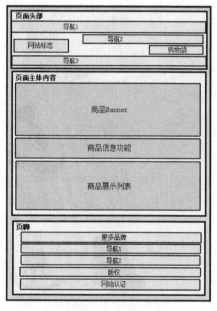

图6.8 商品页布局图

6.2.2 切割首页及导出图片

电子商务网站在制作页面时需要切割的图片比较多，包括永久图片和临时图片两种。永久图片包括网站标志、网站背景图、小图标等，临时图片包括商品图片，促销活动海报、广告等。本例中，由于小图标和背景较多，为了减少页面请求及减少图片总大小，采用CSS Sprites技术将部分切好的图片进行合并。所有页面头部的小图标合并为图片hd_imgs.png、所有页脚的小图标合并为图片ft_imgs.png、所有右侧信息用到的小图标和背景图合并为图片right_imgs.png、主体内容中所有板块中的标题背景图片合并为图片index_title.png、右侧新品开售预告的日期切换时各种状态用到的背景图合并为图片notice.png。没有合并的图片包括品牌介绍的小图标icoInfo.png、首页主体内容的背景图indexBg.jpg、网站标志logo.png、首页右侧的"服务承诺"、"上市公司"和"365基金"的标题用到的背景图tab.gif、网站头部导航1的背景图topNav-1.gif、网站头部的导航3的背景图topNav-3.gif。

以上都是永久性图片,临时图片在Temp文件夹中,包括"最新特卖"中的商品图片p1-p5.jpg、"最后疯抢"中的商品图片p6-p8.jpg、"即将推出"中的商品图片p9-p11.jpg、右侧"用户评价"中的用户头像u1.gif、"新品牌开售预告"中的商家标志logo1-logo6.jpg、"唯品会"二维码图片code1.gif和code2.gif、页脚中网站认证的图片foot_01-foot_10.jpg。

图6.9是首页在Photoshop中的所有切片。

图6.9 首页在Photoshop中的所有切片

注意 图中没有标注名称的切片是已经被合并的图片。

6.2.3 切割内页及导出图片

商品页的头部和页脚与首页的相同，所以这两部分的图片不需要重复切割，只需要主体内容区的图片即可，包括分类信息功能中的"只显示有货商品"、"折扣"和"价格"按钮用到的背景图productBtn.png。临时图片包括商品图片product_01-product_08.jpg、商品Banner的背景图product1.jpg。

如图6.10所示是商品页在Photoshop中的所有切片。

图6.10 商品页在Photoshop中的所有切片

6.3 XHTML编写

本节将详细讲解页面头部和页脚、页面公共部分、页面框架和每个页面的XHTML代码的编写。语义和结构良好的XHTML代码不仅在制作网站时省时省力，更有利于提高网站排名，因此XHTML的编写虽然简单但很重要。

6.3.1 页面XHTML框架搭建

首页和商品页的XHTML框架相同，包括三部分，头部、主体内容和页脚，id分别为hd、bd和ft。但由于首页与商品页的主体内容背景不同，因此，#bd容器分别增加了不同的class样式。首页的XHTML框架编写如代码6-1所示。

代码6-1

```
01      <!--start of hd-->
02      <div id="hd" class="cf"></div>
03      <!--end of hd-->
04      <!--start of bd-->
05      <div id="bd" class="index"></div>
06      <!--end of bd-->
07      <!--start of ft-->
08      <div id="ft" class="whiteBg cf"></div>
09      <!--end of ft-->
```

第02行是页面头部，第05行是页面主体内容，第08行是页脚。其他行代码是注释。

> **注意** 由于网站头部和页脚的导航背景图在横向上都是占满整个屏幕的，因此包含网站头部和页脚的容器不能限制宽度，即本例的所有页面都没有页面最外层容器#doc。

商品页的#bd容器增加了样式.product，商品页的XHTML框架编写如代码6-2所示。

代码6-2

```
01      <!--start of hd-->
02      <div id="hd" class="cf"></div>
03      <!--end of hd-->
04      <!--start of bd-->
05      <div id="bd" class="product"></div>
06      <!--end of bd-->
07      <!--start of ft-->
08      <div id="ft" class="whiteBg cf"></div>
09      <!--end of ft-->
```

第02行是页面头部，第05行是页面主体内容，第08行是页脚。其他行代码是注释。

6.3.2 页面头部和页脚的XHTML编写

根据前面对页面头部的分析，由于导航1的文字链接有比较复杂的背景图片及小图标，因此左右两栏都使用ul列表标签，其中的li标签更便于在CSS中分别定义每个链接的宽度及背景样式。导航2的每个链接用竖线分隔，个别链接有小图标，利用a标签编写比较方便。导航3由于在鼠标移到链接上时文字的背景有宽度和高度的要求，并且在"美妆"、"明天上线"和"在售商品分类"这三个链接上都有各自的小图标，因此也用ul列表标签，与导航1不同的是导航3用一个ul标签即可，"在售商品分类"所在的li标签向右浮动就可以实现页面上的布局。编写头部的XHTML代码如代码6-3所示。

代码6-3

```
01  <div id="hd" class="cf">
02      <div class="topNav-1">
03          <div class="w1001 cf">
04              <ul class="left fl">
05                  <li class="current"><a href="#">特卖会</a></li>
06                  <li><a href="#">爱丽奢</a></li>
07                  <li><a href="#">唯品团</a></li>
08                  <li class="ico mobilePhone"><a href="#">手机版
</a></li>
09              </ul>
10              <ul class="right fr">
11                  <li class="ico telPhone arial"><a href="#"
class="fs14">400…8</a></li>
12                  <li class="ico contactUs"><a href="#">联系客服
</a></li>
13                  <li class="ico vipService"><a href="#">会员服
务</a></li>
14              </ul>
15          </div>
16      </div>
17      <div class="w1001 cf">
18          <h1 class="fl"><a href="#">"唯品会"</a></h1>
19          <div class="topNav-2 fr"><span>您好，欢迎来到"唯品会"！请</
span><a href="#" class="pink">登录</a>|<a href="#" class="pink">免费注册</a>|<a
href="#">购物袋</a>|<a href="#">我喜欢的品牌</a>|<a href="#" class="ico order">我
的订单</a>|<a href="#">唯品卡</a>|<a href="#">积分兑换</a>|<a href="#" class="ico
fashion">时尚会</a>|<a href="#">爱心基金</a>|<a href="#" class="ico focus">关注</
a></div>
20          <div class="ico shopping fr">特卖…袋<strong class="pink
arial">0</strong></div>
21      </div>
22      <div class="topNav-3">
23          <div class="w1001">
24              <ul class="cf">
25                  <li class="current"><a href="#">所有品牌</a></li>
26                  <li><a href="#">女士</a></li>
27                  <li><a href="#">男士</a></li>
```

```
28                            <li><a href="#">儿童</a></li>
29                            <li><a href="#">居家</a></li>
30                            <li class="ico beauty"><a href="#">美妆</a></li>
31                            <li class="ico willOnLine"><a href="#">明天上
线</a></li>
32                            <li class="ico class"><a href="#">在售商品分类
</a></li>
33                        </ul>
34                    </div>
35            </div>
36  </div>
```

第01行和第36行是头部的最外层容器标签，第02~16行是导航1，其中第04~09行是导航1的左栏，第10~14行是导航1的右栏，都使用ul列表标签。第17~21行的代码包含了网站标志、导航2和购物袋三部分。其中第02行和第21行是这三部分的最外层容器，第18行是网站标志，在前面的章节中讲过，网站的标志是网站中最重要的部分，为了便于搜索引擎抓取，使用权重最高的h1标签。第19行是导航2，其中，"您好，欢迎来到"唯品会"！请"这几个字不是链接，使用span标签包含起来，其他都是链接，使用了a标签，每个链接用"|"线分隔，"|"线在键盘上可以找到，在"}/]"旁边。第20行是购物袋，购物袋中的数字用了strong标签，一是为了方便单独编写数字的样式，二是strong标签在HTML中的语义是强调。第22~35行是导航3，使用ul列表标签。在ul中的li标签上定义向左或向右浮动，也可以实现左右栏布局。

根据前面对页脚的分析，导航1是7组链接组成的列表，每组链接使用dl标签，包含一个dt标签和若干个dd标签组成，dd标签在HTML中的语义表示一组列表项的标题，用在此处最合适不过。通过为每个dt标签上定义一个样式名，实现了每个标题前面不同的小图标效果。导航2与页面头部的导航2相似，也用"|"分隔每个链接，因此也使用若干a标签组成了导航2的文字链接列表。页脚的XHTML代码编写如代码6-4所示。

代码6-4

```
01  <div id="ft" class="whiteBg cf">
02      <div class="ico moreBrand"><a href="#">您希望在"唯品会"买到哪些品牌
>></a></div>
03      <div class="bomNav-1 w1001">
04          <dl class="fl borderRight">
05              <dt class="ico security">服务保障</dt>
06              <dd>正品保证</dd>
07              <dd>7天无条件退货</dd>
08              <dd>退货免运费</dd>
09              <dd>7x15小时客户服务</dd>
10          </dl>
11          <dl class="fl borderRight">
12              <dt class="ico shop">购物指南</dt>
13              <dd>导购演示</dd>
14              <dd>订单操作</dd>
15              <dd>会员注册</dd>
16              <dd>账户管理</dd>
17              <dd>收货样品</dd>
18              <dd>会员等级</dd>
```

```
19                  </dl>
20                  <dl class="fl borderRight">
21                      <dt class="ico buy">支付方式</dt>
22                      <dd>23家主流网银支付</dd>
23                      <dd>货到付款</dd>
24                      <dd>支付宝、银联等支付</dd>
25                      <dd>信用卡支付</dd>
26                      <dd>唯品钱包支付</dd>
27                  </dl>
28                  <dl class="fl borderRight">
29                      <dt class="ico send">配送方式</dt>
30                      <dd>全场满288元免运费</dd>
31                      <dd>配送范围及运费</dd>
32                      <dd>验货与签收</dd>
33                  </dl>
34                  <dl class="fl borderRight">
35                      <dt class="ico service">售后服务</dt>
36                      <dd>退货政策</dd>
37                      <dd>退货流程</dd>
38                      <dd>退款方式和时效</dd>
39                  </dl>
40                  <dl class="fl borderRight">
41                      <dt class="ico code">"唯品会"客户端二维码</dt>
42                      <dd class="noIco"><img src="temp/code1.gif"><a
href="#">下载…</a></dd>
43                  </dl>
44                  <dl class="fl">
45                      <dt class="ico weChat">用微信扫一扫</dt>
46                      <dd class="noIco"><img src="temp/code2.gif"><a
href="#">订阅…</a></dd>
47                  </dl>
48          </div>
49          <div class="bomNav-2"><a href="#">关于我们</a><a href="#">About
us</a>|<a href="#">Investor Relations</a>|<a href="#">媒体报道</a>|<a href="#">
品牌招商</a>|<a href="#">隐私条款</a>|<a href="#">友情链接</a>|<a href="#">唯品诚聘
</a>|<a href="#">365爱心基金</a>|<a href="#">唯品卡</a>|<a href="#">用户体验提升计
划</a>|<a href="#">唯品地图</a></div>
50          <div class="copyRight w1001 arial">Copyright © 2008…协议。<br/>版
权…公司</div>
51          <div class="img w1001"><a href="#" target="_blank"><img
src="temp/foot_01.jpg" width="105" height="40" /></a>…<a href="#" target="_
blank"><img src="temp/foot_10.jpg" width="77" height="40" /></a></div>
52  </div>
```

第01行和第52行是页脚的最外层容器标签，第02行是更多品牌，第03~48行是导航1，第49行是导航2，第50行是版权，第51行是网站认证。

6.3.3 页面公共部分的XHTML编写

本章案例中，页面的公共部分包括页面头部和页脚，如图6.11所示。页面头部和页脚的

XHTML代码在前面已经讲过了，这里不再赘述。

注意

仔细观察首页和商品页的页脚发现，首页的页脚比商品页多了一个版块：更多品牌。页脚由5个版块组成，每个版块单独删除不会影响其他版块的布局和样式，"唯品会"的网站由许多子页面组成，每个子页面可以根据需要随意删除其中任意一个或几个版块，因此，这里把页脚的5个版块都作为页面的公共部分。

图6.11 网站所有页面的公共部分

6.3.4 首页主体内容的XHTML编写

首页主体内容的"最新特卖"、"最后疯抢"和"即将推出"，这三个模块的XHTML结构相似：标题都是一张背景图片，上下左右间距相同；图片的边框宽度和颜色相同；每张图片上都有一个半透明的白色遮罩层；每张图片都有XX品牌专场和品牌介绍；将鼠标移动到图片上时图片边框和图片相关信息的背景颜色都变为枚红色，同时图片相关信息的文字都变为白色。"服务承诺"、"上市公司"和"365基金",这3部分由于是Tab切换效果,因此它们的标题结构相似。首页主体内容的XHTML代码编写如代码6-5所示。

代码6-5

```
01  <div id="bd" class="index">
02      <div class="w1001 cf">
03          <div class="newest fl">
04              <h2>最新特卖</h2>
05              <ul>
06                  <li class="brand"><a href="#" target="_
blank"><img src="temp/p1.jpg" /><div class="summary"><h3>…专场</h3><span
class="intro">品牌介绍</span>剩余…秒</div><div class="summaryBg"></div></a></li>
07                  <li class="brand"><a href="#" target="_
blank"><img src="temp/p2.jpg" /><div class="summary"><h3>…专场</h3><span
class="intro">品牌介绍</span>剩余…秒</div><div class="summaryBg"></div></a></li>
08                  <li class="brand"><a href="#" target="_
blank"><img src="temp/p3.jpg" /><div class="summary"><h3>…专场</h3><span
class="intro">品牌介绍</span>剩余…秒</div><div class="summaryBg"></div></a></li>
09                  <li class="brand"><a href="#" target="_
blank"><img src="temp/p4.jpg" /><div class="summary"><h3>…专场</h3><span
class="intro">品牌介绍</span>剩余…秒</div><div class="summaryBg"></div></a></li>
10                  <li class="brand"><a href="#" target="_
blank"><img src="temp/p5.jpg" /><div class="summary"><h3>…专场</h3><span
class="intro">品牌介绍</span>剩余…秒</div><div class="summaryBg"></div></a></li>
11              </ul>
12          </div>
13          <div class="right fr">
14              <h2 class="promise100">100%正品保证</h2>
15              <div class="tab border whiteBg">
16                  <div class="borderWhite">
17                      <ul class="tabHd">
18                          <li class="current pink">服务承诺</li>
19                          <li class="cen">上市公司</li>
20                          <li>365基金</li>
21                      </ul>
22                      <div class="tabContent show">
23                          <dl class="ico promise-1">
24                              <dd>"唯品会"…经过授权;
<br/>并由…承保。</dd>
25                          </dl>
26                          <dl class="ico promise-2">
27                              <dt class="pink">支持货到
付款</dt>
28                              <dd>"唯品会"…验货。</dd>
29                          </dl>
30                          <dl class="ico promise-3">
31                              <dt class="pink">七天无条
件退货</dt>
32                              <dd>无论何种原因,…完善售
后,退货无忧。</dd>
```

```
33                          </dl>
34                          <dl class="ico promise-4">
35                              <dt  class="pink">退货免邮
</dt>
36                              <dd>如发生退货，我们表示抱歉
…的运费。</dd>
37                          </dl>
38                      </div>
39                      <div class="tabContent">上市公司内容</
div>
40                      <div class="tabContent">365基金内容</
div>
41                  </div>
42              </div>
43              <div class="comment border whiteBg">
44                  <div class="borderWhite">
45                      <h4 class="ico title">用户评价</h4>
46                      <ul>
47                          <li class="ico sinaTwitter"><img
src="temp/u1.gif"/><p><a href="#">@二货-_-炎小曦</a>很开心…手快。@</p></li>
48                          <li class="ico sinaTwitter"><img
src="temp/u1.gif"/><p><a href="#">@幸福的蜜糖罐</a>最近恋上@"唯品会"…又好</p></li>
49                          <li class="ico sinaTwitter
noBorderBom"><img src="temp/u1.gif"/><p><a href="#">@沐月-jing</a>@"唯品会" 太给
力了，…就到手了</p></li>
50                      </ul>
51                  </div>
52              </div>
53              <div class="notice border whiteBg">
54                  <div class="borderWhite">
55                      <h4>新品牌开售预告</h4>
56                      <ul class="tabHd">
57                          <li class="day-1 current">明天
<br/>12/01</li>
58                          <li  class = "day-2 ">后天
<br/>12/02</li>
59                          <li  class = "day-2 ">周二
<br/>12/03</li>
60                          <li  class = "day-2 ">周三
<br/>12/04</li>
61                      </ul>
62                      <div class="tabContent cf show">
63                          <span><a href="#" target="_
blank"><img src="temp/logo1.jpg" width="98" height="48" /></a></span>
64                          …
65                          <span><a href="#" target="_
blank"><img src="temp/logo6.jpg" width="98" height="48" /></a></span>
66                      </div>
67                      <div class="tabContent cf">后天预售品牌
</div>
68                      <div class="tabContent cf">周二预售品牌
```

```
</div>
    69                                       <div class="tabContent cf">周三预售品牌
</div>
    70                             </div>
    71                     </div>
    72             </div>
    73             <div class="last cl">
    74                     <h2>最后疯抢</h2>
    75                     <ul>
    76                             <li class="brand fl"><a href="#" target="_
blank"><img src="temp/p6.jpg" /><div class="summary"><span class="intro">品牌介
绍</span><h3 class="mb15">韩派HAP家电专场</h3><span class="discount fr">1.2折起</
span>剩余1天07时20分27秒</div><div class="summaryBg"></div></a></li>
    77                             ...
    78                             <li class="brand fl"><a href="#" target="_
blank"><img src="temp/p8.jpg" /><div class="summary"><span class="intro">品牌介
绍</span><h3 class="mb15">家装节-厨房卫浴专场</h3><span class="discount fr">1.2折
起</span>剩余2天07时20分27秒</div><div class="summaryBg"></div></a></li>
    79                     </ul>
    80             </div>
    81             <div class="will">
    82                     <h2>即将推出</h2>
    83                     <ul>
    84                             <li class="brand fl"><a href="#" target="_
blank"><img src="temp/p9.jpg" /><div class="summary"><span class="intro
mb15">品牌介绍</span><h3 class="cl">迈途MERRTO户外男装专场</h3></div><div
class="summaryBg"></div></a></li>
    85                             ...
    86                             <li class="brand fl"><a href="#" target="_
blank"><img src="temp/p11.jpg" /><div class="summary"><span class="intro
mb15">品牌介绍</span><h3 class="cl">灵域 灵性Kerohanian家居专场</h3></div><div
class="summaryBg"></div></a></li>
    87                     </ul>
    88             </div>
    89     </div>
    90 </div>
```

　　第01行和第90行是首页主体内容的最外层容器#bd，第02行和第89行是主体内容的另一个外层div容器，这个容器上有一个样式.w1001，这个样式限制了内容区的宽度。#bd上面没有限制宽度是因为主体内容有一个从上到下的颜色渐变背景需要铺满整个电脑屏幕。但是主体内容要在屏幕水平居中，因此需要增加一个div容器，以限制内容的宽度，进而利用margin:0 auto使实际内容水平居中显示。第03~12行是最新特卖，其中第04行是"最新特卖"的标题，第05~11行是由ul和若干li标签组成的商品图文列表。

　　第13~42行是右侧由"服务承诺"、"上市公司"和"365基金"组成的Tab切换，其中第17~21行是Tab切换按钮，分别对应"服务承诺"、"上市公司"和"365基金"的标题，第22~38行是标题服务承诺对应的主要内容，第39行是标题"上市公司"对应的主要内容，第40行是标题"365基金"对应的主要内容。第43~52行是用户评价，其中第45行是用户评价的标题，第46~50是用户评价列表，由ul和三个li标签组成。

第53~71行是"新品牌开售预告",这部分内容也是Tab切换,其中第55行是"新品牌开售预告"的标题,第56~61行是由新品牌开售日期组成的Tab按钮,第62~70行是每个开售日期对应的促销品牌。第73~80行是"最后疯抢版块",其中第74行是"最后疯抢"的标题,第75~79行是最后疯抢的品牌列表,由ul和6个li标签组成的图文列表。第81~88行是"即将推出版块",与"最后疯抢版块"结构类似,其中第82行是"即将推出"的标题,第83~87行是"即将推出"的品牌列表,也是由ul和6个li标签组成的图文列表。

6.3.5 内页主体内容的XHTML编写

"商品banner"的图片上有若干个本品牌在本季的热卖商品,每个热卖商品都有一个链接,用户单击链接可以打开相应商品的具体信息页面。"商品banner"上的热卖商品图片一般都是无规律的排列,形式丰富活泼。因此需要利用绝对定位position:absolute将各热卖商品的链接定位到精确位置。商品展示列表利用ul和li标签将各商品的图片和信息展示给用户。商品页主体内容的XHTML代码编写如代码6-6所示。

代码6-6

```
01 <div id="bd" class="product">
02     <div class="w1020 cf">
03         <div class="guide">
04             <a href="#" class="guidePic-1"></a>
05             <a href="#" class="guidePic-2"></a>
06             <a href="#" class="guidePic-3"></a>
07         </div>
08         <div class="detail">
09             <div class="functions">
10                 <div class="class"><span>分类：</span><a href="#" class="selected">全部(284)</a><a href="#">鞋类(284)</a></div>
11                 <div class="fl btn"><a href="#" class="yes">只显示有货商品</a><a href="#" class="discount">折扣</a><a href="#" class="price">价格</a></div>
12                 <div class="fr page"><span>共284条</span><a href="#" class="pagePre">&lt;</a><a href="#">1</a><a href="#">2</a><a href="#">3</a><a href="#" class="pageNext">&gt;</a></div>
13             </div>
14             <ul class="productLists">
15                 <li><a href="#"><img src="temp/product_01.jpg" /></a><p>水之彩<a href="#">黑色牛皮配超纤水钻绑带坡跟矮靴</a><span><strong>¥398</strong><em>(3.1折)</em><del>¥1298</del></span></p></li>
16                 ...
17                 <li><a href="#"><img src="temp/product_08.jpg" /></a><p>水之彩<a href="#">黑色牛皮魔术贴内增高矮靴</a><span><strong>¥468</strong><em>(2.9折)</em><del>¥1598</del></span></p></li>
18             </ul>
19         </div>
20     </div>
21 </div>
```

第01行和第21行是内页主体内容的最外层容器#bd，第02行和第20行是主体内容的另一个外层div容器，这个容器上有一个样式.w1020，这个样式限制了内容区的宽度。#bd里面嵌套一层div容器的原因与首页一样，因为#bd上面有背景色需要铺满整个电脑屏幕。第03~07行是"商品banner"，包含三个a标签，第08~19行是商品分类信息，第09~13行是商品信息功能，第14~18行是商品展示列表，由ul和若干li标签组成。

6.3.6 首页XHTML代码总览

前面对网站首页各个模块的XHTML代码进行了逐一编写，如图6.12所示是由这些模块组成的首页的XHTML框架图，说明了层的嵌套关系。

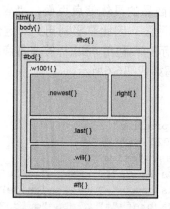

图6.12 首页XHTML框架图

在这些XHTML代码的基础上增加页面的<!DOCTYPE>声明及html头部元素，就是首页的完整XHTML代码。完整的首页XHTML代码如代码6-7所示。

代码6-7

```
01  <!DOCTYPE HTML>
02  <html>
03  <head>
04      <meta charset="utf-8">
05      <title>首页</title>
06      <link href="css/style.css" rel="stylesheet" type="text/css" />
07  </head>
08  <body>
09  <!--start of hd-->
10  <div id="hd" class="cf">
11      ...
12  </div>
13  <!--end of hd-->
14  <!--start of bd-->
15  <div id="bd" class="index">
16      <div class="w1001 cf">
17          <div class="newest fl">
18              ...
19          </div>
```

```
20              <div class="right fr">
21                  ...
22              </div>
23              <div class="last cl">
24                  ...
25              </div>
26              <div class="will">
27                  ...
28              </div>
29          </div>
30  </div>
31  <!--end of bd-->
32  <!--start of ft-->
33  <div id="ft" class="whiteBg cf">
34      ...
35  </div>
36  <!--end of ft-->
37  </body>
38  </html>
```

第01行是页面的<!DOCTYPE>声明。第03~07行是html头部元素。第02行和第38行是页面的一对html标签，对应图6.12中html{}。第08行和第37行是页面的一对body标签，对应图6.12中body{}。第10~12行是页面头部，对应图6.12中#hd{}。第15~30行是页面主体内容，对应图6.12中#bd{}。第33~35行是页脚，对应图6.12中#ft{}。第17~19行是"最新特卖版块"，对应图6.12中.newest{}，第20~22行是右侧信息，对应图6.12中.right{}，第23~25行是"最后疯抢版块"，对应图6.12中. last{}，第26~28是"即将推出"，对应图6.12中.will{}。

6.3.7 内页XHTML代码总览

前面对商品页各个模块的XHTML代码进行了逐一编写，如图6.13所示是这些模块组成的商品页的XHTML框架图，说明了层的嵌套关系。

在这些XHTML代码的基础上增加页面的<!DOCTYPE>声明及html头部元素，就是商品页的完整XHTML代码。完整的商品页的XHTML代码如代码6-8所示。

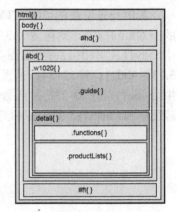

图6.13 商品页的XHTML框架图

代码6-8

```
01  <!DOCTYPE HTML>
02  <html>
03  <head>
04      <meta charset="utf-8">
05      <title>商品页</title>
06      <link href="css/style.css" rel="stylesheet" type="text/css" />
07  </head>
08  <body>
09  <!--start of hd-->
10  <div id="hd" class="cf">
```

```
11          ...
12  </div>
13  <!--end of hd-->
14  <!--start of bd-->
15  <div id="bd" class="product">
16      <div class="w1020 cf">
17              <div class="guide">
18                  ...
19              </div>
20              <div class="detail">
21                  <div class="functions">
22                      ...
23                  </div>
24                  <ul class="productLists">
25                      ...
26                  </ul>
27              </div>
28          </div>
29  </div>
30  <!--end of bd-->
31  <!--start of ft-->
32  <div id="ft" class="whiteBg cf">
33      ...
34  </div>
35  <!--end of ft-->
36  </body>
37  </html>
```

第01行是页面的<!DOCTYPE>声明。第03~07行是html头部元素。第02行和第37行是页面的一对html标签，对应图6.13中html{}。第08行和第36行是页面的一对body标签，对应图6.13中body{}。第10~12行是页面头部，对应图6.13中#hd{}。第15~29行是页面主体内容，对应图6.13中#bd{}。第32~34行是页脚，对应图6.13中#ft{}。第17~19行是商品banner，对应图6.13中.guide{}，第20~27行是商品分类信息，对应图6.13中.detail{}，第21~23行是商品信息功能，对应图中.functions{}，第24~26是商品展示列表，对应图6.13中.productLists{}。

6.4 CSS编写

本节主要讲解产品展示网站的CSS编写，包括页面头部和页脚、首页和内页的CSS编写。

6.4.1 页面公共部分的CSS编写

页面公共部分包括CSS重置、页面中公用字体、字体颜色的样式，以及页面头部和页脚。CSS重置代码、页面公用样式的CSS代码编写如代码6-9所示。

代码6-9

```
01 /*css reset*/
02 body,div,dl,dt,dd,ul,ol,li,h1,h2,h3,h4,h5,h6,pre,code,form,fieldset,leg
end,input,button,textarea,p,blockquote,th,td{margin:0; padding:0;}/*以上元素的内
外边距都设置为0*/
03 …
04 *.cf{zoom:1;} /* IE 6/7浏览器 (触发hasLayout) */
05 /*global css*/
06 body{font-family:"宋体";font-size:12px;color:#333;line-height:20px;back
ground:#FDFBFE;}
07 a{color:#333;}
08 a:hover{color:#F42D97; text-decoration:none; }
09 .fs14{font-size:14px;}
10 .arial{font-family:Arial;}
11 .hei{font-family:"黑体";}
12 .yahei{font-family:"微软雅黑";}
13 .pink{color:#F42D97;}
14 .whiteBg{background:#FCFAFD;}
15 .border{border:1px solid #E4E2E5;}
16 .borderRight{border-right:1px solid #E9E1E8;}
17 .borderWhite{border:1px solid #fff;border-bottom:0 none;}
18 .w1001{width:1001px;margin:0 auto;}
19 .w1020{width:1020px;margin:0 auto;}
20 .mb15{margin-bottom:15px;}
21 .fl{float:left;display:inline;}
22 .fr{float:right;display:inline;}
23 .cl{clear:both;}
24 .overHidden{overflow:hidden;zoom:1;}
25 .noBorderBom{border-bottom:0 none;}
```

第01~04行是CSS重置代码，与前几章相同。第05~25行是公用CSS代码。CSS重置代码已经详细讲解过了，这里不再赘述。网站的公用CSS代码是将网页制作中需要重复使用的样式提炼总结出来的，其中第07~08行定义了网站链接的公共样式，第09行定义了14px字号，第10~12行定义了网站可能使用的字体，第13行是网站用到的玫红色字体，第18~19行定义了容器宽度，第21~22行定义了左右浮动的样式。

6.4.2 页面框架的CSS编写

前面分析了首页的布局图并且编写了首页框架的XHTML代码，根据这两部分编写页面框架的CSS代码如下：

```
01 #ft{color:#999199;padding:0 0 35px;}
02 .index{background:url("../images/indexBg.jpg") repeat-x left top
#F6F7F1;padding:0 0 10px;}
```

第01行是页脚最外层容器的样式，第02行是首页主体内容的最外层容器的背景图及样式。

前面分析了商品页的布局图并且编写了商品页框架的XHTML代码，根据这两部分编写商品页框架的CSS代码如下：

```
01  #ft{color:#999199;padding:0 0 35px;}
02  .product{background:#F4F2DB;padding:0 0 20px;}
```

第01行是页脚最外层容器的样式，与首页相同。第02行是商品页的主体内容的最外层容器的背景颜色及样式。

6.4.3 页面头部和页脚的CSS编写

前面分析了页面头部并且编写了页面头部的XHTML代码，页面头部的CSS代码如代码6-10所示。

代码6-10

```
01  #hd .ico{background:url("../images/hd_imgs.png") no-repeat;}
02  #hd .topNav-1{background:url("../images/topNav-1.gif") repeat-x left
top;height:41px;}
03  #hd .topNav-1 ul{height:40px;line-height:40px;}
04  #hd .topNav-1 ul li{float:left;display:inline;}
05  #hd .topNav-1 ul li a{display:block;height:100%;}
06  #hd .topNav-1 ul.left{border-left:1px solid #DBD9DC;}
07  #hd .topNav-1 ul.left li{width:99px;border-left:1px solid
#FEFEFE;border-right:1px solid #DBD9DC;text-align:center;}
08  #hd .topNav-1 ul.left li.current{background:#FDFBFE;height:41px;}
09  #hd .topNav-1 ul.left li.current a{color:#F42D97;}
10  #hd .topNav-1 ul.left .mobilePhone{background-position:-285px
-4px;text-align:left;}
11  #hd .topNav-1 ul.left .mobilePhone a{padding:0 0 0 35px;}
12  #hd .topNav-1 ul.left li a{display:block;width:98px;font-
size:14px;font-weight:bold;}
13  #hd .topNav-1 ul.right .telPhone{width:125px;background-position:-300px
-54px;}
14  #hd .topNav-1 ul.right .telPhone a{padding:0 0 0 20px;}
15  #hd .topNav-1 ul.right .contactUs{width:99px;background-position:-295px
-105px;}
16  #hd .topNav-1 ul.right .contactUs a{padding:0 0 0 30px;}
17  #hd .topNav-1 ul.right .vipService{width:99px;background-position:-
157px -4px;}
18  #hd .topNav-1 ul.right .vipService a{padding:0 0 0 25px;}
19  #hd .topNav-1 ul.right li a{border-left:0 none;}
20  #hd h1{background:url("../images/logo.png") no-repeat left top;width:2
83px;height:53px;margin:28px 0 0;}
21  #hd h1 a{width:100%;height:100%;display:block;text-indent:-
999em;overflow:hidden;}
22  #hd .topNav-2{color:#D9D9D9;padding:3px 0;}
23  #hd .topNav-2 .order{background-position:-2px -156px;padding:0 10px 0 0;}
24  #hd .topNav-2 .fashion{background-position:-13px -156px;padding:0 10px
0 0;}
25  #hd .topNav-2 .focus{background-position:-102px -155px;padding:0 10px
0 15px;}
26  #hd .topNav-2 span{color:#333;}
27  #hd .topNav-2 a{margin:0 2px;}
28  #hd .shopping{background-position:-100px -102px;padding:0 0 0
40px;width:125px;height:33px;line-height:33px;color:#fff;margin:20px 0 0;}
```

```
29 #hd .shopping strong{margin:0 0 0 33px;}
30 #hd .topNav-3{background:url("../images/topNav-3.gif") repeat-x left
top;margin:10px 0 0;}
31 #hd .topNav-3 ul li{float:left;display:inline;width:90px;height:32px;li
ne-height:32px;text-align:center;}
32 #hd .topNav-3 ul li a{display:block;width:100%;height:100%;color:#fff;
font-family:"微软雅黑";font-size:14px;}
33 #hd .topNav-3 ul li a:hover,#hd .topNav-3 ul li.current{background-
color:#CD197A;width:88px;height:31px;line-height:31px;border:1px solid
#F43499;border-bottom:0 none;}
34 #hd .topNav-3 ul li.current a:hover{border:0 none;}
35 #hd .topNav-3 ul li.beauty,#hd .topNav-3 ul li.beauty
a:hover{background-image:url("../images/hd_imgs.png");background-position:45px
-100px;}
36 #hd .topNav-3 ul li.willOnLine,#hd .topNav-3 ul li.willOnLine
a:hover{background-image:url("../images/hd_imgs.png");background-position:-
340px -152px;width:100px;}
37 #hd .topNav-3 ul li.willOnLine a,#hd .topNav-3 ul li.willOnLine
a:hover{padding:0 0 0 10px}
38 #hd .topNav-3 ul li.class{float:right;background-position:56px
-25px;background-color:#E42388;width:98px;height:31px;line-
height:31px;border:1px solid #F43499;border-bottom:0 none;}
39 #hd .topNav-3 ul li.class a{font-family:"宋体";font-
size:12px;color:#FFC8E7;}
40 #hd .topNav-3 ul li.class a:hover{background:url("../images/hd_imgs.
png") no-repeat 56px -25px #FDFBFE;width:98px;color:#333;border:0 none;}
```

第01行定义了一个名为.ico的类，凡用到这个类的容器都使用hd_imgs.png上的图片作为背景。hd_imgs.png是几个小图片合并后的一张图片，通过在CSS中定义背景图片的background-position值来精确定位使用hd_imgs.png上的哪个图片。第02~19行是页面头部中导航1的样式，其中第02行定义了导航1的背景和高度，第03~05行是导航1中各文字链接的公共样式，第06~12行是导航1左侧4个文字链接的样式，第13~19行是导航1右侧三个文字链接的样式。

第20~21行是网站标志的样式。第22~27行是导航2的样式，其中第23~25行分别通过设置background-position的值精确定位导航2中的"我的订单"、"时尚会"和"关注"的图标。第28~29行是购物袋的样式。第30~40行是导航3的样式。其中第30行定义了导航3的背景，第38行通过float:right使"在售商品分类"向右浮动，从而显示在导航3整体的右侧。

前面分析了页脚并且编写了页脚的XHTML代码，页脚的CSS代码如代码6-11所示。

代码6-11

```
01 #ft{color:#999199;padding:0 0 35px;}
02 #ft .ico{background:url("../images/ft_imgs.png") no-repeat;}
03 #ft a{color:#999199;}
04 #ft a:hover{color:#999199;text-decoration:underline;}
05 #ft .moreBrand{background-position:360px -240px;background-
color:#F3F1F4;border:1px solid #F0EDF0;height:38px;line-height:38px;font-
size:14px;text-align:center;width:999px;margin:0 auto;}
06 #ft .bomNav-1{overflow:hidden;padding:30px 0 20px 0;}
07 #ft .bomNav-1 .security{background-position:-5px 5px;}
08 #ft .bomNav-1 .shop{background-position:-5px -28px;}
09 #ft .bomNav-1 .buy{background-position:-10px -55px;}
10 #ft .bomNav-1 .send{background-position:-10px -86px;}
```

```
   11  #ft .bomNav-1 .service{background-position:-7px -116px;}
   12  #ft .bomNav-1 .code{background-position:-6px -145px;padding:0 0 0
25px;}
   13  #ft .bomNav-1 .weChat{background-position:-10px -175px;padding:0 0 0
35px;}
   14  #ft .bomNav-1 dl{width:140px;height:150px;}
   15  #ft .bomNav-1 dt{color:#646464;padding:0 0 0 30px;height:30px;line-
height:30px;}
   16  #ft .bomNav-1 dd{padding:0 0 0 25px;background:url("../images/ft_imgs.
png") no-repeat 2px -202px;}
   17  #ft .bomNav-1 dd.noIco{background:none;padding:0;text-align:center;}
   18  #ft .bomNav-1 dd img{display:block;overflow:hidden;margin:3px auto;}
   19  #ft .bomNav-2{background:#D7237E;height:33px;line-
height:33px;color:#fff;text-align:center;}
   20  #ft .bomNav-2 a{color:#fff;margin:0 10px;}
   21  #ft .copyRight{text-align:center;line-height:18px;padding:10px 0
30px;}
   22  #ft .img a{margin:0 8px;}
```

第02行定义了一个名为.ico的类，凡用到这个类的容器都使用ft_imgs.png上的图片作为背景。ft_imgs.png是几个小图片合并后的一张图片，通过在CSS中定义背景图片的background-position值来精确定位使用ft_imgs.png上的哪个图片。第05行是页脚中更多品牌的样式，第06~18行是页脚中导航1的样式，第19~20行是页脚中导航2的样式，第21行是版权的样式，第22行是网站认证的样式。

6.4.4 首页主体内容的CSS编写

根据对首页主体内容的分析和首页主体内容的XHTML代码，编写首页主体内容的CSS代码如代码6-12所示。

代码6-12

```
   01  index h2{text-indent:-999em;overflow:hidden;background:url("../images/
index_title.png")no-repeat;height:35px;margin:10px 0;}
   02  .right{width:331px;}
   03  .right .ico{background:url("../images/right_imgs.png") no-repeat;}
   04  .right .promise100{background-position:200px -150px;}
   05  .right .tab{margin-bottom:13px;}
   06  .right .tab .tabHd{background:url("../images/tab.gif") repeat-x 0
0;height:29px;line-height:29px;overflow:hidden;}
   07  .right .tab .tabHd li{float:left;width:108px;font-weight:bold;text-
align:center;}
   08  .right .tab .tabHd li.current{background:#FCFAFC;position:relative;bot
tom:0px;}
   09  .right .tab .tabHd li.cen{border-left:1px solid #EDEBEE;border-
right:1px solid #EDEBEE;}
   10  .right .tab .tabContent{display:none;}
   11  .right .tab .show{display:block;}
   12  .right .tab .tabContent dl{color:#666465;border-bottom:1px dotted
#686669;margin:0 20px;padding:18px 15px 18px 70px;}
   13  .right .tab .tabContent .promise-1{background-position:0
10px;padding:80px 90px 20px 20px;}
```

```
14  .right .tab .tabContent .promise-2{background-position:-350px 0;}
15  .right .tab .tabContent .promise-3{background-position:-350px -100px;}
16  .right .tab .tabContent .promise-4{background-position:-350px
-200px;border-bottom:0 none;}
17  .right .tab .tabContent dt{font-size:14px;font-weight:bold;padding:0 0
5px 0;}
18  .right .comment{margin-bottom:13px;}
19  .right .comment .title{background-position:-400px -400px;font-
size:16px;color:#4D4D4D;font-family:"黑体";height:30px;line-
height:40px;padding:0 0 0 50px;}
20  .right .comment .sinaTwitter{background-position:158px -187px;}
21  .right .comment ul li{border-bottom:1px dotted #666;padding:15px 0 18px
0;margin:0 20px;}
22  .right .comment ul li img{width:60px;height:60px;border:1px solid #D4D
3D5;padding:1px;float:left;}
23  .right .comment ul li a{font-weight:bold;}
24  .right .comment ul li p{margin:0 0 0 75px;}
25  .right .comment ul li p a{display:block;}
26  .right .comment ul li.noBorderBom{border-bottom:0 none;}
27  .right .notice h4{text-align:center;padding:15px 0 12px;font-
size:12px;}
28  .right .notice .tabHd{width:300px;height:33px;padding:2px 0 0;margin:0
auto;line-height:18px;background:url("../images/notice.png") no-repeat 0
0;overflow:hidden;color:#fff;line-height:16px;}
29  .right .notice .tabHd li{float:left;width:73px;border-left:1px solid
#E581AD;border-right:1px solid #F4A6C8;text-align:center;}
30  .right .notice .tabHd li.current{border-:0 none;}
31  .right .notice .tabContent{display:none;padding:10px;}
32  .right .notice .show{display:block;}
33  .right .notice .tabContent span{width:100px;height:50px;float:left;}
34  .right .notice .tabContent span img{display:block;width:98px;height:48
px;margin:0 auto;}
35  .right .notice .tabContent span a{ border:1px solid #FCFAFD; display:b
lock;width:98px;height:48px;}
36  .brand{position:relative;}
37  .brand a{display:block;border:1px solid #E4E2E5;}
38  .brand a:hover{color:#fff;border:1px solid #dc5c95;}
39  .brand a .summaryBg{background:#fff;opacity:0.7;filter:alpha(opacity=70
);position:absolute;left:1px;}
40  .brand a:hover .summaryBg{background:#dc5c95;opacity:1;filter:alpha(opa
city=100);}
41  .brand a .summary{position:absolute;left:1px;z-index:2;line-
height:22px;padding-left:10px;padding-right:10px;}
42  .brand a .summary h3{font-weight:normal;font-size:12px;}
43  .brand a .summary .intro{background:url("../images/icoInfo.png") no-
repeat right center; float:right;width:70px;text-align:left;}
44  .newest{width:670px;}
45  .newest h2{background-position:0 0;}
46  .newest ul li{width:642px;height:182px;margin-bottom:13px;}
47  .newest ul li a{width:640px;height:180px;}
48  .newest ul li a .summaryBg,.newest ul li a .summary{bottom:1px;height:
22px;}
49  .newest ul li a .summary{text-align:center;width:620px;}
50  .newest ul li a .summaryBg{width:640px;}
51  .newest ul li a .summary h3{float:left;width:200px;text-align:left;}
```

```
52  .last{overflow:hidden;}
53  .last h2{background-position:0 -50px;}
54  .last ul{width:1032px;}
55  .last ul li{width:312px;height:232px;margin:0 32px 0 0;}
56  .last ul li a{width:310px;height:230px;}
57  .last ul li a .summaryBg,.last ul li a .summary{bottom:1px;height:72px;}
58  .last ul li a .summary{width:290px;}
59  .last ul li a .summaryBg{width:310px;}
60  .will{overflow:hidden;}
61  .will h2{background-position:0 -100px;}
62  .will ul{width:1032px;}
63  .will ul li{width:312px;height:232px;margin:0 32px 0 0;}
64  .will ul li a{width:310px;height:230px;}
65  .will ul li a .summaryBg,.will ul li a .summary{bottom:1px;height:72px;}
66  .will ul li a .summary{width:290px;}
67  .will ul li a .summaryBg{width:310px;}
```

第01行是首页所有h2标题的样式，标题"最新特卖"、"最后疯抢"、"即将推出"和"100%正品保证"都应用了该样式。第02行是右侧最外层容器的样式，定义了宽度。第03行定义了一个名为.ico的类，凡是用到该类的容器都使用right_imgs.png上的图片作为背景。right_imgs.png是几个小图片合并后的一张图片，通过在CSS中定义背景图片的background-position值来精确定位使用right_imgs.png的图片。

第05~17行是右侧"服务承诺"、"上市公司"和"365基金"组成的Tab切换效果的样式，其中第10行通过display:none将Tab内容区全部设置为不可见，再通过第11行的.show中的display:block将当前内容设置为可见。第18~26行是右侧用户评价的样式。第27~35行是右侧新品牌开售的样式。

第36~43行是"最新特卖"、"最后疯抢"和"即将推出"这三大版块中的图文列表的公共样式。将这3大版块中相似的部分提炼出来，总结出公共样式供每个模块使用，不但精简CSS代码提高网站速度，而且可以使页面相似的模块展现效果统一。第44~51行是"最新特卖"的样式，第52~59行是"最后疯抢版块"的样式，第60~67行是"即将推出"版块的样式。

6.4.5 内页主体内容的CSS编写

根据对内页主体内容的分析和内页XHTML代码，编写内页主体内容的CSS代码如代码6-13所示。

代码6-13

```
01  .guide{background:url("../temp/product1.jpg") no-repeat left top;width
:1020px;height:568px;position:relative;}
02  .guide a{position:absolute;display:block;}
03  .guide .guidePic-1{width:400px;height:270px;top:20px;left:80px;}
04  .guide .guidePic-2{width:450px;height:280px;top:90px;left:500px;}
05  .guide .guidePic-3{width:390px;height:230px;top:330px;left:120px;}
06  .detail .functions{height:65px;padding:15px 10px
22px;background:#FBFAF8;}
07  .detail .functions a:hover{text-decoration:none;}
08  .detail .functions .class{font-family:"微软雅黑";padding:0 0 25px;}
09  .detail .functions .class span{font-size:14px;font-
weight:bold;color:#666463;}
```

```
    10 .detail .functions .class a{margin:0 10px;padding:2px 5px;border:1px
solid #FDFBFE;}
    11 .detail .functions .class a:hover,.detail .functions .class
a.selected{border:1px solid #F43499;color:#F43499;padding:2px 5px;}
    12 .detail .functions .btn{background:url("../images/productBtn.png") no-
repeat left top;width:235px;height:30px;line-height:30px;}
    13 .detail .functions .btn .yes{margin:0 13px;}
    14 .detail .functions .btn .discount{margin:0 20px;}
    15 .detail .functions .btn .price{margin:0 13px;}
    16 .detail .functions .page{width:765px;text-align:right;font-family:"微软
雅黑";}
    17 .detail .functions .page a{font-size:14px;margin:0 0 0 2px;border:1px
solid #E6E4E7;padding:6px 10px 5px;font-family:"宋体";}
    18 .detail .functions .page span{margin:0 5px 0 0;}
    19 .productLists{background:#EDEDED;overflow:hidden;padding:10px 0;}
    20 .productLists li{width:235px;height:388px;float:left;margin:0
10px;display:inline;}
    21 .productLists li img{display:block;overflow:hidden;margin:0 auto 5px;}
    22 .productLists li p a,.productLists li p span{display:block;}
    23 .productLists li p{color:#818181;}
    24 .productLists li p strong,.productLists li p em{color:#F43499;}
    25 .productLists li p span{font-family:arial;padding:8px 0 0;}
    26 .productLists li p strong{font-size:16px;}
    27 .productLists li p em{margin:0 5px;}
```

第01~05行是"商品banner"的样式，其中第01行设置了商品banner的背景图、宽度和高度，并通过position:relative将容器设置为相对定位。第02行设置了"商品banner"中所有a标签的样式，通过position:absolute将所有a标签设置为绝对定位，并通过display:block将a标签由内联元素转变为块元素。第03~05行通过给left和top属性设置值分别将三个a链接精确定位相应的商品上，并通过给width和height属性设置值精确定义a链接的尺寸。第06~18行是商品分类信息的样式。

第19~27行是商品展示列表的样式，其中第21行通过display:block;overflow:hidden;这两句将图片下面的空白去掉，但与此同时图片从内联元素变成了块元素，为了使图片水平居中显示，又设置了margin:0 auto 5px，通过将左右外间距设置为auto，使图片水平居中。

6.4.6 网站CSS代码总览

前面讲解了页面头部、页脚、页面主体内容、CSS重置和页面公用的CSS代码，这些代码共同组成了网站页面的完整CSS代码，如代码6-14所示。

代码6-14

```
    01 @charset "utf-8";
    02 /*css reset*/
    03 …
    04 /*global css*/
    05 …
    06 /*module css*/
    07 /*index.html*/
    08 .index{…}
    09 .index h2{…}
```

```
10  .right{…}
11  …
12  /*page.html*/
13  .product{…}
14  .guide{…}
15  .guide a{…}
16  …
```

6.5 制作中需要注意的问题

6.5.1 CSS Sprites技术的利与弊

CSS Sprites是把网页中的部分背景图片和小图标等整合到一张图片中，再利用CSS的background-image、background- repeat、background-position的组合进行背景定位，background-position可以用数字精确地定位出背景图片的位置。

网站中通过利用CSS Sprites技术整合了零碎的小图片，从而减少对服务器的请求数量，进而加快页面加载速度。同时，CSS Sprites还减少了图片的字节，一般情况下，几张图片合并成一张图片的字节总是小于这几张图片的字节总和，如图6.14所示。

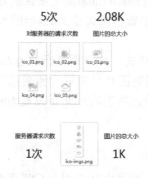

图6.14 图片请求次数和图片总大小

虽然CSS Sprites如此的强大，但是也存在一些不可忽视的缺点，比如：

- CSS Sprites在开发的时候比较麻烦，要测量计算每一个背景单元的精确位置，没什么难度，但是很繁琐。
- CSS Sprites在维护的时候比较麻烦，如果页面背景有少许改动，一般就要改合并的图片，无需改的地方最好不要动，这样避免改动更多的CSS，如果在原来的地方放不下，又只能（最好）往下加图片，这样图片的字节就增加了，还要改动CSS。

因此在制作前先权衡一下利弊，再决定是不是应用CSS Sprites。

6.5.2 准确提炼网站中的公共模块

电子商务网站简称电商网站，电商网站和门户网站都有一个共同点，即是内容多，内容的组织方式有规律可循，因此制作前先对网页做整体分析，将网站中相同或相似的模块XHTML和CSS样式提炼出来，作为公共样式重复应用。整体分析得好不但可以使制作网站的效率大大提高，而且能使页面的CSS样式组织更有条理，方便日后修改和维护。

比如，当当网页面比较长，内容也比较复杂，但是取其中一段页面进行分析，如图6.15所示是当当的一段网页截图。

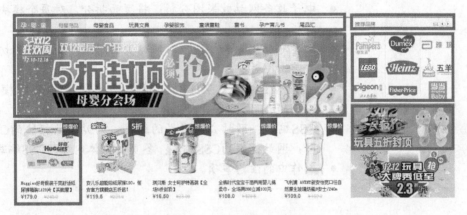

图6.15 当当的一段网页截注

画框的版块XHTML和CSS都可以提炼出来作为公共的XHTML和CSS样式来使用。

第7章

电子政务网站

电子政务网站是以报道电子政务资讯、电子政务研究动态、电子政务产品、电子政务方案为主导，关注政府、城市、社区、企业等领域信息化资讯，服务中国政府和电子政务企业商用需求的网站。

本章主要涉及到的知识点如下。

- 电子政务网站效果图分析：将页面拆分，对每个模块进行分析。
- 网站布局规划和切图：对网站页面进行布局规划和切图，并导出图片。
- XHTML编写：XHTML框架搭建；网站公共模块的XHTML编写；各页面主体内容的XHTML编写。
- CSS编写：网站公用样式的编写；网站公共模块的CSS编写；网站框架的CSS编写；各页面主体内容的CSS编写。
- 制作中的注意事项。

> **注意** 本章主要讲了电子政务网站的DIV+CSS页面制作。以山西省人民政府驻北京办事处网站为例，运用DIV+CSS技术进行了网站重构。电子政务网站页面一般设计大方、庄重、不会太花哨，格调比较明朗。网站重构时，在结构、导航等多方面有较大地规范性和统一性。

 7.1 页面效果图分析

本节主要对网站效果图进行分析，包括页面头部和页脚分析、首页主体内容分析和内页主体内容分析。图7.1和图7.2分别是截取现在山西省人民政府驻北京办事处的首页和驻京办介绍页的页面图。

图7.1 山西省人民政府驻北京办事处首页

图7.2 驻京办介绍页

7.1.1 头部和页脚分析

页面的头部，如图7.3所示，包括网站banner、导航和滚动文字，分别对应图中①②③。网站banner是一张图片，导航是文字组成的链接，滚动文字是一段文字。

图7.3 页面头部

在布局上，网站banner、导航和滚动文字从上而下顺序排列，没有浮动和定位，是正常CSS文档流。

页脚，如图7.4所示，由图片链接和版权组成，分别对应图中①②。这两个部分按照CSS正常文档流自上而下顺序排列，其中友情链接由8张图片链接组成，版权由三段文字组成。

图7.4 页脚

7.1.2 首页主体内容分析

首页的主体内容如图7.5所示，包括"政府动态"、"新闻中心"、"京办之窗"、"山西省情"、"在线留言"、"站长信箱"、"乡情趣闻"、"教育实践活动"、"招商引资"、"服务指南"、"山西各市驻京机构"和"专题活动"，分别对应图中①②③④⑤⑥⑦⑧⑨⑩⑪⑫。

"政府动态"由标题、图片和新闻列表三部分组成。其中，标题部分除了标题内容还包括"更多>>"链接。

"新闻中心"、"京办之窗"、"山西省情"、"教育实践活动"、"招商引资"和"服务指南"这6部分结构类似，都是由标题和新闻列表两部分组成。其中，标题部分除了标题内容还包括"更多>>"链接。

"在线留言"和"站长信箱"分别是两张图片链接。

"乡情趣闻"由标题和图片列表组成。其中，标题部分除了标题内容还包括"更多>>"链接。图片列表由4组图片和文字链接组成。

"山西各市驻京机构"由标题、图片列表、"驻京办内网"和"友情链接"组成。其中，标题部分除了标题内容还包括"更多>>"链接。图片列表由6个图片链接组成。"驻京办内网"是一张图片。"友情链接"是一个select选择列表。

专题活动由标题、更多和图片滚动列表组成。

首页主体内容在整体结构上分为左右两栏，其中，"政府动态"、"京办之窗"、"山西省情"、"教育实践活动"、"招商引资"、"服务指南"和"专题活动"都属于左栏，它们都包含在一个向左浮动的div容器中。新闻中心、在线留言、站长信箱、乡情趣闻和山西各市驻京机构都属于右栏，它们都包含在一个向右浮动的div容器中。

图7.5 首页的主体内容

7.1.3 内页主体内容分析

内页的主体内容，如图7.6所示，包括"京办介绍"、"乡情趣闻"和"山西各市驻京机构"，分别对应图中①②③。

驻京办介绍由标题和内容组成。其中，内容部分是三段文字。

乡情趣闻和山西各市驻京机构与首页完全相同。

内页主体内容在整体结构上分为左右两栏，其中"京办介绍"属于左栏，向左浮动。"乡情趣闻"和"山西各市驻京机构"都属于右栏，它们都包含在一个向右浮动的div容器中。

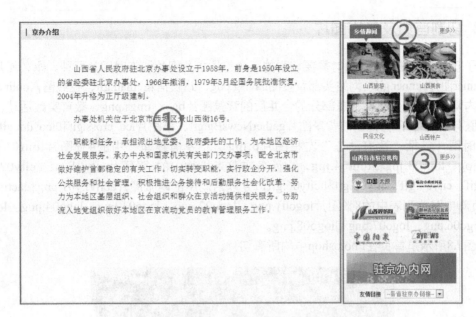

图7.6 内页的主体内容

7.2 布局规划及切图

本节将主要介绍山西省人民政府驻北京办事处网站的页面布局规划、页面图片切割并导出图片。这些工作是制作本章案例前的必要步骤。

7.2.1 页面布局规划

根据前面对网站效果图的分析，为了后面写出清晰简洁的**XHTML**代码，对页面的整体结构进行了提炼，得到了页面的大致布局图，如图7.7所示是首页和内页的页面布局图。

图7.7 页面布局图

7.2.2 切割首页及导出图片

电子政务网站在制作页面时需要切割的图片包括永久图片和临时图片两种。永久图片包括网站Banner图片banner.gif、网站头部背景图navBg.png、站长信箱email.gif、在线留言online.gif、驻京办内网net.gif、各模块标题部分的合并后的背景图片bg_x_imgs.png、教育实践活动、招商引资及服务指南这3部分用到的背景图片gatherNewsBg.gif、小图片ico_cross.gif和ico_dot.gif。

临时图片包括"政府动态"左栏图片p.jpg，"乡情趣闻"中的4张图片tour01.jpg、tour02.jpg、tour03.jpg和tour04.jpg，山西各市驻京机构中的6张图片city01.gif、city02.gif、city03.gif、city04.gif、city05.gif和city06.gif，专题活动中的两张图片activity01.png和activity02.png，页脚中图片列表中的8张图片logo01.png、logo02.png、logo03.png、logo04.png、logo05.png、logo06.png、logo07.png和logo08.png。

如图7.8所示是首页在Photoshop中的所有切片。

图7.8 首页在Photoshop中的所有切片

 图中没有标注名称的切片是已经被合并的图片。

7.2.3 切割内页及导出图片

内页的各模块中用到的图片与首页相同，因此不需要重复切割了。

7.3 XHTML编写

本节将详细讲解页面头部和页脚、页面公共部分、页面框架和每个页面的XHTML代码的编写。语义和结构良好的XHTML代码不仅在制作网站时省时省力，更有利于提高网站排名，因此XHTML的编写虽然简单但很重要。

7.3.1 页面XHTML框架搭建

首页和内页的XHTML框架相同，包括三部分：头部、主体内容和页脚，id分别为hd、bd和ft。XHTML框架的代码编写如下：

代码7-1

```
01      <!--start of hd-->
02      <div id="hd" class="cf"></div>
03      <!--end of hd-->
04      <!--start of bd-->
05      <div id="bd" ></div>
06      <!--end of bd-->
07      <!--start of ft-->
08      <div id="ft"></div>
09      <!--end of ft-->
```

第02行是页面头部，第05行是页面主体内容，第08行是页脚。其他行代码是注释。

7.3.2 页面头部和页脚的XHTML编写

根据前面对页面头部的分析，导航部分的文字链接用两个p标签分别包含若干a标签组成，其中文字链接旁边的竖线用"|"分隔。滚动文字用marquee标签包含文字构成，marquee上面的属性scrollamount表示运动速度，值是正整数，默认为6，值越大marquee中的文字运动越快。

编写头部的XHTML代码如下：

代码7-2

```
01 <div id="hd" class="cf">
02      <img src="images/banner.gif"/>
03      <div class="nav">
04          <p><a href="index.html" target="_blank" class="wordGap">
```

```
首 页</a>|<a href="introduce.html" target="_blank">京办介绍</a>|<a href="#"
target="_blank">领导介绍</a>|<a href="#" target="_blank">机构设置</a>|<a href="#"
target="_blank">京办之窗</a>|<a href="#" target="_blank">山西省情</a>|<a href="#"
target="_blank">新闻中心</a>|<a href="#" target="_blank">招商引资</a></p>
    05          <p><a href="#" target="_blank">驻京办内网</a>|<a href="#"
target="_blank">党的建设</a>|<a href="#" target="_blank">服务指南</a>|<a href="#"
target="_blank">在京企业</a>|<a href="#" target="_blank">旅游观光</a>|<a href="#"
target="_blank">乡情趣闻</a>|<a href="#" target="_blank">在线留言</a>|<a href="#"
target="_blank">联系我们</a></p>
    06          </div>
    07          <marquee scrollamount="1">山西精神：信义 坚韧 创新 图强</marquee>
    08  </div>
```

第01行和第08行是头部的最外层容器标签，第02行是网站banner，第03~06行是导航，其中第04行和第05行分别是两个p标签所包含的若干a标签。第07行是由marquee标签包含的滚动文字。

根据前面对页脚的分析，编写页脚的XHTML代码如下：

代码7-3

```
    01  <div id="ft">
    02          <div class="img"><a href="#" target="_blank"><img src="temp/
logo01.png" width="116" height="51" /></a>···<a href="#" target="_blank"><img
src="temp/logo08.png" width="113" height="53" /></a></div>
    03          <div class="copyRight arial">
    04                  <p>Copyright©2011山西省人民政府驻北京办事处．All Rights
Reserved</p>
    05                  <p>版权所有　山西省人民政府驻北京办事处　　备案号:京ICP备11049327</
p>
    06                  <p><a href="#" target="_blank">技术支持　　中国万网<img
src="temp/wanLogo.gif" width="17" height="17" /></a></p>
    07          </div>
    08  </div>
```

第01行和第08行是页脚的最外层容器标签，第02行是图片列表，第03~07行是版权。

内页的版权部分除了没有图片列表外，其他部分与首页完全相同。

7.3.3 页面公共部分的XHTML编写

在本章案例中，页面的公共部分包括页面头部、页脚和右侧，如图7.9所示。页面头部和页脚的XHTML代码在前面已经讲过了，这里不再赘述。

> 注意　仔细观察首页和内页的页脚发现，首页的页脚比商品页多了一个版块：更多图片。页脚由两个版块组成，单独删除每个版块不会影响其他版块的布局和样式，一个网站由许多子页面组成，每个子页面可以根据需要随意删除其中任意一个版块，因此，这里把页脚的两个版块都作为页面的公共部分。

图7.9 网站所有页面的公共部分

根据前面对首页和内页主体内容的分析，页面右侧也提炼出来所有网站的公共部分。页面右侧的XHTML代码编写如下：

代码7-4

```
01 <div class="fr w267">
02      <div class="news border mb10">
03          <div class="head-2"><a class="more" href="#" target="_
blank">更多&gt;&gt;</a><h2 class="w72">新闻中心</h2></div>
04          <ul class="txtList dotIco">
05              <li><a href="#" target="_blank">李小鹏...</a></li>
06              ...
07          </ul>
08      </div>
09      <div class="sideBanner mb8"><a href="#" target="_blank"><img
src="images/online.gif" /></a></div>
10      <div class="sideBanner mb8"><a href="#" target="_blank"><img
src="images/email.gif" /></a></div>
11      <div class="interest border mb10">
12          <div class="head-2"><a class="more" href="#" target="_
blank">更多&gt;&gt;</a><h2 class="w72">乡情趣闻</h2></div>
13          <ul class="picList cf">
14              <li class="fl"><a href="#" target="_blank"><img
src="temp/tour01.jpg"/></a><h3><a href="#" target="_blank">山西旅游</a></h3></
```

```
li>
    15                    ...
    16              </ul>
    17          </div>
    18          <div class="organization border">
    19              <div class="head-2"><a class="more" href="#" target="_
blank">更多&gt;&gt;</a><h2 class="w113">山西各市驻京机构</h2></div>
    20              <div class="city">
    21                  <a href="#" target="_blank"><img src="temp/city01.
gif" /></a>···<a href="#" target="_blank"><img src="temp/city06.gif" /></a>
    22              </div>
    23              <div class="sideBanner mb8"><a href="#" target="_
blank"><img src="images/net.gif" /></a></div>
    24              <div class="friendLink">
    25                  <label>友情链接</label>
    26                  <select>
    27                      <option value="0">--各省驻京办链接--</option>
    28                      ...
    29                  </select>
    30              </div>
    31          </div>
    32  </div>
```

第01行和第32行是右侧最外层容器.fr。第02~08行是新闻中心。第09行和第10行分别是"在线留言"和"站长信箱"。第11~17行是"乡情趣闻"。第18~31行是"山西各市驻京机构"。

> **注意** 本章所讲的内页公用了右侧的"乡情趣闻"和"山西各市驻京机构",网站上其他内页分别公用了右侧不同的模块组合。因此右侧也归类为网站的公共部分。

7.3.4 首页主体内容的XHTML编写

首页主体内容除了右侧公共部分内容外,还包括"政府动态"、"京办之窗"、"山西省情"、"教育实践活动"、"招商引资"、"服务指南"以及"专题活动",这几个模块在XHTML结构上可以提取出与右侧的新闻中心相同的部分。分别包括:标题和ul文字链接列表。标题部分都是由h2标签包含的标题内容和a标签包含的"更多>>"组成,ul文字链接列表都是由若干个li标签包含文字链接组成的。在线留言和站长信箱结构相同,都是一个a标签包含的img图片。

首页主体内容的XHTML代码编写如下:

代码7-5

```
01  <div id="bd" class="cf">
02      <div class="fl w712">
03          <div class="trends border mb10">
04              <div class="head-1"><a class="more" href="#"
target="_blank">更多&gt;&gt;</a><h2>政府动态</h2></div>
05              <img src="temp/p.jpg" width="354" height="236" />
```

```
06                    <ul class="txtList dotIco">
07                            <li><a href="#" target="_blank">李小鹏…调研</
a></li>
08                            …
09                    </ul>
10            </div>
11            <div class="window border fl w348 mb10">
12                    <div class="head-2"><a class="more" href="#"
target="_blank">更多&gt;&gt;</a><h2 class="w72">京办之窗</h2></div>
13                    <ul class="txtList dotGap dotIco">
14                            <li><a href="#" target="_blank">京津冀…收费</
a></li>
15                            …
16                    </ul>
17            </div>
18            <div class="status border fr w348 mb10">
19                    <div class="head-2"><a class="more" href="#"
target="_blank">更多&gt;&gt;</a><h2 class="w72">山西省情</h2></div>
20                    <ul class="txtList dotGap dotIco">
21                            <li><a href="#" target="_blank">山西省…城市</
a></li>
22                            …
23                    </ul>
24            </div>
25            <div class="gatherNews border cl cf mb10">
26                    <div class="newsSection borderRig w235 fl">
27                            <div class="head-3"><a class="more" href="#"
target="_blank">更多&gt;&gt;</a><h2>教育实践活动</h2></div>
28                            <ul class="txtList crossIco">
29                                    <li><a href="#" target="_blank">省委常
…</a></li>
30                            …
31                            </ul>
32                    </div>
33                    <div class="newsSection borderRig borderLeft w235
fl">
34                            <div class="head-3"><a class="more" href="#"
target="_blank">更多&gt;&gt;</a><h2>招商引资</h2></div>
35                            <ul class="txtList crossIco">
36                                    <li><a href="#" target="_blank">第三届
…</a></li>
37                            …
38                            </ul>
39                    </div>
40                    <div class="newsSection borderLeft w235 fl">
41                            <div class="head-3"><a class="more" href="#"
target="_blank">更多&gt;&gt;</a><h2>服务指南</h2></div>
42                            <ul class="txtList crossIco">
43                                    <li><a href="#" target="_blank">山西拟
…</a></li>
44                            …
```

```
45                              </ul>
46                          </div>
47                      </div>
48                  <div class="special">
49                      <h2>专<br/>题<br/>活<br/>动</h2>
50                      <div class="more"><a href="#" target="_blank">更多
&gt;&gt;</a></div>
51                      <div class="scroll">
52                          <ul class="picList cf">
53                              <li class="fl"><a href="#" target="_
blank"><img src="temp/activity01.png" /></a><h3><a href="#" target="_blank">文
物景观</a></h3></li>
54                              ...
55                          </ul>
56                      </div>
57                  </div>
58          </div>
59          <div class="fr w267">
60              ...
61          </div>
62  </div>
```

第01行和第62行是首页主体内容的最外层容器#bd。第02行和第58行是左侧最外层容器。第59~61行是右侧内容。第03~10行是"政府动态"。第11~17行是京办之窗。第18~24行是"山西省情"。第25~47行是"教育实践活动"、"招商引资"和"服务指南"这三个模块内容总和,其中,第25行和第47行是这三个模块的最外层容器,第26~32行是"教育实践活动",第33~39行是"招商引资",第40~46行是"服务指南"。

第48~57行是专题报道,其中第51行和第56行是图片列表的最外层容器.scroll,这里在ul列表最外层增加一层div容器的目的是为了在后面的CSS中限制这层容器的宽度,因为ul图片是从右向左连续滚动的图片,不能折行显示,因此ul的宽度需要设置的很大,具体根据图片数量确定,如果没有.scroll容器限制宽度,ul列表的宽度超出专题活动最外层容器.special的宽度,从而造成页面变形。

7.3.5 内页主体内容的XHTML编写

根据前面对内页主体内容的分析,编写内页主体内容的XHTML代码如下:

代码7-6

```
01  <div id="bd" class="cf">
02      <div class="fl w712">
03          <div class="introduce border">
04              <div class="head-1"><h2>京办介绍</h2></div>
05              <p>山西省人民政府驻北京办事处设立于1958年,…正厅级建制。</P>
06              <p>办事处机关位于北京市西城区景山西街16号。</P>
07              <p>职能和任务:承担派出地党委、…服务工作。</p>
08          </div>
09      </div>
```

```
10          <div class="fr w267">
11              <div class="interest border mb10">
12                  ...
13              </div>
14              <div class="organization border">
15                  ...
16          </div>
17      </div>
18  </div>
```

第01行和第18行是内页主体内容的最外层容器#bd。第02行和第09行是左侧最外层容器。第10行和第17行是右侧最外层容器。第03~08行是"京办介绍"。第11~13行是"乡情趣闻"。第14~16行是"山西各市驻京机构"。需要特别说明的是，内页左侧的京办介绍模块是放在第02行和第09行的左侧最外层容器中，来实现"京办介绍"向左浮动的。因为内页除了本章讲解的"京办介绍"页外，还有许多，为了可以结构清晰和重用样式代码，统一将左侧模块都放在左侧容器中。

7.3.6 首页XHTML代码总览

前面对网站首页各个模块的XHTML代码进行了逐一编写，如图7.10所示是这些模块组成的首页的XHTML框架图，说明了层的嵌套关系。

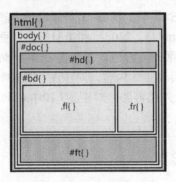

图7.10 首页XHTML框架图

在这些XHTML代码的基础上增加页面的<!DOCTYPE>声明及html头部元素，就是首页的完整XHTML代码。完整的首页XHTML代码如下：

代码7-7

```
01  <!DOCTYPE HTML>
02  <html>
03  <head>
04      <meta charset="utf-8">
05      <title>首页</title>
06      <link href="css/style.css" rel="stylesheet" type="text/css" />
07  </head>
08  <body>
09  <div id="doc">
```

```
10  <!--start of hd-->
11  <div id="hd">
12          ...
13  </div>
14  <!--end of hd-->
15  <!--start of bd-->
16  <div id="bd" class="cf">
17          <div class="fl w712">
18                  ...
19          </div>
20          <div class="fr w267">
21                  ...
22          </div>
23  </div>
24  <!--end of bd-->
25  <!--start of ft-->
26  <div id="ft">
27          ...
28  </div>
29  <!--end of ft-->
30  </div>
31  </body>
32  </html>
```

第01行是页面的<!DOCTYPE>声明。第03~07行是html头部元素。第02行和第32行是页面的一对html标签，对应图7.10中的html{}。第08行和第31行是页面的一对body标签，对应图7.10中body{}。第09行和第30行是页面最外层容器，对应图7.10中#doc{}。第11~13行是页面头部，对应图7.10中#hd{}。第16~23行是页面主体内容，对应图7.10中#bd{}。第26~28行是页脚，对应图7.10中#ft{}。第17~19行是左侧最外层容器，对应图7.10中.fl{}，第20~22行是右侧最外层容器，对应图7.10中.fr{}。

7.3.7　内页XHTML代码总览

前面对内页各个模块的XHTML代码进行了逐一编写，如图7.11所示是这些模块组成的内页的XHTML框架图，说明了层的嵌套关系。

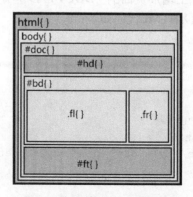

图7.11　内页的XHTML框架图

在这些XHTML代码的基础上增加页面的<!DOCTYPE>声明及html头部元素，就是内页的完整XHTML代码。完整的内页的XHTML代码如下：

代码7-8

```
01 <!DOCTYPE HTML>
02 <html>
03 <head>
04      <meta charset="utf-8">
05      <title>驻京办介绍</title>
06      <link href="css/style.css" rel="stylesheet" type="text/css" />
07 </head>
08 <body>
09 <div id="doc">
10 <!--start of hd-->
11 <div id="hd">
12      ...
13 </div>
14 <!--end of hd-->
15 <!--start of bd-->
16 <div id="bd" class="cf">
17      <div class="fl w712">
18          ...
19      </div>
20      <div class="fr w267">
21          ...
22      </div>
23 </div>
24 <!--end of bd-->
25 <!--start of ft-->
26 <div id="ft">
27      ...
28 </div>
29 <!--end of ft-->
30 </div>
31 </body>
32 </html>
```

第01行是页面的<!DOCTYPE>声明。第03~07行是html头部元素。第02行和第32行是页面的一对html标签，对应图7.11中html{}。第08行和第31行是页面的一对body标签，对应图7.11中body{}。第09行和第30行是页面最外层容器，对应图7.11中#doc{}。第11~13行是页面头部，对应图7.11中#hd{}。第16~23行是页面主体内容，对应图7.11中#bd{}。第26~28行是页脚，对应图7.11中#ft{}。第17~19行是左侧最外层容器，对应图7.11中.fl{}，第20~22行是右侧最外层容器，对应图7.11中.fr{}。

7.4 CSS编写

本节主要讲解电子政务网站的CSS编写，包括页面头部和页脚、首页和内页的CSS编写。

7.4.1 页面公共部分的CSS编写

页面公共部分包括CSS重置、页面中公用字体、字体颜色的样式，以及页面头部和页脚。CSS重置代码、页面公用样式的CSS代码编写如下：

代码7-9

```
01  /*css reset*/
02  body,div,dl,dt,dd,ul,ol,li,h1,h2,h3,h4,h5,h6,pre,code,form,fieldset,leg
end,input,button,textarea,
    p,blockquote,th,td{margin:0; padding:0;}/*以上元素的内外边距都设置为0*/
03  …
04  *.cf{zoom:1;} /* IE 6/7浏览器 (触发hasLayout) */
05  /*global css*/
06  body{font-family:"宋体";font-size:12px;color:#333;line-
height:20px;background:#fff;}
07  a{color:#333;}
08  .arial{font-family:Arial;}
09  h2,h3{font-size:12px;}
10  .border{border:1px solid #ccc;}
11  .borderRig{border-right:1px solid #DFDFDF;}
12  .borderLeft{border-left:1px solid #fff;}
13  .w72{width:72px;}
14  .w113{width:113px;}
15  .w235{width:235px;}
16  .w348{width:348px;}
17  .w712{width:712px;}
18  .w267{width:267px;}
19  .mb8{margin-bottom:8px;}
20  .mb10{margin-bottom:10px;}
21  .fl{float:left;display:inline;}
22  .fr{float:right;display:inline;}
23  .cl{clear:both;}
24  .dotGap li{border-bottom:1px dotted #CCC;}
25  .dotIco li{background:url("../images/ico_dot.gif") no-repeat left
center;padding:0 0 0 5px;}
26  .crossIco li{background:url("../images/ico_cross.gif") no-repeat left
center;padding:0 0 0 15px;}
27  /*lists of texts*/
28  .txtList{margin-left:10px;margin-right:10px;}
29  .txtList .noBorder{border-bottom:0 none;}
```

```
30  /*lists of pictures*/
31  .picList li{text-align:center;}
32  .picList img{display:block;overflow:hidden;}
33  /*all head*/
34  .head-1{background:url("../images/bg_x_imgs.png") repeat-x 0
0;height:33px;line-height:33px;overflow:hidden;color:#940607;}
35  .head-1 .more{float:right;color:#940607;padding:0 10px 0 0;}
36  .head-1 h2{border-left:2px solid #C80000;padding:0 0 0
12px;height:16px;line-height:16px;margin:9px 0 0 10px;}
37  .head-2{background:url("../images/bg_x_imgs.png") repeat-x 0
-33px;height:42px;line-height:33px;overflow:hidden;color:#fff;}
38  .head-2 .more{float:right;color:#E12E25;padding:0 10px 0 0;}
39  .head-2 h2{background:url("../images/h_bg_imgs.png") no-repeat 0
0;height:40px;margin:2px 0 0 15px;text-align:center;}
40  .head-2 .w113{background-position:0 -59px;}
41  .head-3{height:33px;line-height:33px;overflow:hidden;color:#E12E25;}
42  .head-3 .more{float:right;color:#E12E25;padding:0 10px 0 0;}
43  .head-3 h2{border-left:2px solid #C80000;padding:0 0 0
12px;height:16px;line-height:16px;margin:9px 0 0 10px;}
44  /*common of right*/
45  .sideBanner img{display:block;overflow:hidden;margin:0 auto;}
46  .interest h3 a{color:#E12E25;font-weight:normal;}
47  .interest .picList{padding:0 0 0 5px;}
48  .interest .picList li{margin:0 4px;}
49  .organization .city{height:184px;}
50  .organization .city img{margin:10px 0 0 20px;width:100px;}
51  .organization .friendLink{text-align:center;height:30px;}
52  .organization .friendLink select{color:#666;}
```

第01~04行是CSS重置代码，与前几章相同。第05~52行是公用CSS代码。其中第06~26行是网站公用字体、宽度定义、图标等的样式，第28~29行是所有ul文字链接列表提炼的公用样式，第31~32行是所有ul图片链接列表提炼的公用样式，第34~43行是所有模块标题的公用样式，第45~52行是右侧模块样式。

7.4.2 页面框架的CSS编写

前面分析了页面的布局图并且编写了页面框架的**XHTML**代码，根据这两部分编写页面框架的CSS代码如下：

代码7-10

```
01  #doc{width:1004px;margin:0 auto;line-height:30px;}
02  #hd{background:url("../images/navBg.png") no-repeat left
bottom;height:287px;font-weight:bold;}
03  #bd{width:987px;margin:0 auto;}
04  #ft{color:#767676;border-top:3px solid #C11012;margin:10px 0 0;}
```

第01行是页面最外层容器的样式，定义了页面内容的宽度、在屏幕中水平居中显示以及页面元素行高。第02行是页面头部的最外层容器样式，定义了头部的背景图、头部高度以及头部字体加粗显示。第03行是首页的主体内容的最外层容器的样式，定义了主体内容的宽度并使主体内容相对于父容器水平居中显示。第04行是页脚最外层容器的样式，分别定义了文字颜色、容器上边框以及上下左右外边距。

7.4.3 页面头部和页脚的CSS编写

前面分析了页面头部并且编写了页面头部的XHTML代码，页面头部的CSS代码如下：

代码7-11

```
01  #hd{background:url("../images/navBg.png") no-repeat left
bottom;height:287px;font-weight:bold;}
02  #hd img{display:block;overflow:hidden}
03  #hd a{color:#fff;}
04  #hd a:hover{color:#FFF707;}
05  #hd .nav{height:59px;color:#fff;line-height:28px;margin:0 0 5px;}
06  #hd .nav a{margin:0 28px;font-size:14px;}
07  #hd .nav .wordGap{word-spacing:37px;}
08  #hd marquee{color:#940607;font-size:20px;}
```

第01行是页面头部最外层容器的样式。第02行是网站头部banner的样式，通过display:block和overflow:hidden将图片从行内元素转变成块元素，并去掉了图片下面的空白间距。第07行通过word-spacing:37px修改导航"首页"的字间距离，使之与导航中的其他文字链接对齐。第08行是滚动文字的样式，设置了文字的颜色和大小。

前面分析了页脚并且编写了页脚的XHTML代码，页脚的CSS代码如下：

代码7-12

```
01  #ft{color:#767676;border-top:3px solid #C11012;margin:10px 0 0;}
02  #ft a{color:#767676;}
03  #ft img{vertical-align:middle;}
04  #ft .img{border-bottom:1px solid #ccc;padding:10px 0;}
05  #ft .img a{margin:0 5px;}
06  #ft .copyRight{text-align:center;line-height:22px;padding:10px 0;}
```

第01行是页脚最外层容器的样式，第03行通过设置vertical-align:middle将图片列表中的图片放置在父元素.img的中部。

7.4.4 首页主体内容的CSS编写

根据对首页主体内容的分析和首页主体内容的XHTML代码，编写首页主体内容的CSS代码如下：

代码7-13

```
01  .trends{background:#FAFAFA;padding:0 0 8px;}
02  .trends img{float:left;padding:1px;border:1px solid #ccc;margin:0
10px;display:inline;}
03  .trends .txtList{margin-left:378px;border-left:1px dotted
#ccc;padding:0 0 0 10px;}
04  .trends .head-1{margin:0 0 8px;}
05  .special{border:1px solid #F58827;background:#FAF2E6;height:153px;}
06  .special h2{float:left;font-size:14px;background:#E43401;width:30px;height:138px;color:#fff;text-align:center;padding:15px 0 0;}
```

```
07  .special .more{text-align:right;padding:0 10px 0 0; }
08  .special .more a{color:#E12E25;}
09  .special .scroll{overflow:hidden;width:660px;margin:0 auto;}
10  .special .picList{width:1000px;}
11  .special .picList li{margin:0 20px 0 0;}
12  .gatherNews{background:url("../images/gatherNewsBg.gif") repeat-x 0 0
#fff;}
```

第01~04行是政府动态的样式，其中第02行通过float:left将图片置于左侧，并通过
display:inline解决了图片在IE 6下双边距问题。第05~11行是专题报道的样式，其中第06行通过
float:left将标题置于左侧，第09行通过"overflow:hidden;width:660px;"限制了滚动图片列表最外
层容器的宽度。第12行是教育实践活动、招商引资及服务指南三个模块最外层容器的样式。

7.4.5 内页主体内容的CSS编写

根据对内页主体内容的分析和内页XHTML代码，编写内页主体内容的CSS代码如下：

代码7-14

```
01  .introduce{background:#FAFAFA;padding:0 0 186px;}
02  .introduce .head-1{margin:0 0 50px 0;}
03  .introduce .head-1 h2{font-size:14px;}
04  .introduce p{font-size:18px;text-indent:2em;margin:20px 80px 0;}
```

第01~04行是内页中京办介绍模块的样式。其中第04行通过text-indent:2em将每段文字设
置为向右缩进两个汉字。

7.4.6 网站CSS代码总览

前面讲解了页面头部、页脚、页面主体内容、CSS重置和页面公用的CSS代码，这些代
码共同组成了网站页面的完整CSS代码，如代码7-15所示。

代码7-15

```
01  @charset "utf-8";
02  /*css reset*/
03  …
04  /*global css*/
05  …
06  /*module css*/
07  /*index.html*/
08  .trends{background:#FAFAFA;padding:0 0 8px;}
09  .trends img{float:left;padding:1px;border:1px solid #ccc;margin:0
10px;display:inline;}
10  …
11  /*page.html*/
12  .introduce{background:#FAFAFA;padding:0 0 186px;}
13  .introduce .head-1{margin:0 0 50px 0;}
14  …
```

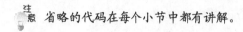

 省略的代码在每个小节中都有讲解。

7.5 制作中需要注意的问题

7.5.1 marquee标签

文字滚动一般用的是这个标签，标签里面是需要滚动的文字内容。这个标签有下面几个属性：

- direction 表示滚动的方向，值可以是left、right、up、down，默认为left。
- behavior 表示滚动的方式，值可以是scroll（连续滚动）、slide（滑动一次）、alternate（来回滚动）。
- loop 表示循环的次数，值是正整数，默认为无限循环。
- scrollamount 表示运动速度，值是正整数，默认为6。
- scrolldelay 表示停顿时间，值是正整数，默认为0，单位是ms。
- valign 表示元素的垂直对齐方式，值可以是top、middle、bottom，默认为middle。
- align 表示元素的水平对齐方式，值可以是left、center、right，默认为left。
- bgcolor 表示运动区域的背景色，值是16进制的RGB颜色，默认为白色。
- height、width 表示运动区域的高度和宽度，值是正整数（单位是px）或百分数，默认width=100%，height为标签内元素的高度。
- hspace、vspace 表示元素到区域边界的水平距离和垂直距离，值是正整数，单位是px。

需要说明的是，<marquee>并不是一个标准的HTML标签。如果把带有<marquee>的网页提交到W3C万维网标准化组织（http://validator.w3.org/）去认证的话，会报语法错误。<marquee>最开始专用于IE浏览器，后来火狐浏览器和谷歌浏览器也支持<marquee>标签。

如果要符合W3C标准需要使用UL标签配合JavaScript脚本实现。

7.5.2 word-spacing

word-spacing用于修改字间距。这里的"字"，简单地说，可以是任何非空白字符组成的串，并由某种空白符包围。所以象形文字是无法指定字间隔的。除非字之间有空格。因此，这个属性主要是针对英文单词的，要使其对中文起作用，需要在中文之间加空格。可能设计者认为两词之间没空格就是一个词，比如"helloworld，你好"。

搜索资讯网站

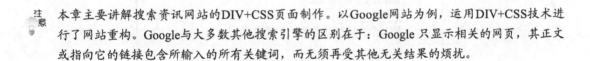
第 8 章

随着互联网的发展，网上可以搜寻的网页变得愈来愈多，搜索资讯类网站的使用也越来越频繁。搜索资讯类网站能根据网络自身结构，清理混沌信息，缜密组织资源。百度和谷歌等是搜索资讯网站的代表。

本章主要涉及到的知识点如下。

- 搜索资讯网站效果图分析：将页面拆分，对每个模块进行分析。
- 网站布局规划和切图：对网站页面进行布局规划和切图，并导出图片。
- XHTML编写：XHTML框架搭建；网站公共模块的XHTML编写；各页面主体内容的XHTML编写。
- CSS编写：网站公用样式的编写；网站公共模块的CSS编写；网站框架的CSS编写；各页面主体内容的CSS编写。
- 制作中的注意事项。

注意 本章主要讲解搜索资讯网站的DIV+CSS页面制作。以Google网站为例，运用DIV+CSS技术进行了网站重构。Google与大多数其他搜索引擎的区别在于：Google只显示相关的网页，其正文或指向它的链接包含所输入的所有关键词，而无须再受其他无关结果的烦扰。

8.1 页面效果图分析

本节主要对网站效果图进行分析，包括页面头部和页脚分析、首页主体内容分析和内页主体内容分析。图8.1和图8.2分别是截取Google首页和搜索页的页面图。

图8.1 Google首页

图8.2 搜索页

8.1.1 头部和页脚分析

页面的头部，如图8.3所示，包括导航1和导航2，分别对应图中①②。

页面头部的导航都是文字或图片组成的链接。在布局上，导航1和导航2分别位于页面头部的左右两边。

图8.3 页面头部

网站首页的页脚，如图8.4所示，由导航1和导航2组成，分别对应图中①②。在布局上，导航1和导航2分别位于页脚的左右两边。这两个部分都是文字组成的链接。

图8.4 首页的页脚

搜索页的页脚，如图8.5所示，也是一个由几个文字链接组成的导航。

帮助　　发送反馈　　隐私权和使用条款

图8.5 搜索页的页脚

8.1.2 首页主体内容分析

首页的主体内容如图8.6所示，包括网站标志、搜索表单和一段说明文字，分别对应图中的①②③。

图8.6 首页的主体内容

网站标志由两个部分组成。包括标志的图片和标志的文字。表单包括一个搜索框和两个按钮。说明文字中包含两个链接。首页主体内容的三个模块自上而下顺序排列，是CSS正常文档流。

8.1.3 内页主体内容分析

内页的主体内容如图8.7所示，包括搜索表单、导航、搜索结果、搜索内容列表和页码，分别对应图中①②③④⑤。

内页表单由标志、搜索框和搜索按钮组成。导航由若干文字链接组成。搜索结果是一段灰色的文字。搜索内容列表由若干个相似的模块组成。每个模块包括搜索结果的标题、来源链接地址和摘要。其中标题是有链接的文字，单击后跳转到相应的网页可以看到详细内容。页码由若干数字组成的链接列表。内页主体内容的5个模块自上而下顺序排列，是CSS正常文档流。

图8.7 内页的主体内容

布局规划及切图

本节将主要介绍Google网站的页面布局规划、页面图片切割并导出图片。这些工作是制作本章案例前的必要步骤。

8.2.1 页面布局规划

根据前面对网站效果图的分析，为了后面写出清晰简洁的XHTML代码，对页面的整体结构进行了提炼，得到了页面的大致布局图，如图8.8所示是首页和内页的页面布局图。

图8.8 页面布局图

8.2.2 切割首页及导出图片

首页需要切割的图片有网站标志logo.png、两个搜索按钮btn01.png和btn02.png、网站头部小图标ico.png和ico-open.png、网站头部右侧导航分隔线line.png。

如图8.9所示是首页在Photoshop中的所有切片。

图8.9 首页在Photoshop中的所有切片

8.2.3 切割内页及导出图片

内页需要切割的图片有表单中使用的网站标志ico_imgs.png、表单中的搜索按钮zoom.png、导航中的"更多"链接在鼠标移上去后使用的小图标ico-open-hover.png、导航中的"搜索工具"在鼠标移上去后使用的背景图片tool.png、页码用到的背景图片pagination.png。

如图8.10所示是内页在Photoshop中的所有切片。

图8.10 内页在Photoshop中的所有切片

8.3 XHTML编写

本节将详细讲解页面头部和页脚、页面公共部分、页面框架和每个页面的XHTML代码的编写。语义和结构良好的XHTML代码不仅在制作网站时省时省力,更有利于提高网站排名,因此XHTML的编写虽然简单但很重要。

8.3.1 页面XHTML框架搭建

首页和内页的XHTML框架相同，包括三部分：头部、主体内容和页脚，id分别为hd、bd和ft。XHTML框架的代码编写如下：

代码8-1

```
01        <!--start of hd-->
02        <div id="hd" class="cf"></div>
03        <!--end of hd-->
04        <!--start of bd-->
05        <div id="bd"></div>
06        <!--end of bd-->
07        <!--start of ft-->
08        <div id="ft"></div>
09        <!--end of ft-->
```

第02行是页面头部，第05行是页面主体内容，第08行是页脚。其他行代码是注释。

8.3.2 页面头部和页脚的XHTML编写

根据前面对页面头部的分析，导航部分的文字链接由若干a标签组成，其中左侧导航中的"更多"链接后面有小图标，因此在包含"更多"的a标签中增加样式属性，右侧导航的"设置"链接中没有文字，是一个背景图片。

编写头部的XHTML代码如下：

代码8-2

```
01 <div id="hd" class="cf">
02      <div class="login-set fr"><a href="#" class="set"></a><a href="#"
class="login">登录</a></div>
03      <div class="topNav"><a href="#">+你</a><a href="#"
class="current">搜索</a><a href="#">图片</a><a href="#">地图</a><a
href="#">Play</a><a href="#">TouTube</a><a href="#">新闻</a><a href="#">Gmail</
a><a href="#" class="icoOpen">更多</a></div>
04 </div>
```

第01行和第04行是头部的最外层容器标签，第02行是头部右侧导航，第03行是头部左侧导航。

根据前面对首页页脚的分析，编写首页页脚的XHTML代码如下：

```
01 <div id="ft">
02      <span class="fr"><a href="#"><strong>新的</strong>隐私权政策和条款</
a><a href="#">设置</a><a href="#">Google.com</a></span>
03      <span><a href="#">广告</a><a href="#">商务</a><a href="#">Google
大全</a></span>
04 </div>
```

第01行和第04行是页脚的最外层容器标签，第02行是页脚的右侧导航，第03行是页脚的左侧导航。

根据前面对内页页脚的分析，编写内页页脚的XHTML代码如下：

```
01 <div id="ft">
02      <span><a href="#">帮助</a><a href="#">发送反馈</a><a href="#">隐私权
和使用条款</a></span>
03 </div>
```

第01行和第03行是页脚最外层容器的标签，第02行是三个a标签组成的文字链接列表。

8.3.3 页面公共部分的XHTML编写

在本章案例中，页面的公共部分只有页面头部，如图8.11所示。页面头部的XHTML代码在前面已经讲过了，这里不再赘述。

图8.11 网站所有页面的公共部分

8.3.4 首页主体内容的XHTML编写

根据前面对首页的主体内容的分析，编写首页主体内容的XHTML代码如下：

代码8-3

```
01  <div id="bd">
02      <h1 class="logo"><span>谷歌</span></h1>
03      <form name="form" method="post" action="">
04          <input type="text" name="search" class="searchBox w569" />
05          <div class="btn"><input type="submit" name="btnK"
class="searchBtn01" value="Google 搜索" /><input type="submit" name="btnI"
class="searchBtn02" value="手气不错" /></div>
06      </form>
07      <p>Google.com.hk 使用下列语言： <a href="#">中文（繁体）</a> <a
href="#">English
</a></p>
08  </div>
```

第01行和第08行是首页主体内容的最外层容器#bd。第02行是网站标志。第03~06行是表单，其中第03行和第06行是表单标签form，<form>标签用于为用户输入创建 HTML 表单。在页面需要向服务器传输数据的模块中都需要使用表单标签来包裹表单元素。第07行是说明文字。

8.3.5 内页主体内容的XHTML编写

根据前面对内页主体内容的分析，编写内页主体内容的XHTML代码如下：

代码8-4

```
01  <div id="bd">
02      <div class="head">
03          <h1 class="logo-search"><a href="index.html" title="Google
首页">谷歌</a></h1>
04          <form name="form" method="post" action="">
05              <input type="text" name="search" class="searchBox
w569" id="searchBox" /><input type="submit" name="btnG" class="searchBtn03"
value="Google 搜索" />
06          </form>
07      </div>
08      <div class="bdNav"><a href="#" class="current">网页</
a><a href="#">图片</a><a href="#">地图</a><a href="#">新闻</a><a href="#"
class="icoOpen">更多</a><a href="#" class="tool">搜索工具</a></div>
09      <div class="result">找到约3,770,000,000条结果（用时0.16秒）</div>
10      <dl>
11          <dt><a href="#" target="_blank"><em>城市</em> 百度百科</a></dt>
12          <dd><cite>baike.baidu.com/view/17820.htm</cite><a href="#"
class="spread"></a> </dd>
13          <dd><em>城市</em>：地理学的名词<em>城市</em>：2010年上海世博
会歌曲<em>城市</em>：苏打绿歌曲<em>城市</em>：张悬歌曲<em>城市</em>：清华大学出版社出
版图书<em>城市</em>：北京电视台财经频道电视节目<em>城市</em>：杂志名<em>城市</em>：
 <b>...</b></dd>
14      </dl>
15      ...
16      <dl>
```

```
17                    <dt><em>城市</em>的相关搜索</dt>
18                    <dd class="col">
19                            <p><a href="#">城市猎人</a></p>
20                            <p><a href="#">城市达人</a></p>
21                            <p><a href="#">城市张悬</a></p>
22                            <p><a href="#">城市画报</a></p>
23                            <p><a href="#">城市 杂志</a></p>
24                    </dd>
25                    <dd class="col">
26                            <p><a href="#">城市图片</a></p>
27                            <p><a href="#">模拟城市</a></p>
28                            <p><a href="#">城市猎人国语版</a></p>
29                            <p><a href="#">城市猎人韩剧</a></p>
30                            <p><a href="#">中国城市化</a></p>
31                    </dd>
32            </dl>
33            <div class="pagination">
34                    <table>
35                            <tr>
36                                    <td><span class="prev"></span></td>
37                                    <td><span class="cur"></span><strong>1</
strong></td>
38                                    <td><a href="#"><span></span>2</a></td>
39                                    <td><a href="#"><span></span>3</a></td>
40                                    <td><a href="#"><span></span>4</a></td>
41                                    <td><a href="#"><span></span>5</a></td>
42                                    <td><a href="#"><span></span>6</a></td>
43                                    <td><a href="#"><span></span>7</a></td>
44                                    <td><a href="#"><span></span>8</a></td>
45                                    <td><a href="#"><span></span>9</a></td>
46                                    <td><a href="#"><span></span>10</a></td>
47                                    <td><a href="#" class="underline"><span
class="next"></span><strong>下一页</strong></a></td>
48                            </tr>
49                    </table>
50            </div>
51 </div>
```

第01行和第51行是内页主体内容最外层容器#bd。第02~07行是内页搜索表单。其中第02行和第07行是搜索表单的最外层容器，第03行是搜索表单中的网站标志，第04行和第06行是搜索表单标签form，第05行是搜索表单中的搜索框和搜索按钮，搜索框用input标签，type属性是text，搜索按钮用input标签，type属性是submit。第08行是内页导航，由6个a标签组成的文字链接。第09行是搜索结果。第10~32行是搜索内容列表，其中第10~14行是这些列表中的其中一个模块，搜索内容列表由若干个这样的模块组成。第16~32行是搜索列表中最后一项"相关搜索"。第33~50行是页码，其中第36行是上一页，第47行是下一页。页码部分用table表格标签包含若干td标签组成。

8.3.6 首页XHTML代码总览

前面对网站首页各个模块的XHTML代码进行了逐一编写，如图8.12所示是这些模块组成的首页的XHTML框架图，说明了层的嵌套关系。

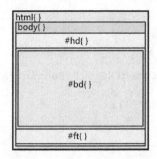

图8.12 首页XHTML框架图

在这些XHTML代码的基础上增加页面的<!DOCTYPE>声明及html头部元素，就是首页的完整XHTML代码。完整的首页XHTML代码如下：

代码8-5

```
01  <!DOCTYPE HTML>
02  <html>
03  <head>
04      <meta charset="utf-8">
05      <title>首页</title>
06      <link href="css/style.css" rel="stylesheet" type="text/css" />
07  </head>
08  <body class="index">
09  <!--start of hd-->
10  <div id="hd" class="cf">
11      <div class="login-set fr"><a href="#" class="set"></a><a href="#"
class="login">登录</a></div>
12      <div class="topNav"><a href="#">+你</a><a href="#"
class="current">搜索</a><a href="#">图片</a><a href="#">地图</a><a
href="#">Play</a><a href="#">TouTube</a><a href="#">新闻</a><a href="#">Gmail</
a><a href="#" class="icoOpen">更多</a></div>
13  </div>
14  <!--end of hd-->
15  <!--start of bd-->
16  <div id="bd">
17      <h1 class="logo"><span>谷歌</span></h1>
18      <form name="form" method="post" action="">
19          <input type="text" name="search" class="searchBox w569" />
20          <div class="btn"><input type="submit" name="btnK"
class="searchBtn01" value="Google 搜索" /><input type="submit" name="btnI"
class="searchBtn02" value="手气不错" /></div>
21      </form>
22      <p>Google.com.hk 使用下列语言： <a href="#">中文（繁體）</a> <a
href="#">English</a></p>
23  </div>
24  <!--end of bd-->
25  <!--start of ft-->
26  <div id="ft">
27      <span class="fr"><a href="#"><strong>新的</strong>隐私权政策和条款</
a><a href="#">设置</a><a href="#">Google.com</a></span>
28      <span><a href="#">广告</a><a href="#">商务</a><a href="#">Google
大全</a></span>
```

```
29  </div>
30  <!--end of ft-->
31  </body>
32  <!--[if IE 6]>
33  <script src="js/DD_belatedPNG_0.0.8a-min.js"></script>
34  <script>
35      DD_belatedPNG.fix('*');
36  </script>
37  <![endif]-->
38  </html>
```

第01行是页面的<!DOCTYPE>声明。第03~07行是html头部元素。第02行和第38行是页面的一对html标签，对应图8.12中html{}。第08行和第31行是页面的一对body标签，对应图8.12中body{}。第10~13行是页面头部，对应图8.12中#hd{}。第16~23行是页面主体内容，对应图8.12中#bd{}。第26~29行是页脚，对应图8.12中#ft{}。第32~37行是页面加载的JavaScript文件DD_belatedPNG_0.0.8a-min.js。在IE 6下，PNG24的透明或半透明图片不能在浏览器中正常显示，这个js文件是一个插件，用于解决IE 6下的这个问题。其中，第32行和第37行的<!--[if IE 6]>…<![endif]-->代码，是条件注释，被它包裹的代码仅IE 6可识别。

8.3.7 内页XHTML代码总览

前面对内页各个模块的XHTML代码进行了逐一编写，如图8.13所示是这些模块组成的内页的XHTML框架图，说明了层的嵌套关系。

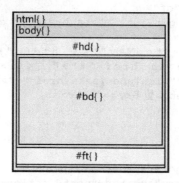

图8.13 内页的XHTML框架图

在这些XHTML代码的基础上增加页面的<!DOCTYPE>声明及html头部元素，就是内页的完整XHTML代码。完整的内页的XHTML代码如下：

代码8-6

```
01  <!DOCTYPE HTML>
02  <html>
03  <head>
04      <meta charset="utf-8">
05      <title>驻京办介绍</title>
06      <link href="css/style.css" rel="stylesheet" type="text/css" />
07  </head>
08  <body class="page">
09  <!--start of hd-->
```

```
10  <div id="hd" class="cf">
11      <div class="login-set fr"><a href="#" class="set"></a><a href="#"
class="login">登录</a></div>
12      <div class="topNav"><a href="#">+你</a><a href="#"
class="current">搜索</a><a href="#">图片</a><a href="#">地图</a><a
href="#">Play</a><a href="#">TouTube</a><a href="#">新闻</a><a href="#">Gmail</
a><a href="#" class="icoOpen">更多</a></div>
13  </div>
14  <!--end of hd-->
15  <!--start of bd-->
16  <div id="bd">
17      <div class="head">
18          <h1 class="logo-search"><a href="index.html" title="Google
首页">谷歌</a></h1>
19          <form name="form" method="post" action="">
20              <input type="text" name="search" class="searchBox
w569" id="searchBox" /><input type="submit" name="btnG" class="searchBtn03"
value="Google 搜索" />
21          </form>
22      </div>
23      <div class="bdNav"><a href="#" class="current">网页</
a><a href="#">图片</a><a href="#">地图</a><a href="#">新闻</a><a href="#"
class="icoOpen">更多</a><a href="#" class="tool">搜索工具</a></div>
24      <div class="result">找到约3,770,000,000条结果（用时0.16秒）</div>
25      <dl>
26          <dt><a href="#" target="_blank"><em>城市</em> 百度百科</a></
dt>
27          <dd><cite>baike.baidu.com/view/17820.htm</cite><a href="#"
class="spread"></a> </dd>
28          <dd><em>城市</em>：地理学的名词<em>城市</em>：2010年上海世博
会歌曲<em>城市</em>：苏打绿歌曲<em>城市</em>：张悬歌曲<em>城市</em>：清华大学出版社出
版图书<em>城市</em>：北京电视台财经频道电视节目<em>城市</em>：杂志名<em>城市</em>：
 <b>...</b></dd>
29      </dl>
30      ...
31      <dl>
32          <dt><em>城市</em>的相关搜索</dt>
33          <dd class="col">
34              <p><a href="#">城市猎人</a></p>
35              ...
36          </dd>
37          <dd class="col">
38              <p><a href="#">城市图片</a></p>
39              ...
40          </dd>
41      </dl>
42      <div class="pagination">
43          <table>
44              <tr>
45                  <td><span class="prev"></span></td>
46                  <td><span class="cur"></span><strong>1</
strong></td>
47                  <td><a href="#"><span></span>2</a></td>
48                  ...
49                  <td><a href="#"><span></span>10</a></td>
```

```
50                          <td><a href="#" class="underline"><span
class="next"></span>
   <strong>下一页</strong></a></td>
51                         </tr>
52               </table>
53          </div>
54  </div>
55  <!--end of bd-->
56  <!--start of ft-->
57  <div id="ft">
58          <span><a href="#">帮助</a><a href="#">发送反馈</a><a href="#">隐私权
和使用条款</a></span>
59  </div>
60  <!--end of ft-->
61  </body>
62  <!--[if IE 6]>
63  <script src="js/DD_belatedPNG_0.0.8a-min.js"></script>
64  <script>
65          DD_belatedPNG.fix('*');
66  </script>
67  <![endif]-->
68  </html>
```

第01行是页面的<!DOCTYPE>声明。第03~07行是html头部元素。第02行和第68行是页面的一对html标签,对应图8.13中html{}。第08行和第61行是页面的一对body标签,对应图8.13中body{}。第10~13行是页面头部,对应图8.13中#hd{}。第16~54行是页面主体内容,对应图中#bd{}。第57~59行是页脚,对应图8.13中#ft{}。第62~67行是页面加载的JavaScript文件DD_belatedPNG_0.0.8a-min.js。与首页一样,用于解决IE 6下PNG24格式的透明或半透明图片不能在浏览器中正常显示的问题。

8.4 CSS编写

本节主要讲解搜索资讯网站的CSS编写,包括页面头部和页脚、首页和内页的CSS编写。

8.4.1 页面公共部分的CSS编写

页面公共部分包括CSS重置、页面中公用字体、字体颜色的样式,以及页面头部。CSS重置代码、页面公用样式的CSS代码编写如下:

代码8-7

```
01  /*css reset*/
02  body,div,dl,dt,dd,ul,ol,li,h1,h2,h3,h4,h5,h6,pre,code,form,fieldset,leg
end,input,button,textarea,p,blockquote,th,td{margin:0; padding:0;}/*以上元素的内
外边距都设置为0*/
```

```
03  …
04  *.cf{zoom:1;} /* IE 6/7浏览器 (触发hasLayout) */
05  /*global css*/
06  html,body{width:100%;height:100%;}
07  body{font-family:Arial;font-size:13px;color:#222;line-
    height:20px;background:#fff;}
08  a{color:#333;}
09  a:hover{color:#333;}
10  .fl{float:left;display:inline;}
11  .fr{float:right;display:inline;}
12  .cl{clear:both;}
13  input,label{vertical-align:middle;}
14  .w569{width:569px;}
15  #bd a{color:#1122CC;}
16  #bd .searchBox{padding:5px;border:1px solid #D9D9D9;border-top:1px
    solid #C0C0C0;font-size:14px;}
```

第01~04行是CSS重置代码，与前几章相同。第05~16行是公用CSS代码。其中第06行通过设置html和body元素的高度为100%，使页脚#ft在绝对定位后能在页面底部显示。第13行通过设置input和label标签的vertical-align属性为middle，实现了input和label水平方向中线对齐。第15~16行是主体内容#bd在首页和内页提炼出的公共样式，包括主体内容部分链接的颜色和搜索文本框的样式。

8.4.2 页面框架的CSS编写

前面分析了页面的布局图并且编写了页面框架的XHTML代码，根据这两部分编写页面框架的CSS代码如下：

```
01  #hd{height:30px;line-height:30px;background-color:#2D2D2D;}
02  #ft{background:#F2F2F2;border-top:1px solid #E4E4E4;width:100%;height:
    40px;line-height:40px;}
```

第01行是页面头部最外层的容器样式，定义了头部的背景颜色、头部高度以及头部元素的行高。第02行是页脚最外层容器的样式，分别定义了页脚背景颜色、容器上边框、宽度、页脚高度以及页脚元素的行高。

8.4.3 页面头部和页脚的CSS编写

前面分析了页面头部并且编写了页面头部的XHTML代码，页面头部的CSS代码如下：

代码8-8

```
01  #hd{height:30px;line-height:30px;background-color:#2D2D2D;}
02  #hd a{color:#ccc;}
03  #hd a:hover{text-decoration:none;}
04  #hd .topNav{height:30px;overflow:hidden;}
05  #hd .topNav a{display:inline-block; *display:inline;
    *zoom:1;height:30px;line-height:30px;padding:0 7px;vertical-align:top;}
06  #hd .topNav a:hover{background-color:#4C4C4C;}
07  #hd .topNav a.current{color:#fff;font-weight:bold;border-top:2px solid
    #DD4B39;height:28px;line-height:26px;}
```

```
08  #hd .topNav a.icoOpen{background:url("../images/ico-open.png") no-
repeat 38px 50%;padding-right:15px;}
09  #hd .topNav a.icoOpen:hover{background:url("../images/ico-open.png")
no-repeat 38px 50% #4C4C4C;}
10  #hd .login-set{width:100px;}
11  #hd .login-set a{float:right;display:inline;}
12  #hd a.login{font-weight:bold;background:url("../images/line.png") no-
repeat 100% 50%;padding:0 10px;margin:0 3px;}
13  #hd a.set{font-weight:bold;background:url("../images/ico.png") no-
repeat 50% 50%;width:16px;height:17px;margin:7px 10px 0 0;}
```

第01行是页面头部的最外层样式。第02~03行定义了头部链接的样式。其中第03行通过text-decoration:none实现了鼠标移上去后链接没有下划线的效果。第04~09行是页面头部左侧导航的样式。其中第05行通过display:inline-block将左侧导航中的a标签由行内元素转换成类似块元素。类似块元素具有与块元素相同的某些属性，比如可以定义宽度和高度，但是却可以像行内元素一样在一行内显示。display:inline-block不是所有浏览器都识别的，IE 6和IE 7不能识别。第05行的"*display:inline; *zoom:1;"这两句就是为了解决IE 6和IE 7不能识别display:inline-block问题的。通过display:inline将块元素设置为行内元素，然后通过zoom:1触发IE的HasLayout属性，使行内元素能够设置宽和高。第10~13行是头部右侧导航的样式。

前面分析了页脚并且编写了页脚的XHTML代码，首页页脚的CSS代码如下：

```
01  #ft{background:#F2F2F2;border-top:1px solid #E4E4E4;width:100%;height:
40px;line-height:40px;}
02  #ft strong{color:#B14436;font-weight:normal;}
03  #ft a{margin:0 18px;color:#666;}
04  .index #ft{position:absolute;bottom:0px;left:0px;}
```

第01行是页脚的最外层容器的样式。第03行是页脚链接的样式。第04行通过position:absolute将首页页脚设置为绝对定位，并通过"bottom:0px;left:0px;"将首页页脚精确定位于页面的底部。

前面分析了页脚并且编写了页脚的XHTML代码，内页页脚的CSS代码如下：

```
01  .page #ft span{margin:0 0 0 117px;}
```

第01行定义了内页页脚中span标签的样式。内页的页脚除了第01行外，还公用了首页页脚代码中的第01~03行。

8.4.4 首页主体内容的CSS编写

根据对首页主体内容的分析和首页主体内容的XHTML代码，编写首页主体内容的CSS代码如下：

代码8-9

```
01  .index{position:relative;}
02  .index #bd{width:570px;text-align:center;margin:0 auto;}
03  .index #bd a:hover{color:#1122CC;}
04  .index #bd .logo{background:url("../images/logo.png") no-repeat;width:
269px;height:95px;position:relative;margin:160px auto 0;}
05  .index #bd .logo span{position:absolute;right:18px;bottom:6px;color:#7
77;font-size:16px;}
```

```
06  .index #bd .searchBox{margin:25px auto 15px;}
07  .index #bd .btn{margin:0 0 45px 0;}
08  .index #bd .btn input{height:29px;color:#666;font-
size:12px;border:0;font-family:Arial;font-weight:bold;cursor:pointer;}
09  .index #bd .searchBtn01{background:url("../images/btn01.png") no-
repeat;width:86px;margin:0 16px 0 0;}
10  .index #bd .searchBtn02{background:url("../images/btn02.png") no-
repeat;width:76px;}
```

第01行通过position:relative将首页的body元素设置为相对定位，配合页脚的绝对定位，实现了页脚始终位于页面底部的布局。第04行通过position:relative将首页包含网站标志的h1元素设置为相对定位。第05行通过"position:absolute;right:18px;bottom:6px;"精确定位了h1中的span元素相对h1元素的位置，即实现了网站标志中"谷歌"二字相对网站标志图片的精确位置。第08行通过cursor:pointer实现在鼠标移上input元素时变成手形，给使用者带来了良好的用户体验。第09行和第10行分别是首页中"Google 搜索"和"手气不错"按钮的样式。

8.4.5 内页主体内容的CSS编写

根据对内页主体内容的分析和内页XHTML代码，编写内页主体内容的CSS代码如下：

代码8-10

```
01  .page #bd .head{height:71px;background:#F1F1F1;border-bottom:1px solid
#E5E5E5;overflow:hidden;}
02  .page #bd .head .logo-search{background:url("../images/ico_imgs.png")
no-repeat;width:90px;height:33px;float:left;margin:22px 18px 0;overflow:hidden;}
03  .page #bd .head .logo-search a{display:block;width:100%;height:100%;te
xt-indent:-999em;}
04  .page #bd .head .searchBox{margin:22px 0 0;}
05  .page #bd .head .searchBtn03{background:url("../images/zoom.png") no-
repeat;width:72px;height:29px;margin:22px 0 0 18px;border:0; text-indent:-
999em;cursor:pointer;}
06  .page #bd .bdNav{height:40px;border-bottom:1px solid #EBEBEB;padding:0
0 0 130px;}
07  .page #bd .bdNav a{display:inline-block; *display:inline;
*zoom:1;height:37px;line-height:40px;padding:0 15px;color:#777;margin:0 12px 0
0;}
08  .page #bd .bdNav a.icoOpen{background:url("../images/ico-open.png") no-
repeat 38px 50%;padding:0 15px 0 7px}
09  .page #bd .bdNav a.icoOpen:hover{background:url("../images/ico-open-
hover.png") no-repeat 38px 50%;}
10  .page #bd .bdNav a.tool:hover{background:url("../images/tool.png") no-
repeat 50% 5px;padding:0 15px;}
11  .page #bd .bdNav a:hover{color:#333;text-decoration:none;}
12  .page #bd .bdNav a.current{border-bottom:3px solid
#DD4B39;color:#DD4B39;font-weight:bold;}
13  .page #bd .result{color:#999;padding:8px 0 15px 135px;}
14  .page #bd dt a{font-size:16px;}
15  .page #bd dl{margin:0 0 25px 135px;width:512px;}
16  .page #bd dl em{color:#DD4B39;}
17  .page #bd dt{font-size:16px;line-height:16px;}
18  .page #bd dt a:hover{text-decoration:none;}
19  .page #bd cite,.page #bd cite a{color:#006621;font-size:14px;}
```

```
20 .page #bd .spread{background:url("../images/ico-spread.png") no-repeat
50% 50%;padding:2px 5px;margin:0 0 0 5px;}
21 .page #bd .col{display:inline-block;*display:inline;*zoom:1;margin:0
16px 0 0;}
22 .pagination{overflow:hidden;width:507px;margin:0 0 25px 135px;}
23 .pagination table{margin:10px auto 0;}
24 .pagination td{text-align:center;font-size:13px;}
25 .pagination  span{display:block;width:20px;height:40px;background:u
rl("../images/pagination.png") no-repeat -78px -8px;}
26 .pagination span.next{width:145px;height:40px;background:url("../
images/pagination.png") no-repeat -98px -8px;}
27 .pagination span.cur{width:20px;height:40px;background:url("../images/
pagination.png") no-repeat -59px -8px;}
28 .pagination .underline{text-decoration:underline;}
29 .pagination span.prev{width:40px;height:60px;background:url("../images/
pagination.png") no-repeat -19px -8px;}
```

第01~05行是搜索表单的样式。第06~12行是内页导航的样式。第13行是搜索结果的样式。第14~21行是搜索内容列表的样式。第22~29行是页码的样式。其中第03行通过display:block将a元素由行内元素转换成块元素，又通过text-indent:-999em使a中的文字不会显示到页面中。第05行中通过cursor:pointer实现在鼠标移上input元素时变成手形。第07行通过"display:inline-block; *display:inline; *zoom:1;"将a元素由行内元素转换成类似块元素，并通过"height:37px;"设置了a标签的高度。第25行通过display:block将span由行内元素转换成块元素，并通过"width:20px;height:40px;"设置span标签的宽和高。

8.4.6 网站CSS代码总览

前面讲解了页面头部、页脚、页面主体内容、CSS重置和页面公用的CSS代码，这些代码共同组成了网站页面的完整CSS代码，如代码8-11所示：

代码8-11

```
01 @charset "utf-8";
02 /*css reset*/
03 …
04 /*global css*/
05 …
06 /*module css*/
07 /*index.html*/
08 .index{position:relative;}
09 .index #bd{width:570px;text-align:center;margin:0 auto;}
10 …
11 /*page.html*/
12 .page #bd .head{ }
13 .page #bd .head .logo-search{ }
14 …
```

注意 省略的代码在每个小节中都有讲解。

8.5 制作中需要注意的问题

8.5.1 display:inline-block;的使用方法

在做导航条的时候，一般会用到ul-li结构，大多数时候我们是把li设置为浮动，让其并排显示在同一行。但是如果导航条中li的数目不确定，并且又需要导航中的文字在负面中居中显示时，用这种方法就不太方便了，因为每次修改导航中li的数量或文字时都需要调整ul或者第一个li标签的padding或者margin属性值。

还有一种方法就是设置li为"display:inline-block;"这样可以达到同样的效果，并且无论有几个li标签或者li中的文字如何变化，只要设置ul中的text-align属性的值为center就可以实现ul中的所有文字水平居中显示。

但有一个问题是：对于块级元素，IE 6和IE 7不能识别display:inline-block，加不加"display:inline-block;"对于它们完全没有任何影响。

解决办法是：在IE 6和IE 7中用"*display:inline; *zoom:1;"来代替display:inline-block。

IE有个特殊的属性是HasLayout。当一个元素的HasLayout属性值为true时，它负责对自己和可能的子孙元素进行尺寸计算和定位。HasLayout属性不能直接设定，只能通过设定一些特定的css属性来触发并改变 HasLayout 状态。

通过display:inline将块元素设置为行内元素，然后触发块元素的HasLayout。通过这两句代码的设置，在IE 6和IE 7下的块元素不但转换成了行内元素，而且具有块元素的某些属性，比如可以设置元素的宽和高，就像其他浏览器在元素上应用了display:inline-block后的表现一样。

对于行内元素，比如a、span等而言，display:inline-block不存在兼容问题，所有浏览器都可以识别，可以正常使用。

8.5.2 <!–[if IE 6]>…<![endif]–>的使用方法

在运用DIV+CSS进行网页制作的过程中，网页对浏览器的兼容性是经常接触到的一个问题。其中因微软公司的IE占据浏览器市场的大半江山，此外还有Firefox、Opera等市场份额也不容小视。为了页面在这些浏览器中显示效果一致，需要对这些浏览器进行兼容。

同时，单就IE而言，因IE版本的升级更替，网页在各版本的IE浏览器中的显示效果不尽相同。并且，其他非IE浏览器与IE对某些CSS解释也不一样。所以，通过IE浏览器中的专有条件注释可有针对性的进行相关属性的定义。

条件注释是一些if判断，这些判断不是在脚本里执行的，而是直接在html代码里执行的，如下：

```
01  <!-[if IE]>
02      这里是正常的html代码
03  <![endif]->
```

条件注释的基本结构和HTML的注释(<!- ->)是一样的。因此IE以外的浏览器将会把它们看作是普通的注释而完全忽略它们。

可使用如下代码检测当前IE浏览器的版本：

代码8-12

```
01 <!-[if IE]>
02     <h1>您正在使用IE浏览器</h1>
03 <![endif]->
04 <!-[if IE 6/7/8/9/10]>
05     <h2>版本 6/7/8/9/10</h2>
06 <![endif]->
07 <!-[if lt IE 7]>
08     <h1>您正在使用IE 7以下版本的浏览器</h1>
09 <![endif]->
10 <!-[if gt IE 7]>
11     <h1>您正在使用IE 7以上版本的浏览器</h1>
12 <![endif]->
13 <!-[if gt IE 7]>
14     <h1>您正在使用IE 7以上版本的浏览器</h1>
15 <![endif]->
16 <!-[if gte IE 7]>
17     <h1>您正在使用IE 7或IE 7以上版本的浏览器</h1>
18 <![endif]->
19 <!-[if lte IE 7]>
20     <h1>您正在使用IE 7或IE 7以下版本的浏览器</h1>
21 <![endif]->
```

注意 在非IE浏览器中是看不到效果的。

比如如下代码，在IE浏览器下执行显示为红色，而在非IE浏览器下显示为黑色：

代码8-13

```
01 <style type="text/css">
02     body{background-color: #000;}
03 </style>
04 <!-[if IE]>
05 <style type="text/css">
06     body{background-color: #F00;}
07 </style>
08 <![endif]->
```

电影网站

第 9 章

看电影一直以来就是人们闲暇时的一种休闲方式。有的人愿意去电影院享受那种大屏幕带来的超爽试听盛宴，可是，对于那些没有时间外出的人来说，他们更愿意在网上观看。近些年来，越来越多的厂商和媒体为电视剧、电影制作专门的网站，这些网站主要呈现相关的介绍、节目单、观众互动等内容。旨在扩大宣传面，提高收视率，让更多的观众对节目产生兴趣。

本章主要涉及到的知识点如下。

- 电影网站效果图分析：将页面拆分，对每个模块进行分析。
- 网站布局规划和切图：对网站页面进行布局规划和切图，并导出图片。
- XHTML编写：XHTML框架搭建；网站公共模块的XHTML编写；各页面主体内容的XHTML编写。
- CSS编写：网站公用样式的编写；网站公共模块的CSS编写；网站框架的CSS编写；各页面主体内容的CSS编写。
- 制作中的注意事项。

9.1 页面效果图分析

本节主要对网站效果图进行分析，包括页面头部和页脚分析、首页主体内容分析和内页主体内容分析。图9.1和图9.2分别是一个电影网站首页和电影介绍的页面图。

图9.1 首页

图9.2 电影介绍

9.1.1 页面头部和页脚分析

页面的头部如图9.3所示，包括网站全局导航、标志/搜索以及网站子导航，分别对应图中①②③。

网站全局导航分为左右两栏，分别由若干文字链接组成。标志/搜索包括网站标志和搜索，其中网站标志由背景图片和指向首页的链接组成。搜索由一个搜索文本框和一个搜索按钮组成。网站子导航由若干文字链接组成。

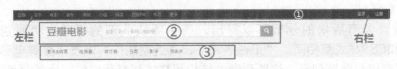

图9.3 页面头部

页脚，如图9.4所示，包括网站版权和底部导航，分别对应图中①②。网站版权是一段文字。底部导航是若干文字链接。

图9.4 页脚

9.1.2 首页主体内容分析

首页的主体内容，如图9.5所示，包括"广告"、"主要内容"以及"侧栏"，分别对应图中①②③。

在布局上，①位于主体内容的上半部分，②和③位于主体内容的下半部分。其中，②位于左栏，③位于右栏。

"广告"是一张带有链接的图片。"主要内容"包括"正在热映"、"近期热门"、"热门豆列"以及"最受欢迎的影评"共4个版块，分别对应图中ABCD。"侧栏"包括"影院搜索"、"影片分类"、"本周口碑榜"、"豆瓣电影TOP250"以及"合作联系"共5个版块，分别对应图中EFGHI。

每个版块都是由版块头部和版块内容组成。

"正在热映"的版块头部包括版块标题、"面包屑"导航以及滚动按钮。版块内容包括4个电影海报，其中每个电影海报包括海报图片、电影名、网友评分以及选座购票按钮。

"近期热门"的版块头部包括版块标题和"面包屑"导航。版块内容包括5个电影海报，其中每个电影海报包括海报图片和电影名。

"热门豆列"的版块头部包括版块标题。版块内容包括4个网友留言，其中每个留言包括网友头像、留言标题以及留言摘要。

"最受欢迎的影评"的版块头部包括版块标题和"面包屑"导航。版块内容包括两条电影影评，其中每条电影影评包括电影海报图片、影评标题、电影评分以及影评摘要。

影院搜索没有版块头部，只有版块内容，包括一个select选择列表、一个搜索文本框和一个搜索按钮。

"影片分类"的版块头部包括版块标题和"面包屑"导航。版块内容是若干文字链接，这些文字链接是常用的影片分类关键词。

"本周口碑榜"的版块头部包括版块标题和面包屑导航。版块内容是10条文字链接，并且每条文字链接前面都有序号，这些序号从1~10依次排列，这些文字链接是口碑榜前10个热门电影的名字。

"豆瓣电影"的版块头部包括版块标题和"面包屑"导航。版块内容包括4条电影海报，其中每条电影海报包括海报图片和电影名。

"合作联系"的版块头部包括版块标题。版块内容包括两条文字链接、一个联系邮箱和电影客户端下载链接。

通过对首页所有版块的分析可以得出，每个版块头部的标题、"面包屑"导航的XHTML结构和CSS样式都相同。"正在热映"、"近期热门"以及"豆瓣电影TOP250"这三个版块中都有电影海报列表。这些列表的结构和样式都有相似性，比如都可以用ul列表结构，每个海报都是向左浮动，每个电影海报都包括海报图片和电影名，每个电影名都有链接等等。"热门豆列"和"最受欢迎的影评"这两个版块中的评论都是左右结构，每条评论的左边都是图片，右侧都包括标题和内容摘要。"正在热映"和"最受欢迎的影评"中都有评分星星，评分的星星样式相同。

根据上面的分析，将提炼出两种图文列表的结构和样式。"正在热映"、"近期热门"以及"豆瓣电影TOP250"这三个版块用到了一种，"热门豆列"和"最受欢迎的影评"这两个版块用到了另一种。评分的星星也将作为网站的公共部分，供有需要的版块公用。

图9.5 首页的主体内容

9.1.3 内页主体内容分析

电影介绍页的主体内容如图9.6示，包括主要内容和侧栏，分别对应图中①②。在布局上，①位于左栏，②位于右栏。

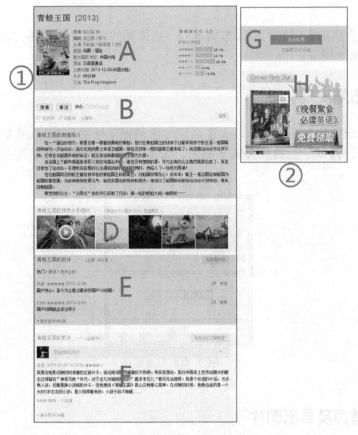

图9.6 内页的主体内容

主要内容包括电影信息/评分、对电影评分/写评论、剧情简介、预告片和图片、短评以及影评共6个版块，分别对应图中**ABCDEF**。

侧栏包括购票选座和广告，共两个版块，分别对应图中**GH**。电影信息/评分包括电影名、影片信息和电影评分。其中，影片信息包括电影海报图片和导演/编剧等与影片有关的信息。对电影评分/写评论是网友对电影评价的操作区域，包括想看/看过/评分/推荐/写短评/写影评/分享到诸多网友可以发表观点和看法的操作入口。"剧情简介"由标题和介绍剧情的几段文字组成。"预告片"和"图片"由标题和一组图片列表组成。"短评"包括标题、短评列表、查看全部短评链接以及"网友点评"链接。"影评"包括标题、影评列表、"查看全部影评"链接以及"网友点评"链接。购票选座包括"购票"按钮和"豆瓣票价"。广告是一张广告图片。

9.2 布局规划及切图

本节将主要介绍电影网站的页面布局规划、页面图片切割并导出图片。这些工作是制作本章案例前的必要步骤。

9.2.1 页面布局规划

根据前面对网站效果图的分析，为了后面写出清晰简洁的XHTML代码，对页面的整体结构进行了提炼，得到了页面的大致布局图，如图9.7所示是首页和电影介绍页的页面布局图。

图9.7 页面布局图

9.2.2 切割首页及导出图片

首页需要切割的图片有网站标志lg_movie_a12_2.png、搜索文本框和按钮nav_mv_bg.png、正在热映中的左右滚动按钮slide_swithc_2.png、选座购票按钮buyBtn.gif、评分星星midstars.gif、影院搜索中的展开select列表图标city_select_arrow.png和搜索按钮focus_search.png、豆瓣电影客户端背景图client_bg.gif。临时图片有广告图片ad1.jpg、电影海报图片p1.jpg、p2.jpg、p3.jpg、p4.jpg、p5.jpg、p6.jpg、p7.jpg、p8.jpg、p9.jpg、p10.jpg、p11.jpg、p12.jpg、p13.jpg、p14.jpg、p15.jpg、网友头像u1.jpg、u2.jpg、u3.jpg、u4.jpg。

> **注意** 影院搜索中的select列表不是用XHTML中的select标签呈现的。由于select标签不能用CSS定义高度和展开图标的样式，为了实现效果图中的样子，网页制作者要用div和ul模拟select列表的功能，因此效果图中select列表的展开图标需要切出来以便在后面编写样式时使用。

如图9.8所示是首页在Photoshop中的所有切片。

图9.8 首页在Photoshop中的所有切片

9.2.3 切割内页及导出图片

内页需要切割的图片有评分星星bigstars.gif和smlstars.gif、想看/看过按钮背景btn.gif、写短评/写影评/分享链接的图标short-comment.gif、add-review.gif、a1.png、对电影评分星星图标nst.gif、播放器图标play_btn.png、影评展开图标review-expand.png。临时图片有广告图片ad2.jpg、电影信息中的海报图片i_p.jpg、预告片和图片中的影片截图i_p1.jpg、i_p2.jpg、i_p3.jpg、i_p4.jpg、i_p5.jpg。

> 注意　首页和电影介绍页的评分星星图片midstars.gif、bigstars.gif和smlstars.gif在网页效果图上展示的只是其中一个级别，由各个级别评分星星组成的完整的图片，在实际项目中可由设计师提供，本章案例中的midstars.gif、bigstars.gif和smlstars.gif图片参见本书的网络资源。

如图9.9所示是电影介绍页在Photoshop中的所有切片。

图9.9 内页在Photoshop中的所有切片

9.3 XHTML编写

本节将详细讲解页面头部、页脚、页面公共部分、页面框架和每个页面的XHTML代码的编写。语义和结构良好的XHTML代码不仅在制作网站时省时省力，更有利于提高网站排名，因此XHTML的编写虽然简单但很重要。

9.3.1 页面XHTML框架搭建

首页和内页的XHTML框架相同，包括3部分：页面头部、主体内容和页脚，id分别为hd、bd和ft。XHTML框架的代码编写如下：

代码9-1

```
01 <div id="hd"></div>
02 <div id="bd" class="w950 cf"></div>
03 <div id="ft" class="w950"></div>
```

第01行是页面头部，第02行是页面主体内容，第03行是页脚。

9.3.2 页面头部和页脚的XHTML编写

根据前面对首页和电影介绍页面的头部的分析，网站导航由a链接包含相关导航文字组成。网站标志上有指向网站首页的链接，因此用h1标签包含a标签组成。搜索包含在form表单标签中，搜索文本框和搜索按钮都用input标签，type分别是text和submit。

编写网站头部的XHTML代码如下：

代码9-2

```
01 <div id="hd">
02     <div class="nav">
03         <div class="login-set fr"><a href="#">登录</a><a href="#">注册</a></div>
04         <div class="left-nav"><a href="#">豆瓣</a><a href="#">读书</a><a href="#">电影</a><a href="#">音乐</a><a href="#">同城</a><a href="#">小组</a><a href="#">阅读</a><a href="#">豆瓣FM</a><a href="#">东西</a><a href="#" class="more">更多</a></div>
05     </div>
06     <div class="logo-search">
07         <div class="w950">
08             <h1><a href="index.html">豆瓣电影</a></h1>
09             <form name="form" method="get" action="">
10                 <input type="text" name="searchBox" class="searchBox" value="电影、影人、影院、电视剧" /><input type="submit" name="searchBtn" class="searchBtn" value="搜索" />
11             </form>
12         </div>
13     </div>
14     <div class="sub-nav w950"><a href="#">影讯&购票</a><a href="#">电视剧</a><a href="#">排行榜</a><a href="#">分类</a><a href="#">影评</a><a href="#">预告片</a></div>
15 </div>
```

第01行和第15行是首页头部的最外层容器，id是hd。第02~05行是网站全局导航。其中第03行是右侧的登录/注册。第04行是左侧的10个链接。第06~13行是标志/搜索。其中第07行和第12行类名是w950的div容器，这个容器上的样式.w950用于定义标志/搜索版块的实际内容的宽度。第08行是网站标志。第09~11行是搜索，用form标签包裹两个input表单元素。第14行是网站子导航。

根据前面对网站页脚的分析，底导航由8个a标签包含相关导航文字组成，网站版权是一段文字。编写这部分的XHTML代码如下：

代码9-3

```
01 <div id="ft" class="w950">
02     <span class="fr"><a href="#">关于豆瓣</a><a href="#">在豆瓣工作</a><a href="#">联系我们</a><a href="#">免责声明</a><a href="#">帮助中心</a><a
```

```
href="#">开发者</a><a href="#">手机电影</a><a href="#">豆瓣广告</a></span>
03          <span>©2005-2014 douban.com all rights reserved</span>
04  </div>
```

第01行和第04行是页脚的最外层容器，id是ft。第02行是底部导航。第03行是网站版权。

9.3.3 页面公共部分的XHTML编写

本章案例中，页面的公共部分包括页面头部和页脚，如图9.10所示。页面头部和页脚的XHTML代码在前面已经介绍过了，这里不再赘述。

图9.10 网站所有页面的公共部分

9.3.4 首页主体内容的XHTML编写

根据前面对首页主体内容的分析，编写首页主体内容的XHTML代码如下：

代码9-4

```
01  <div id="bd" class="w950 cf">
02  <div class="ad"><a href="#"><img src="temp/ad1.jpg" /></a></div>
03  <div class="con fl">
04      <div class="now">
05          <div class="hd borderbom">
06              <div class="scroll-btn fr"><a href="#" class="next">
向后</a><a href="#" class="prev">向前</a><span class="num">3 / 5</span></div>
07              <h2>正在热映<span><a href="#">全部正在热映»</a><a
href="#">即将上映»</a></span></h2>
08          </div>
09          <div class="bd">
10              <ul class="piclist cf">
11                  <li>
12                      <a href="#"><img src="temp/p1.jpg" /></a>
13                      <h3><a href="#">海底大冒险</a></h3>
14                      <div class="score"><span class="star
star5"></span>4.7</div>
15                      <input type="button" name="buy"
class="buyBtn" value="选座购票" />
16                  </li>
17                  ...
18              </ul>
19          </div>
20      </div>
21      <div class="hot">
22          <div class="hd borderbom"><h2>近期热门<span><a href="#">更多
影视剧»</a></span></h2></div>
23          <div class="bd">
24              <ul class="piclist cf">
25                  <li>
26                      <a href="#"><img src="temp/p5.jpg"
/></a>
27                      <h3><a href="#">开馆</a></h3>
28                  </li>
29                  ...
30              </ul>
31          </div>
32      </div>
33      <div class="user">
34          <div class="hd borderbom"><h2>热门豆列</h2></div>
35          <div class="bd">
36              <ul class="pic-text cf">
37                  <li>
38                      <a href="#"><img src="temp/u1.jpg"
/></a>
39                      <h3><a href="#">关于德国 你该看的</a></h3>
40                      <p>共65部影片 来自 ☺菩提风花</p>
41                  </li>
```

```
42                        …
43                        </ul>
44                    </div>
45              </div>
46              <div class="comment">
47                    <div class="hd borderbom"><h2>最受欢迎的影评<span><a
href="#">更多热门影评»</a><a href="#">新片影评»</a></span></h2></div>
48                    <div class="bd">
49                        <ul class="pic-text cf">
50                            <li class="borderbom">
51                                <a href="#"><img src="temp/p14.jpg"
/></a>
52                                <h3><a href="#">"情怀肥大症"的病理分析</
a></h3>
53                                <div class="score">鸣柳书房 评论《我是歌手
第二季》<span class="star star6"></span></div>
54                                <p>《我是歌手》第二季第一场，韩磊夺冠，韦唯第
二，曹格邓紫棋分居第五和第六。于是网友又开战了。一方为曹邓叫屈，一方说韩磊就是好来就是好。六
零后的韩与九零后的邓，到底哪个更好？二者仅仅是风格之别无从比较，还是说风格归风格，艺术上的高
下总是…<a href="#">（全文）</a></p>
55                            </li>
56                            …
57                        </ul>
58                    </div>
59              </div>
60      </div>
61      <div class="side fr">
62          <div class="search-cinema cf">
63              <form name="form" method="get" action="">
64              <div class="like-select fl">
65                  <div id="city">北京</div>
66                  <ul>
67                      <li>北京</li>
68                      …
69                  </ul>
70              </div>
71              <div class="search fl"><input type="text" name="searchBox"
class="searchBox" value="搜索本地影院" /><input type="submit" name="searchBtn"
class="searchBtn" value="搜索" /></div>
72              </form>
73          </div>
74          <div class="class">
75              <div class="hd borderbom"><h2>影片分类<span><a href="#">所有
分类»</a></span></h2></div>
76              <div class="bd">
77                  <ul class="cf">
78                      <li><a href="#">爱情</a></li>
79                      …
80                  </ul>
81              </div>
82          </div>
```

```
83           <div class="list">
84               <div class="hd borderbom"><h2>本周口碑榜<span><a href="#">更
多榜单»</a></span></h2></div>
85               <div class="bd">
86                   <ul>
87                       <li><span>1</span><a href="#">许愿</a></li>
88                       ...
89                   </ul>
90               </div>
91           </div>
92           <div class="top">
93               <div class="hd borderbom"><h2>豆瓣电影TOP250<span><a
href="#">更多»</a></span></h2></div>
94               <div class="bd">
95                   <ul class="piclist cf">
96                       <li>
97                           <a href="#"><img src="temp/p10.jpg"
/></a>
98                           <h3><a href="#">恶童</a></h3>
99                       </li>
100                      ...
101                  </ul>
102              </div>
103          </div>
104          <div class="contact">
105              <div class="hd borderbom"><h2>合作联系</h2></div>
106              <div class="bd">
107                  <p><a href="#">申请开通影片小站</a></p>
108                  <p><a href="#">申请开通电影院小站</a></p>
109                  <p>邮箱: movie@douban.com</p>
110                  <div class="client">
111                      <h3><a href="#">豆瓣电影客户端</a></h3>
112                      <p>让买票看电影更简单</p>
113                  </div>
114              </div>
115          </div>
116 </div>
117 </div>
```

第01行和第117行是首页主体内容的最外层容器，id是bd。第02行是广告。第03~60行是主要内容。第04~20行是"正在热映"版块。第05~08行是这个版块的头部，第06行是左右滚动按钮，第07行是版块标题和"面包屑"导航。第09~19行是这个版块的主要内容，第10~18行是电影海报组成的ul列表。

第21~32行是"近期热门"。第22行是版块头部，第23~31行是主要内容，第24~30行是电影海报组成的ul列表。

第33~45行是"热门豆列"。第34行是版块头部，第35~44行是主要内容，第36~43行是用户评论组成的ul列表。

第46~59行是"最受欢迎的影评"。第47行是版块头部，第48~58行是主要内容，第49~57行是所有影评组成的ul列表。

第61~116行是侧栏。

第62~73行是影院搜索。第64~70行是模拟select列表。第71行是input搜索文本框和input搜索按钮。第63行和第72行是包裹这些input表单元素的form标签。

第74~82行是影片分类。第75行是版块头部，第76~81行是主要内容，第77~80行是影片分类的关键词组成的ul列表。

第83~91行是本周口碑榜。第84行是版块头部，第85~90行是主要内容，第86~89行是口碑榜前10名的影片名组成的ul列表。

第92~103行是豆瓣电影TOP250。第93行是版块头部，第94~102行是主要内容，第95~101行是电影海报组成的ul列表。

第104~115行是"合作联系"。第105行是版块头部，第106~114行是主要内容，第110~113行是电影客户端模块。

9.3.5 内页主体内容的XHTML编写

根据前面对内页主体内容的分析，编写内页主体内容的XHTML代码如下：

代码9-5

```
01  <div id="bd" class="w950 cf">
02  <div class="con fl">
03      <div class="intro-star">
04              <h2>青蛙王国<span>(2013)</span></h2>
05              <div class="bd cf">
06                      <div class="cover fl">
07                              <img src="temp/i_p.jpg" />
08                              <ul class="cf">
09                                      <li>导演：<a href="#">尼尔森·申</a></li>
10                                      …
11                                      <li>又名：<span>The Frog Kingdom</span></li>
12                              </ul>
13                      </div>
14                      <div class="film-star fr">
15                              <div class="total"><span class="bigstar bigstar7"></span>6.8</div>
16                              <div class="num">(<a href="#">780人评价</a>)</div>
17                              <ul>
18                                      <li><span class="minstar minstar5"></span><span class="scale" style="width:25.1%"></span>25.1%</li>
19                                      <li><span class="minstar minstar4"></span><span class="scale" style="width:24.7%"></span>24.7%</li>
20                                      <li><span class="minstar minstar3"></span><span class="scale" style="width:28.4%"></span>28.4%</li>
21                                      <li><span class="minstar minstar2"></span><span class="scale" style="width:8.4%"></span>8.4%</li>
22                                      <li><span class="minstar minstar1"></span><span class="scale" style="width:13.5%"></span>13.5%</li>
```

```
23                          </ul>
24                      </div>
25                  </div>
26          </div>
27          <div class="mystar">
28              <div class="recommend"><a href="#">推荐</a></div>
29              <div class="op1"><a href="#">想看</a><a href="#">
看过</a><span class="givestar">评价: <em class="graystar"></em><em
class="graystar"></em><em class="graystar"></em><em class="graystar"></em><em
class="graystar"></em></span></div>
30              <div class="op2"><a href="#" class="brief">写短评</a><a
href="#" class="long">写影评</a><a href="#" class="share">分享到</a></div>
31          </div>
32          <div class="synopsis">
33              <h3>青蛙王国的剧情简介······</h3>
34              <div class="bd">
35                  <p>在一个遥远的地方, …也陷入了一场惊天阴谋! </p>
36                  …
37              </div>
38          </div>
39          <div class="pic">
40              <h3> 青蛙王国的预告片和图片……<span> (<a href="#">预告片9</
a>|<a href="#">图片144</a>|<a href="#">添加图片</a>)</span></h3>
41              <div class="bd">
42                  <ul class="piclist cf">
43                      <li><a href="#"><img src="temp/i_p1.jpg"
width="178" height="100" /></a><span class="play"></span></li>
44                      <li><a href="#"><img src="temp/i_p2.jpg" /></
a></li>
45                      …
46                  </ul>
47              </div>
48          </div>
49          <div class="filmbrief">
50              <h3><a href="#" class="isay fr">我来说两句</a>青蛙王国的短评··
·····<span>(<a href="#">全部468条</a>)</span></h3>
51              <div class="bd">
52                  <dl>
53                      <dt>热门 / <a href="#">最新</a> / <a href="#">
我关注的</a></dt>
54                      <dd>
55                          <div class="name"><a href="#">风逝</
a><span class="star star10"></span><em>2013-12-28</em></div>
56                          <p>国产良心, 至今为止看过最好的国产3d动画。
</p>
57                      </dd>
58                      …
59                  </dl>
60                  <div>> <a href="#" class="more">更多短评468条</a></
div>
61              </div>
```

```
62              </div>
63          <div class="filmlong">
64              <h3><a href="#" class="isay fr">我来评论这部电影</a>青蛙王国的
影评······<span> (<a href="#">全部34</a> )</span></h3>
65              <div class="bd">
66                  <div class="comm">
67                      <dl>
68                          <dt><a href="#"><img src="temp/u1.jpg"
width="36" height="36" /></a><h3><a href="#">零品牌在成长</a></h3></dt>
69                          <dd>
70                              <div class="name"><a href="#">走
走</a><em>2013-12-29 10:29:54</em><span class="star star8"></span></div>
71                              <p>我是在电影点映的时候看的这部片子
········</p>
72                              <div class="ope">44/48 有用<a
href="#">13回复</a></div>
73                          </dd>
74                      </dl>
75                  </div>
76                  <div>> <a href="#" class="more">更多影评34篇</a></
div>
77              </div>
78          </div>
79      </div>
80      <div class="side fr">
81          <div class="buy">
82              <a href="#">选座购票</a>
83              <p>豆瓣售价40元起</p>
84          </div>
85          <div class="ad"><a href="#"><img src="temp/ad2.jpg" /></a></div>
86      </div>
87  </div>
```

第01行和第87行是内页主体内容的最外层容器，id是bd。第03~79行是主要内容。第03~26行是电影信息/评分。第04行是电影名。第05~25行是这个版块的主要内容，第06~13行是影片海报图片和影片相关信息。第14~24行是网友对影片的评分。

第27~31行是对电影评分/写评论。第28行是推荐按钮，第29行的类名是op1的div容器中包含了"想看"、"看过"和"评价"按钮。第30行的类名是op2的div容器中包含了"写短评"、"写影评"和"分享到"链接。

第32~38行是剧情简介。第33行是标题，第34~37行是主要内容，主要内容的每段文字用一个p标签包裹。第39~48行是预告片和图片。第40行是标题，第41~47行是主要内容，第42~46行是"影片视频"和"截图"组成的ul列表。其中第43行中的<span class="play"></span>表示播放器按钮。

第49~62行是短评。第50行是标题，第51~61行是主要内容，第52~59行是dl列表，用dt定义了列表的分类，即"热门/最新/我关注的"。用dd定义了每一条网友的短评。第60行是更多短评链接。

第63~78行是影评。第64行是标题，第65~77行是主要内容，第76行是"更多影评"链接。第80~86行是侧栏。第81~84行是选座购票。第85行是广告。

9.3.6 首页XHTML代码总览

前面对网站首页各个模块的XHTML代码进行了逐一编写，如图9.11所示是这些模块组成的首页的XHTML框架图，说明了层的嵌套关系。

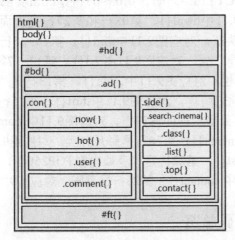

图9.11 首页XHTML框架图

在这些XHTML代码的基础上增加页面的<!DOCTYPE>声明及html头部元素，就是首页的完整XHTML代码。完整的首页XHTML代码如下：

代码9-6

```
01  <!DOCTYPE HTML>
02  <html>
03  <head>
04      <meta charset="utf-8">
05      <title>首页</title>
06      <link href="css/style.css" rel="stylesheet" type="text/css" />
07  </head>
08  <body>
09  <div id="hd">…</div>
10  <div id="bd" class="w950 cf">
11      <div class="ad">…</div>
12      <div class="con fl">
13          <div class="now">…</div>
14          <div class="hot">…</div>
15          <div class="user">…</div>
16          <div class="comment">…</div>
17      </div>
18      <div class="side fr">
19          <div class="search-cinema cf">…</div>
20          <div class="class">…</div>
21          <div class="list">…</div>
22          <div class="top">…</div>
```

```
23              <div class="contact">…</div>
24          </div>
25   </div>
26   <div id="ft" class="w950">…</div>
27   </body>
28   </html>
```

第01行是页面的<!DOCTYPE>声明。第03~07行是html头部元素。第02行和第28行是页面的html标签,对应图9.11中html{}。第08行和第27行是页面的body标签,对应图9.11中body{}。第09行是页面头部,对应图9.11中#hd{}。第10~25行是页面主体内容,对应图9.11中#bd{},其中第11行是广告,对应图9.11中.ad{},第12~17行是主要内容,对应图9.11中.con{},第18~24行是侧栏,对应图9.11中.side{},第13行是"正在热映",对应图9.11中.now{},第14行是"近期热门",对应图9.11中.hot{},第15行是"热门豆列",对应图9.11中.user{},第16行是"最受欢迎的影评",对应图9.11中.comment{},第19行是影院搜索,对应图9.11中.search-cinema{},第20行是影片分类,对应图9.11中.class{},第21行是本周口碑榜,对应图9.11中.list{},第22行是"豆瓣电影TOP250",对应图9.11中.top{},第23行是合作联系,对应图9.11中.contact{}。第26行是页脚,对应图9.11中#ft{}。

9.3.7 内页XHTML代码总览

前面对内页各个模块的XHTML代码进行了逐一编写,如图9.12所示是这些模块组成的内页的XHTML框架图,说明了层的嵌套关系。

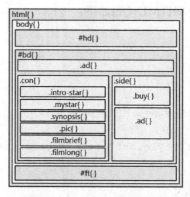

图9.12 内页的XHTML框架图

在这些XHTML代码的基础上增加页面的<!DOCTYPE>声明及html头部元素,就是内页的完整XHTML代码。完整的内页的XHTML代码如下:

代码9-7

```
01   <!DOCTYPE HTML>
02   <html>
03   <head>
04       <meta charset="utf-8">
05       <title>关于我们</title>
06       <link href="css/style.css" rel="stylesheet" type="text/css" />
07   </head>
```

```
08 <body>
09 <div id="hd">…</div>
10 <div id="bd" class="w950 cf">
11      <div class="con fl">
12              <div class="intro-star">…</div>
13              <div class="mystar">…</div>
14              <div class="synopsis">…</div>
15              <div class="pic">…</div>
16              <div class="filmbrief">…</div>
17              <div class="filmlong">…</div>
18      </div>
19      <div class="side fr">
20              <div class="buy">…</div>
21              <div class="ad">…</div>
22      </div>
23 </div>
24 <div id="ft" class="w950">…</div>
25 </body>
26 <!--[if IE 6]>
27 <script src="js/DD_belatedPNG_0.0.8a-min.js"></script>
28 <script>
29      DD_belatedPNG.fix('*');
30 </script>
31 <![endif]-->
32 </html>
```

第01行是页面的<!DOCTYPE>声明。第03~07行是html头部元素。第02行和第32行是页面的html标签，对应图9.12中html{}。第08行和第25行是页面的body标签，对应图9.12中body{}。第09行是页面头部，对应图9.12中#hd{}。第10~23行是页面主体内容，对应图9.12中#bd{}，其中第11~18行是主要内容，对应图9.12中.con{}，第19~22行是侧栏，对应图9.12中.side{}。第12行是"电影信息/评分"，对应图9.12中.intro-star{}，第13行是对电影"评分/写评论"，对应图9.12中.mystar{}，第14行是剧情简介，对应图9.12中.synopsis{}，第15行是预告片和图片，对应图9.12中.pic{}，第16行是短评，对应图9.12中.filmbrief{}，第17行是影评，对应图9.12中.filmlong{}，第20行是购票选座，对应图9.12中.buy{}，第21行是广告，对应图9.12中.ad{}。第24行是页脚，对应图9.12中#ft{}。第26~31行是页面加载的JavaScript文件DD_belatedPNG_0.0.8a-min.js。

9.4 CSS编写

本节主要讲解电影网站的CSS编写，包括页面头部和页脚、首页和内页的CSS编写。

9.4.1 页面公共部分的CSS编写

页面公共部分包括CSS重置、页面中公用字体、字体颜色、公用模块的样式，以及页面头部和页脚。

　　CSS重置代码、页面公用样式的CSS代码编写如下：

代码9-8

```
01  /*css reset*/
02  body,div,dl,dt,dd,ul,ol,li,h1,h2,h3,h4,h5,h6,pre,code,form,fieldset,leg
end,input,button,textarea,p,blockquote,th,td{margin:0; padding:0;}
    /*以上元素的内外边距都设置为0*/
03  …
04  *.cf{zoom:1;} /* IE 6/7浏览器 (触发hasLayout) */
05  /*global css*/
06  body{font-family:Helvetica,Arial,sans-serif;font-
size:12px;color:#121212;line-height:20px;}
07  a{color:#3576AB;}
08  a:hover{color:#3576AB;text-decoration:none;}
09  .fl{float:left;display:inline;}
10  .fr{float:right;display:inline;}
11  .w950{width:950px;margin:0 auto;}
12  .borderbom{border-bottom:1px solid #EAEAEA;}
13  input,label{vertical-align:middle;}
14  #bd{padding:40px 0 0;}
15  #bd .con{width:590px;overflow:hidden;}
16  #bd .side{width:310px;overflow:hidden;}
17  #bd .ad{margin:0 0 10px;}
18  #bd .ad img{display:block;}
19  .hd{height:50px;line-height:50px;}
20  .hd h2{font-size:14px;font-weight:normal;}
21  .hd span{margin:0 0 0 15px;}
22  .hd span a{margin:0 15px 0 0;font-size:12px;}
23  .bd{padding:18px 0;}
24  .star{background:url("../images/midstars.gif") no-repeat 0
0;display:inline-block;*zoom:1;*display:inline;width:55px;height:11px;overflow:
hidden;margin:0 5px;}
25  .star10{background-position:0 0}
26  .star9{background-position:0 -11px}
27  .star8{background-position:0 -22px}
28  .star7{background-position:0 -33px}
29  .star6{background-position:0 -44px}
30  .star5{background-position:0 -55px}
31  .star4{background-position:0 -66px}
32  .star3{background-position:0 -77px}
33  .star2{background-position:0 -88px}
34  .star1{background-position:0 -99px}
35  .star0{background-position:0 -110px}
36  .bigstar{background:url("../images/bigstars.gif") no-repeat 0
0;display:inline-block;*zoom:1;*display:inline;width:75px;height:14px;overflow:
hidden;margin:0 5px;}
37  .bigstar10{background-position:0 0}
38  .bigstar9{background-position:0 -14px}
39  .bigstar8{background-position:0 -28px}
```

```
40  .bigstar7{background-position:0 -42px}
41  .bigstar6{background-position:0 -56px}
42  .bigstar5{background-position:0 -70px}
43  .bigstar4{background-position:0 -84px}
44  .bigstar3{background-position:0 -98px}
45  .bigstar2{background-position:0 -112px}
46  .bigstar1{background-position:0 -136px}
47  .bigstar0{background-position:0 -140px}
48  .minstar{background:url("../images/smlstars.gif") no-repeat 0
0;display:inline-block;*zoom:1;*display:inline;width:45px;height:9px;overflow:h
idden;margin:0 5px;}
49  .minstar5{background-position:0 0}
50  .minstar4{background-position:0 -9px}
51  .minstar3{background-position:0 -18px}
52  .minstar2{background-position:0 -27px}
53  .minstar1{background-position:0 -36px}
54  .minstar0{background-position:0 -45px}
55  .piclist li{float:left;display:inline;text-align:center;}
56  .piclist li img{display:block;}
57  .piclist li h3{font-weight:normal;margin:12px 0 10px;font-size:12px;}
58  .piclist li .score{color:#F54D06;text-align:center;}
59  .pic-text li{float:left;}
60  .pic-text li img{float:left;display:inline;margin:0 10px 0 0;}
61  .pic-text li h3{font-size:14px;margin:0 0 10px 0;font-weight:normal;}
62  .pic-text li .score{color:#666;}
63  .play{background:url("../images/play_btn.png") no-repeat 50% 50%;}
```

第01~04行是CSS重置代码，与前几章相同。

第06~63行是公用CSS代码。第06~13行对页面中用到的通用样式和标签进行定义。第14行是主体内容最外层容器的样式。第15~16行是主体内容中的主要内容和侧栏的样式。第17~18行是页面中广告的公共样式。第19~22行页面中每个版块头部的公共样式。第23行是页面中每个版块的主要内容的公共样式。第24~54行是网站中所有评分中星星的样式。第55~62行是网站中图文列表的公共样式。第63行是播放器按钮的样式，定义了播放器按钮的背景图。

9.4.2 页面框架的CSS编写

前面分析了页面的布局图并且编写了页面框架的XHTML代码，根据这两部分编写页面框架的CSS代码如下：

代码9-9

```
01  #hd{background:#EFF2F5;}
02  #bd{padding:40px 0 0;}
03  #ft{color:#999;border-top:1px dashed #ddd;line-height:30px;padding:0 0
30px;font-family:Arial;}
```

第01行是页面头部最外层容器的样式。第02行是页面主体内容最外层容器的样式。

9.4.3 页面头部和页脚的CSS编写

前面分析了页面头部并且编写了这部分的XHTML代码，页面头部的CSS代码如下：

代码9-10

```
01  #hd{…}
02  #hd .nav{background:#535751;height:28px;line-height:28px;}
03  #hd .nav a{color:#D6D6D4;margin:0 10px;}
04  #hd .logo-search{border-bottom:1px solid #E3EBEC;padding:20px 0;}
05  #hd .logo-search h1{background:url("../images/lg_movie_a12_2.png") no-
repeat left top;width:115px;height:27px;overflow:hidden;float:left;margin:0 42px
0 0;}
06  #hd .logo-search h1 a{display:block;width:100%;height:100%;text-
indent:-999em;}
07  #hd .logo-search input{border:0;}
08  #hd .logo-search .searchBox{background:url("../images/nav_mv_bg.png")
no-repeat left top;width:470px;height:31px;line-height:30px;padding:0 10px
2px;font-size:12px;color:#BABABA;}
09  #hd .logo-search .searchBtn{background:url("../images/nav_mv_bg.png")
no-repeat 0 -40px;width:37px;height:33px; text-indent:-999em;cursor:pointer;}
10  #hd .sub-nav{height:38px;line-height:38px;}
11  #hd .sub-nav a{margin:0 36px 0 0;}
```

第01行是页面头部的最外层容器的样式。

第02~03行是全局导航的样式。第04行是标志/搜索最外层容器的样式。第05~06行是网站标志的样式。第07~09行是搜索文本框和搜索按钮的样式。第10~11行是网站子导航的样式。

根据前面对页脚和这部分的XHTML代码的分析，编写页脚CSS代码如下：

```
01  #ft{…}
02  #ft a{margin:0 5px;}
```

第01行是页脚最外层容器的样式。第02行是页脚中所有链接的样式。

9.4.4 首页主体内容的CSS编写

根据对首页主体内容和这部分XHTML代码的分析，编写首页主体内容的CSS代码如下：

代码9-11

```
01  .buyBtn{background:url("../images/buyBtn.gif") no-repeat 0 0;width:
90px;height:24px;border:0;color:#fff;font-size:12px;text-align:center;line-
height:24px;margin:10px 0 0;cursor:pointer;}
02  .now .scroll-btn{width:100px;height:18px;line-height:18px;overflow:hidd
en;margin:20px 0 0;}
03  .now .scroll-btn a{float:right;background:url("../images/slide_swithc_2.
png") no-repeat left top;width:18px;height:18px; margin:0 0 0 5px; text-
indent:-999em;}
04  .now .scroll-btn .prev{background-position:0 0}
05  .now .scroll-btn .prev:hover{background-position:0 -18px}
```

```
06  .now .scroll-btn .next{background-position:-18px 0}
07  .now .scroll-btn .next:hover{background-position:-18px -18px}
08  .now .scroll-btn .num{margin:0 10px 0 0;color:#666;float:right;}
09  .now .piclist{width:700px;}
10  .now .piclist li{margin:0 24px 0 0;width:128px;}
11  .now .piclist li img{width:128px;height:180px;}
12  .now .piclist li h3{font-size:14px;}
13  .now .piclist li h3 a{color:#333;}
14  .hot .piclist{width:700px;}
15  .hot .piclist li{margin:0 18px 0 0;width:100px;}
16  .hot .piclist li img{width:100px;height:148px;}
17  .user .pic-text li{width:295px;margin:0 0 20px 0;line-height:24px;}
18  .user .pic-text li h3,.user .pic-text li p{margin:0 0 0 60px;}
19  .user .pic-text li p{color:#666;}
20  .comment .bd{padding-top:0;}
21  .comment .pic-text li{padding:25px 0;}
22  .search-cinema{background:#F5F3D2;padding:10px;}
23  .search-cinema .like-select{width:67px;margin:0 5px 0
0;color:#666;line-height:24px;}
24  .search-cinema .like-select #city{width:60px;height:24px;background:
url("../images/city_select_arrow.png") no-repeat 50px center #fff;border:1px
solid #E0E0E0;padding:0 0 0 5px;cursor:pointer;}
25  .search-cinema .like-select ul{padding:0 5px;background:#fff;border:1px
solid #E0E0E0;width:55px;display:none;}
26  .search-cinema .search{float:left;border:1px solid #E0E0E0;width:202px;
height:24px;background:#fff;}
27  .search-cinema .search .searchBox{border:0;font-size:12px;color:#BFBFB
F;width:170px;height:22px;line-height:22px;padding:0 5px;}
28  .search-cinema .search .searchBtn{border:0; text-indent:-
999em;background:url("../images/focus_search.png") -14px 0;width:12px;height:1
2px;cursor:pointer;margin:0 10px 0 0;}
29  .class ul li{float:left;width:40px;line-height:28px;}
30  .list ul li{border-bottom:1px solid #EAEAEA;height:33px;line-
height:33px;}
31  .list ul li span{display:inline-block;*zoom:1;*display:inline;width:20
px;text-align:center;}
32  #bd .list .bd{padding-top:5px;}
33  .top .piclist{width:700px;}
34  .top .piclist li{margin:0 11px 0 0;width:68px;}
35  .top .piclist li img{width:68px;height:98px;}
36  .contact{line-height:24px;}
37  .contact .client{background:url("../images/client_bg.gif") no-repeat 0
0;width:290px;height:40px;padding:15px 10px;margin:30px 0 0;}
38  .contact .client h3{font-size:16px;margin:0 0 0 60px;}
39  .contact .client h3 a{color:#214E92;}
40  .contact .client p{color:#4D4D4D;margin:0 0 0 60px;}
```

第01行定义了"选座购票"按钮的样式。第02~08行定义了"正在热映"中的滚动按钮的样式，其中第03行通过text-indent:-999em将class是.next和.prev的a标签中的文字隐藏，第05行和第07行分别定义了鼠标移入按钮时的背景图，第08行是滚动图片当前页码和总页码的样式。第09~13行是"正在热映"版块中电影海报列表的样式。第14~16行是近期热门版块中电影海报列表的样式。第17~19行是"热门豆列"版块中用户评论列表的样式。第20~21行是"最受欢迎的影评"的样式。第22~28行是影院搜索版块的样式，其中第23~25行定义了模拟select列表的样式。第29行是影片分类中每个关键词所在的li标签样式，分别定义了向左浮动、宽度以及行高。第30~32行是本周口碑榜的样式，其中第31行的display:inline-block;*zoom:1;*display:inline;是将span标签由行内元素转换成类块级元素。第31行是本周口碑榜版块中数字序号的样式，由于span中的序号在span标签中是水平居中显示的，因此要将span先转换成类块级元素，然后通过width:20px;text-align:center设置宽度并定义水平居中。第32行重置了公共样式中的.bd类的样式。第33~35行是"豆瓣电影TOP250"版块的样式。第36~40行是合作联系版块的样式。

9.4.5 内页主体内容的CSS编写

根据对内页主体内容和这部分XHTML代码的分析，编写内页主体内容的CSS代码如下：

代码9-12

```
01  .intro-star h2{color:#494949;font-size:25px;line-height:36px;}
02  .intro-star h2 span{color:#888;}
03  .intro-star .cover{width:310px;}
04  .intro-star .cover img{float:left;}
05  .intro-star .cover ul{margin:0 0 0 112px;color:#666;}
06  .intro-star .cover ul li span{color:#111;}
07  .intro-star .film-star{width:150px;}
08  .intro-star .film-star .total{font-size:14px;color:#F54D06;}
09  .intro-star .film-star ul li{font-size:10px;height:14px;line-
height:14px;margin:0 0 4px 0;}
10  .intro-star .film-star ul .scale{background:#F5CBAD;display:inline-bloc
k;*zoom:1;*display:inline;height:14px;margin:0 3px 0 0;}
11  .intro-star .film-star .num{margin:10px 0 5px 5px;}
12  .mystar{margin:25px 0 0;}
13  .mystar .recommend{width:40px;height:19px;text-align:center;line-heigh
t:19px;float:right;background:#F2F8F2;border:1px solid #E3F1ED;}
14  .mystar .recommend a{color:#4F946E;}
15  .mystar .op1 a{background:url("../images/btn.gif") no-repeat 0
0;display:inline-block;*zoom:1;*display:inline;width:49px;height:22px;line-
height:21px; margin:0 10px 0 0;text-align:center;color:#000;}
16  .mystar .op1 .givestar{vertical-align:middle;}
17  .graystar{background:url("../images/nst.gif") no-repeat 0
center;display:inline-block;*zoom:1;*display:inline;width:15px;height:15px;ver
tical-align:middle;cursor:pointer;}
18  .mystar .op2{margin:5px 0 30px 0;}
19  .mystar .op2 a{margin:0 10px 0 0;padding:0 0 0 17px;}
20  .mystar .op2 .brief{background:url("../images/short-comment.gif") no-
repeat 0 50%;}
21  .mystar .op2 .long{background:url("../images/add-review.gif") no-repeat
0 50%;}
22  .mystar .op2 .share{background:url("../images/a1.png") no-repeat 100%
50%;padding:0 10px 0 0;}
23  .synopsis h3{font-weight:normal;color:#007722;font-size:15px;}
24  .synopsis .bd{padding:5px 0 30px;}
```

```
25    .synopsis .bd p{text-indent:2em;}
26    .pic h3{font-weight:normal;color:#007722;font-size:15px;}
27    .pic h3 span{font-size:12px;color:#666;}
28    .pic h3 span a{margin:0 5px;}
29    .pic .bd{padding:5px 0 30px;}
30    .pic .bd p{text-indent:2em;}
31    .pic .bd .piclist li{position:relative;margin:0 2px 0 0;}
32    .pic .bd .piclist .play{width:178px;height:100px;position:absolute;top
:0;left:0;cursor:pointer;}
33    .filmbrief h3{font-weight:normal;color:#007722;font-size:15px;}
34    .filmbrief h3 .isay{height:26px;text-align:center;line-height:26px;back
ground:#FAE9DA;color:#CA6445;padding:0 10px;font-size:12px;}
35    .filmbrief h3 span{font-size:12px;color:#666;}
36    .filmbrief h3 span a{margin:0 5px;}
37    .filmbrief .bd{padding:5px 0 30px;}
38    .filmbrief .bd dl{margin:0 0 8px 0;}
39    .filmbrief .bd dd,.filmbrief .bd dt{border-bottom:1px dashed
#ddd;padding:8px 0;}
40    .filmbrief .name em{color:#666;}
41    .filmlong h3{font-weight:normal;color:#007722;font-size:15px;}
42    .filmlong h3 .isay{height:26px;text-align:center;line-height:26px;backg
round:#FAE9DA;color:#CA6445;padding:0 10px;font-size:12px;}
43    .filmlong h3 span{font-size:12px;color:#666;}
44    .filmlong h3 span a{margin:0 5px;}
45    .filmlong .bd{padding:10px 0 30px;}
46    .filmlong .bd .comm dt{background:#F0F3F5;height:36px;line-height:36px;}
47    .filmlong .bd .comm dt img{float:left;margin:0 15px 0 0;display:inline;}
48    .filmlong .bd .comm dt h3{background:url("../images/review-expand.png")
no-repeat right center;margin:0 20px 0 0;}
49    .filmlong .bd .comm dd{padding:10px 0 0;}
50    .filmlong .name em{color:#666;margin:0 0 0 5px;}
51    .filmlong .ope{padding:10px 0 20px;color:#666;}
52    .filmlong .ope a{margin:0 0 0 20px;}
53    .buy{background:#F0F3F5;padding:20px 0 10px;margin:0 0 40px 0;}
54    .buy a{display:block;background:#268DCD;color:#fff;width:160px;height:
30px;line-height:30px;text-align:center;margin:0 auto;}
55    .buy p{text-align:center;color:#999;line-height:30px;}
```

第01~11行是电影信息/评分的样式。其中第04行通过为img标签设置float:left，实现了电影海报图片浮动到电影信息文字的左侧。第10行通过display:inline-block;*zoom:1;*display:inline将类名是scale的span标签由行内元素转换成类块级元素，再通过后面的height:14px设置span标签的高度。

第12~22行是对电影"评分/写评论"的样式。其中第13行通过float:right实现"推荐"按钮位于这个版块中的右侧。第15行的display:inline-block;*zoom:1;*display:inline的作用与第10行一样，都是将相应的行内元素转换成类块元素。第16行通过vertical-align:middle将评分星星和"想看"、"看过"按钮水平对齐。第17行通过display:inline-block;*zoom:1;*display:inline将每个星星所在的em标签由行内元素转换成类块元素，并通过vertical-align:middle将每个星星水平对齐。

第23~25行是剧情简介的样式。其中第25行通过text-indent:2em将每个p标签中的文本向右缩进两个汉字。第26~32行是预告片和图片的样式。其中第31行通过position:relative将li标签设置为相对定位，是为了在第32行可以通过position:absolute;top:0;left:0精确定位播放器按钮的位置。

第33~40行是短评的样式。第41~52行是影评的样式。第53~55行是选座购票的样式。其中第54行通过display:block将a标签由行内元素转换成块元素，并通过width:160px;height:30px设置了a标签的宽度和高度。

9.4.6 网站CSS代码总览

前面讲解了页面头部、页脚、页面主体内容、CSS重置和页面公用的CSS代码，这些代码共同组成了网站页面的完整CSS代码，如代码9-13所示。

代码9-13

```
01  @charset "utf-8";
02  /*css reset*/
03  …
04  /*global css*/
05  …
06  /*module css*/
07  /*index.html*/
08  .buyBtn {…}
09  .now .scroll-btn {…}
10  …
11  /*page.html*/
12  .intro-star h2 {…}
13  .intro-star h2 span {…}
14  …
```

注
意 省略的代码在每个小节中都有讲解。

9.5 制作中需要注意的问题

9.5.1 CSS选择器

CSS有三种基本的选择器类型，分别是：

- 标签选择器，如p{}，即直接使用XHTML标签作为选择器。
- 类选择器，如.polaris{}。
- ID选择器，如#polaris{}。

9.5.2 CSS选择器的优先级

一般而言，选择器越特殊，它的优先级越高。当CSS选择器组合使用时，为了计算优先级，通常用1表示标签选择器的优先级，用10表示类选择器的优先级，用100表示ID选择器的优先级。如下代码：

```
01  div.test1.span{…}
02  span#xxx.songsli{…}
03  #xxxli{…}
```

第01行的优先级是1+10+10+1=22。第02行的优先级是1+100+10+1=112。第03行的优先级是100+1=101。

可以得出第02行的**span#xxx.songsli**的优先级最高。

再看下面的例子：

代码9-14

```
01  <style type="text/css">
02  body{padding:20px;}
03  *{margin:0;padding:5px 0;}
04  .fs12{font-size:12px;}
05  .fs18{font-size:18px;}
06  .fs30{font-size:30px;}
07  #box .a span{font-size:30px;}
08  .a span{font-size:18px;}
09  span{font-size:12px;}
10  </style>
11  <p class="fs12">12px</p>
12  <p class="fs18">18px</p>
13  <p class="fs30">30px</p>
14  <div id="box"><div class="a"><span>文字是多少px</span></div></div>
```

第07行**#box .a span**的优先级是100+10+1=111。

第08行**.a span**的优先级是10+1=11。

第09行**span**标签的优先级是1。

通过上面的分析得出优先级最高的是**#box .a span**，因此span中文字的大小是**30px**。

如图9.13所示是在浏览器span标签中的文字大小：

12像素

18像素

30像素

文字是多少像素

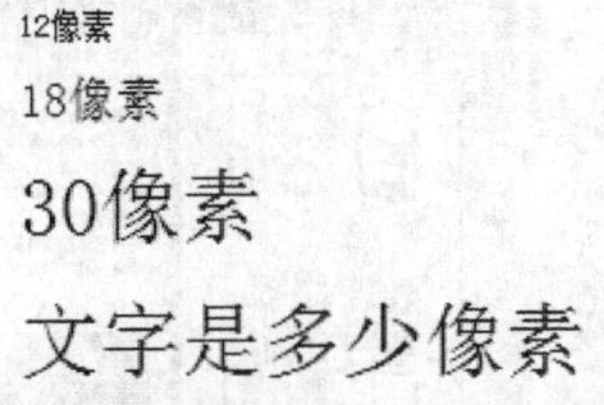

图9.13 在浏览器中span标签中的文字大小

另外还有一种是在标签内引入的行内样式，即：<div style="color:red">polaris</div>。这时的优先级是最高的，它的优先级是**1000**，这种写法不推荐使用。因为在DIV+CSS的制作中，行内样式的书写违背了内容和显示分离的思想。

第10章

游戏网站

游戏类网站的页面相比其他类型的网站有显著的特点，页面背景丰富，多是主打游戏的场景画面，页面模块的布局灵活，字体和颜色设置也更个性化。

本章主要涉及到的知识点如下。

- 游戏网站效果图分析：将页面拆分，对每个模块进行分析。
- 网站布局规划和切图：对网站页面进行布局规划和切图，并导出图片。
- XHTML编写：XHTML框架搭建；网站公共模块的XHTML编写；各页面主体内容的XHTML编写。
- CSS编写：网站公用样式的编写；网站公共模块的CSS编写；网站框架的CSS编写；各页面主体内容的CSS编写。
- 制作中的注意事项。

 10.1 页面效果图分析

本节主要对网站效果图进行分析，包括页面左栏信息和页脚分析、首页主体内容分析和内页主体内容分析。图10.1和图10.2分别是一个游戏网站首页和新闻中心的页面图。

图10.1 首页

图10.2 新闻中心

注意 首页的XHTML页面表示为index.html，除首页外的其他页面统称为内页。

10.1.1 左栏信息和页脚分析

页面的左栏信息如图10.3所示，包括网站标志和网站导航，分别对应图中①②。网站标志由背景图片和指向首页的链接组成。导航是一组文字链接列表。

图10.3 页面的左栏信息

页脚如图10.4所示，包括网站的版权，是一段文字。

图10.4 页脚

10.1.2 首页主体内容分析

首页的主体内容如图10.5所示，包括"欢迎来到游戏部落"、"战场竞技"和"会员专区"，分别对应图中①②③。

欢迎来到游戏部落，包括版块标题、"游戏介绍"、"入门任务"和"职业技能"。其中，"游戏介绍"和"职业技能"都是由标题和一个图文混排模块组成，"入门任务"由标题和4个文字链接组成。

"战场竞技"包括版块标题、文章列表和广告。其中，文章列表是7个文字链接组成的列表，广告是一张带有链接的图片。

会员专区包括版块标题、优惠信息和登录区。其中，优惠信息由标题和优惠信息摘要组成，"登录区"由"用户名"文本框、"密码"文本框、"登录"按钮、"新用户注册"链接和"忘记密码"链接组成。

首页主体内容在布局上分为左右两栏，网站标志和导航位于左栏，其他版块位于右栏。

图10.5 首页的主体内容

10.1.3 内页主体内容分析

内页的主体内容如图10.6所示，包括"游戏新闻"和"最新报道"版块，分别对应图中①②。

游戏新闻包括新闻1和新闻2。其中，新闻1由图片和新闻摘要组成，新闻2是一段新闻摘要。

"最新报道"包括4条结构和样式都相同的报道。其中，每条报道由图片、报道标题和查看原文组成。

内页主体内容在布局上分为左右两栏，网站标志和导航位于左栏，其他版块位于右栏。

图10.6 内页的主体内容

10.2 布局规划及切图

本节将主要介绍游戏网站的页面布局规划、页面图片切割并导出图片。这些工作是制作本章案例前的必要步骤。

10.2.1 页面布局规划

根据前面对网站效果图的分析，为了后面写出清晰简洁的XHTML代码，对页面的整体结构进行了提炼，得到了页面的大致布局图，如图10.7所示是首页和内页的页面布局图。

图10.7 页面布局图

10.2.2 切割首页及导出图片

首页需要切割的图片有网站背景bg.jpg、"欢迎来到游戏部落"版块的背景welcome.png、"战场竞技"版块的背景skill.png、"会员专区"版块的背景member.png、图片背景pic_bg.jpg、小图标arrow.png和arrow1.png。临时图片有p6.jpg、p7.jpg和p8.jpg。

如图10.8所示是首页在Photoshop中的所有切片。

注意 只需按照图10.8中标注的图片名称切割网页效果图。在Photoshop中切割背景图片时要将背景上面的其他图层先隐藏，本书中为了讲解方便将需要切割的图片都集中到一张图上做说明。

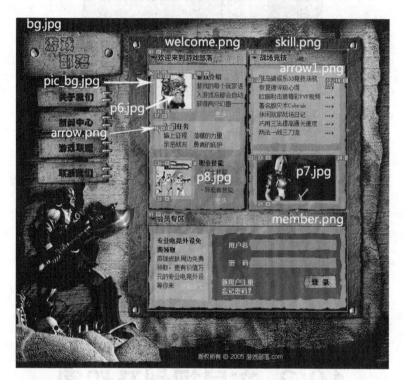

图10.8 首页在Photoshop中的所有切片

10.2.3 切割内页及导出图片

内页需要切割的图片有："游戏新闻"版块中版块标题的背景h2_newsgame.png、游戏新闻版块中新闻2的背景bg_newsgame.png、"最新报道"版块中版块标题的背景h2_report.png。"游戏新闻"版块和最新报道版块中公用的背景图news.png。临时图片：p1.jpg、p2.jpg、p3.jpg、p4.jpg和p5.jpg。

如图10.9所示是内页在Photoshop中的所有切片。

图10.9 内页在Photoshop中的所有切片

10.3 XHTML编写

本节将详细讲解页面左栏信息、页脚、页面公共部分、页面框架和每个页面的XHTML代码的编写。语义和结构良好的XHTML代码不仅在制作网站时省时省力，更有利于提高网站排名，因此XHTML的编写虽然简单但很重要。

10.3.1 页面XHTML框架搭建

首页和内页的XHTML框架相同，包括三部分：左栏信息、主体内容和页脚，id分别为left、bd和ft。XHTML框架的代码编写如下：

代码10-1

```
01 <div id="doc">
02     <!--start of left-->
03     <div id="left"></div>
04     <!--end of left-->
05     <!--start of bd-->
06     <div id="bd"></div>
07     <!--end of bd-->
```

```
08          <!--start of ft-->
09          <div id="ft"> </div>
10          <!--end of ft-->
11   </div>
```

第01行和第11行是页面最外层容器，id是doc。第03行是页面左栏信息。第06行是页面主体内容。第09行是页脚。其他行代码是注释。

10.3.2 页面左栏信息和页脚的XHTML编写

根据前面对页面左栏信息的分析，网站标志上有指向网站首页的链接，因此用h1标签包含a标签组成标志部分的XHTML代码。网站导航是一组文字链接列表，由ul标签包含若干li标签组成，每个li标签中都包含由a标签和文字组成的链接。

编写左栏信息的XHTML代码如下：

代码10-2

```
01  <div id="left">
02       <h1 class="logo"><a href="index.html">游戏部落</a></h1>
03       <div id="menu">
04            <ul>
05                 <li><a href="#">关于我们</a></li>
06                 <li><a href="news.html">新闻中心</a></li>
07                 <li><a href="#">游戏联盟</a></li>
08                 <li><a href="#">联系我们</a></li>
09            </ul>
10       </div>
11  </div>
```

第01行和第11行是页面左栏信息的最外层容器，id是left。第02行是网站标志，第03~10行是网站导航，其中第03行和第10行是网站导航的外层容器，id是menu，第04~09行是包含网站导航ul列表。

根据前面对网站页脚的分析，编写网站页脚的XHTML代码如下：

```
<div id="ft">版权所有 © 2005 游戏部落.com</div>
```

10.3.3 页面公共部分的XHTML编写

本章案例中，页面的公共部分包括页面左栏信息和页脚，如图10.10所示。页面左栏信息和页脚的XHTML代码在前面已经讲过了，这里个再赘述。

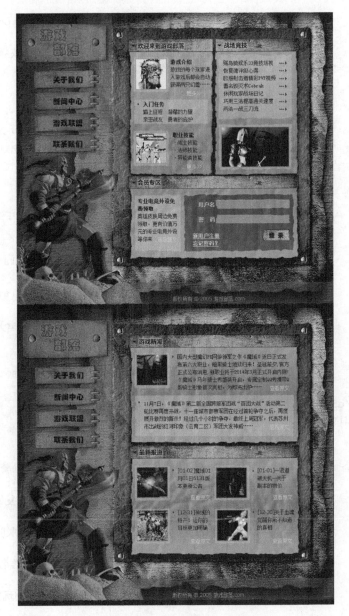

图10.10 网站所有页面的公共部分

10.3.4 首页主体内容的XHTML编写

根据前面对首页主体内容的分析，编写首页主体内容的XHTML代码如下：

代码10-3

```
01  <div id="bd">
02      <div class="welcome fl">
03          <h2>欢迎来到游戏部落</h2>
04          <div class="introduce">
```

```
05                          <div class="img"><img src="temp/p6.jpg" /></div>
06                          <h3>游戏介绍</h3>
07                          <p>游戏的每个玩家进入游戏后都会自动获得两只幻兽……<a
href="#" target="_blank" class="more">更多>></a></p>
08                      </div>
09                      <div class="task">
10                          <h3>入门任务</h3>
11                          <p><a href="#" target="_blank">踏上征程</a><a
href="#" target="_blank">潜藏的力量</a><a href="#" target="_blank">亲密战友</a><a
href="#" target="_blank">勇者的庇护</a></p>
12                      </div>
13                      <div class="introduce">
14                          <div class="img"><img src="temp/p8.jpg" /></div>
15                          <h3>职业技能</h3>
16                          <ul>
17                              <li><a href="#" target="_blank">·战士技能</
a></li>
18                              <li><a href="#" target="_blank">·法师技能</
a></li>
19                              <li><a href="#" target="_blank">·异能者技能</
a></li>
20                          </ul>
21                          <a href="#" target="_blank" class="more">更多>></a>
22                      </div>
23                  </div>
24              <div class="skill fl">
25                  <h2>战场竞技</h2>
26                  <ul>
27                      <li><a href="#" target="_blank">贼鸟骑娱乐33竞技场视</
a></li>
28                      <li><a href="#" target="_blank">恢复德评级心得</a></
li>
29                      <li><a href="#" target="_blank">欧服射击猎精彩PVP视频
</a></li>
30                      <li><a href="#" target="_blank">著名毁灭术Cobrak</
a></li>
31                      <li><a href="#" target="_blank">休闲玩家战场日记</a></
li>
32                      <li><a href="#" target="_blank">巧用三法提高通关速度</
a></li>
33                      <li><a href="#" target="_blank">两法一战三刀流</a></
li>
34                  </ul>
35                  <a href="#" target="_blank"><img src="temp/p7.jpg" /></a>
36              </div>
37              <div class="member">
38                  <h2>会员专区</h2>
39                  <div class="activities fl">
40                      <h3>专业电竞外设免费领取</h3>
41                      <p>英雄皮肤周边免费领取，更有价值万元的专业电竞外设等你来<a
href="#" target="_blank" class="more">查看原文</a></p>
```

```
42                    </div>
43                    <form name="form" method="post" action="#">
44                    <div class="login fl">
45                        <p><label for="name">用户名</label><input type="text"
name="name" id="name" /></p>
46                            <p><label for="password">密  码</
label><input type="text" name="password" id="password" /></p>
47                            <input type="submit" name="submit" id="submit"
value="" />
48                            <div class="tips"><a href="#" target="_blank">新用户
注册</a><a href="#" target="_blank">忘记密码？</a></div>
49                    </div>
50                    </form>
51            </div>
52 </div>
```

第01行和第52行是首页主体内容的最外层容器，id是bd。第02~23行是"欢迎来到游戏部落"版块，其中第02行和第23行是这个版块的最外层容器，第03行是这个版块的标题，用h2标签包含标题的文字，第04~08行是"游戏介绍"部分，第09~12行是"入门任务"部分，第13~22行是"职业技能"部分。第24~36行是"战场竞技"版块，其中第24行和第36行是这个版块的最外层容器，第25行是这个版块的标题，同样用了h2标签包含标题的文字，第26~34行是战场竞技中的文字链接列表，用ul标签包含相应的文字链接组成，第35行是这个版块最下面的广告图片。第37~51行是"会员专区"版块，其中第37行和第51行是这个版块的最外层容器，第38行是这个版块的标题，也是用h2标签包含标题的文字，第39~42行是"会员专区"版块左侧的优惠促销信息，第43~50行是"会员登录"区，由于里面有XHTML表单元素，需要与服务器通信，因此这部分所有代码用form标签包裹。

10.3.5 内页主体内容的XHTML编写

根据前面对内页主体内容的分析，编写内页主体内容的XHTML代码如下：

代码10-4

```
01 <div id="bd">
02     <div class="news_game">
03         <h2>游戏新闻</h2>
04         <div class="news" id="n1">
05             <div class="img"><img src="temp/p1.jpg" /></div>
06             <p>国内大型魔幻PK网游领军之作《魔域》近日正式发布第六大职业,
暗黑骑士地狱归来！圣诞前夕,官方正式公布消息,新职业将于2014年3月正式开启内测！《魔域》马年骑
士秀盛装开启,专属定制QQ秀携带Q版骑士形象首次亮相,为即将出炉……<a href="#" target="_
blank" class="more">查看原文</a></p>
07         </div>
08         <div class="news" id="n2">
09             <p>11月7日,《魔域》第二届全国跨服军团战"百团大战"活动
第二轮比赛再度开战,十一座城市参赛军团在经过首轮争夺之后,再度展开激烈的厮杀！经过几个小
时的争夺,最终上周冠军,代表苏州市出战的红河印象（云南二区）军团大发神威……<a href="#"
target="_blank" class="more">查看原文</a></p>
```

```
10                  </div>
11          </div>
12      <div class="report">
13              <h2>最新报道</h2>
14              <ul>
15                      <li><div class="img"><img src="temp/p2.jpg" /></
div><p>[01-02]魔域01月01日6131版本更新公告</p><a href="#" target="_blank"
class="more">查看原文</a></li>
16                      <li><div class="img"><img src="temp/p3.jpg" /></
div><p>[01-01]一语道破天机—关于副本的物价</p><a href="#" target="_blank"
class="more">查看原文</a></li>
17                      <li><div class="img"><img src="temp/p4.jpg" /></
div><p>[12-31]神域的特产！让你的目标更加明确</p><a href="#" target="_blank"
class="more">查看原文</a></li>
18                      <li><div class="img"><img src="temp/p5.jpg" /></
div><p>[12-30]关于血魂觉醒你所不知道的真相</p><a href="#" target="_blank"
class="more">查看原文</a></li>
19              </ul>
20          </div>
21  </div>
```

第01行和第21行是内页主体内容的最外层容器，id是bd。第02~11行是游戏新闻版块，其中第02行和第11行是这个版块的最外层容器，第03行是这个版块的标题，用h2标签包含这个版块的标题文字，第04~07行和第08~10行分别是两条新闻模块，这两个新闻模块的结构基本相同，不同点在于第一条新闻多了一张图片。第12~20行是最新报道版块，其中第12行和第20行是这个版块的最外层容器，第13行是这个版块的标题，也用h2标签包含版块标题的文字，第14~19行是4个结构相同的报道模块，由于结构相同，而且每个模块中的内容不是太多，用了ul列表标签，使这部分结构清晰，易于维护。

10.3.6 首页XHTML代码总览

前面对网站首页各个模块的XHTML代码进行了逐一编写，如图10.11所示是这些模块组成的首页的XHTML框架图，说明了层的嵌套关系。

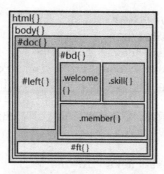

图10.11 首页XHTML框架图

在这些XHTML代码的基础上增加页面的<!DOCTYPE>声明及html头部元素，就是首页的完整XHTML代码。完整的首页XHTML代码如下：

代码10-5

```
01  <!DOCTYPE HTML>
02  <html>
03  <head>
04      <meta charset="utf-8">
05      <title>首页</title>
06      <link href="css/style.css" rel="stylesheet" type="text/css" />
07  </head>
08  <body>
09  <div id="doc">
10          <!--start of left-->
11          <div id="left">…</div>
12          <!--end of left-->
13          <!--start of bd-->
14          <div id="bd">
15                  <div class="welcome fl">…</div>
16                  <div class="skill fl">…</div>
17                  <div class="member">…</div>
18          </div>
19          <!--end of bd-->
20          <!--start of ft-->
21          <div id="ft">…</div>
22          <!--end of ft-->
23  </div>
24  </body>
25  <!--[if IE 6]>
26  <script src="js/DD_belatedPNG_0.0.8a-min.js"></script>
27  <script>
28          DD_belatedPNG.fix('*');
29  </script>
30  <![endif]-->
31  </html>
```

第01行是页面的<!DOCTYPE>声明。第03~07行是html头部元素。第02行和第31行是页面的一对html标签，对应图10.11中html{}。第08行和第24行是页面的一对body标签，对应图10.11中body{}。第11行是页面左栏信息，对应图10.11中#left{}。第14~18行是页面主体内容，对应图10.11中#bd{}，其中第15行是"欢迎来到游戏部落"版块，对应图10.11中.welcome{}，第16行是"战场竞技"版块，对应图10.11中.skill{}，第17行是会员专区版块，对应图10.11中.member{}。第21行是页脚，对应图10.11中#ft{}。

第25~30行是页面加载的JavaScript文件DD_belatedPNG_0.0.8a-min.js。在IE 6下，PNG24的透明或半透明图片不能在浏览器中正常显示，这个js文件是一个插件，用于解决IE 6下的这个问题。其中，第25行和第30行的<!--[if IE 6]>…<![endif]-->代码，是条件注释，被它包裹的代码仅IE 6可识别。

10.3.7 内页XHTML代码总览

前面对内页各个模块的XHTML代码进行了逐一编写，如图10.12所示是这些模块组成的内页的XHTML框架图，说明了层的嵌套关系。

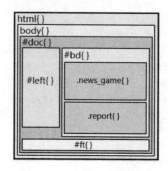

图10.12 内页的XHTML框架图

在这些XHTML代码的基础上增加页面的<!DOCTYPE>声明及html头部元素，就是内页的完整XHTML代码。完整的内页的XHTML代码如下：

代码10-6

```
01 <!DOCTYPE HTML>
02 <html>
03 <head>
04      <meta charset="utf-8">
05      <title>新闻中心</title>
06      <link href="css/style.css" rel="stylesheet" type="text/css" />
07 </head>
08 <body>
09 <div id="doc">
10      <!--start of left-->
11      <div id="left">…</div>
12      <!--end of left-->
13      <!--start of bd-->
14      <div id="bd">
15              <div class="news_game">…</div>
16              <div class="report">…</div>
17      </div>
18      <!--end of bd-->
19      <!--start of ft-->
20      <div id="ft">…</div>
21      <!--end of ft-->
22 </div>
23 </body>
24 <!--[if IE 6]>
25 <script src="js/DD_belatedPNG_0.0.8a-min.js"></script>
26 <script>
27      DD_belatedPNG.fix('*');
28 </script>
29 <![endif]-->
30 </html>
```

第01行是页面的<!DOCTYPE>声明。第03~07行是html头部元素。第02行和第30行是页面的一对html标签，对应图10.12中html{}。第08行和第23行是页面的一对body标签，对应图10.12中body{}。第11行是页面左栏信息，对应图10.12中#left{}。第14~17行是页面主体内容，对应图10.12中#bd{}，其中第15行是游戏新闻版块，对应图10.12中.news_game{}，第16行是最新报道版块，对应图10.12中.report{}。第20行是页脚，对应图10.12中#ft{}。第24~28行是页面加载的JavaScript文件DD_belatedPNG_0.0.8a-min.js。与首页一样，用于解决IE 6下PNG24格式的透明或半透明图片不能在浏览器中正常显示的问题。

10.4 CSS编写

本节主要讲解游戏网站的CSS编写，包括页面左栏信息和页脚、首页和内页的CSS编写。

10.4.1 页面公共部分的CSS编写

页面公共部分包括CSS重置、页面中公用字体、字体颜色的样式，以及页面左栏信息和页脚。

CSS重置代码、页面公用样式的CSS代码编写如下：

代码10-7

```
01  /*css reset*/
02  body,div,dl,dt,dd,ul,ol,li,h1,h2,h3,h4,h5,h6,pre,code,form,fieldset,legend,input,button,textarea,p,blockquote,th,td{margin:0; padding:0;}/*以上元素的内外边距都设置为0*/
03  …
04  *.cf{zoom:1;} /* IE 6/7浏览器 (触发hasLayout) */
05  /*global css*/
06  body{font-family:"宋体";font-size:12px;color:#34281A;line-height:18px;background:url("../images/bg.jpg") no-repeat center 60px #000;}
07  a{color:#34281A;}
08  a:hover{color:#34281A;}
09  .fl{float:left;display:inline;}
10  .fr{float:right;display:inline;}
11  .more{color:#EDCC87;float:right;margin:0 10px 0 0;display:inline;}
12  .more:hover{color:#EDCC87;}
13  h2{height:31px;text-indent:-999em;overflow:hidden;}
14  h3{font-size:12px;}
```

第01~04行是CSS重置代码，与前几章相同。CSS重置代码在第2章中已经详细讲解过了，这里不再赘述。

第06~14行是公用CSS代码。第06行是页面元素body标签的样式，定义了整个页面的字体是宋体，文字默认大小为12px，颜色是#34281A，文字行高是18px以及整个页面的背景图片是bg.jpg。第07和08行设置了页面默认文字链接的样式，包括未访问时和鼠标划过时文字链接的颜色。第09行和第10行定义了两个通用类，分别是.fl和.fr，这两个类分别设置了向左浮动和向右浮动，并且设置display:inline解决IE 6双边距的。在后面的页面结构中，凡是需要向左或者向右浮动的模块或标签，都可以添加这两个类以实现相应的布局。

第11行和第12行是页面中所有"更多"链接的样式，设置了包括链接颜色、外边距及浮动等属性。第13行是页面中所有h2标签的样式，由于所有h2标签在本例中都运用到了版块的标题上，而所有版块的标题中的文字都是特殊字体，需要用背景图片代替，因此，在h2的样式中设置了text-indent:-999em;overflow:hidden;以使标题文字在XHTML结构中可见，但是在浏览器显示页面时隐藏。第14行是页面所有h3标签的样式，重置了字体大小为12px。

10.4.2 页面框架的CSS编写

前面分析了页面的布局图并且编写了页面框架的XHTML代码，根据这两部分编写页面框架的CSS代码如下：

代码10-8

```
01  #doc{width:766px; margin:0 auto;padding:60px 0;}
02  #left{float:left;width:230px;}
03  #bd{float:left;width:490px;height:592px;margin:65px 0
0;display:inline;}
04  #ft{clear:both;color:#D8C892;text-align:center;line-height:36px;font-
family:Tahoma,Arial;padding:0 0 0 150px;zoom:1;}
```

第01行是页面最外层容器#doc的样式，其中通过width:766px设置了这个容器的宽，进而限制了页面内容的宽，通过margin:0 auto实现了这个容器在浏览器屏幕中左右居中。通过padding:60px 0实现了#doc容器的上下内边距。

第02行是页面左侧信息的样式，通过float:left实现了#left向左浮动，从而位于#doc容器的左侧。

第03行是页面主体内容的样式，也通过float:left实现了#bd向左浮动。

第04行是页脚的样式，通过clear:both清除了浮动，实现了#ft容器重新位于CSS正常文档流之中。通过zoom:1解决了IE 6和IE 7下的#ft容器与#bd容器之间间距的问题。

10.4.3 页面左栏信息和页脚的CSS编写

前面分析了页面左栏信息并且编写了页面左栏信息的XHTML代码，页面左栏信息的CSS代码如下：

代码10-9

```
01  #left{…}
02  h1{width:200px;height:90px;overflow:hidden;margin:27px 0 0 15px;}
03  h1 a{display:block;width:100%;height:100%;text-indent:-999em;}
04  #menu{width:150px;height:210px;margin:20px 0 0 45px;}
05  #menu li{height:40px;overflow:hidden;margin:0 0 11px 0;}
06  #menu li a{display:block;width:100%;height:100%;text-indent:-999em;}
```

第01行是页面左栏信息的最外层样式第02行和第03行是网站标志的样式。其中需要说明的是，第03行中通过display:block将a标签由行内元素转变为块元素，后面紧接着通过"width:100%;height:100%;"将a标签的宽度和高度都设置为与h1标签的宽和高一样，又通过text-indent:-999em将a标签中的文字隐藏，通过这个属性能够隐藏a中文字的原因在前面的章节中讲解过了。

第04~06行是网站导航的样式。其中第06行中a标签的设置与第03行相似，都运用了display:block;width:100%;height:100%;text-indent:-999em这几句属性和值的组合。

10.4.4 首页主体内容的CSS编写

根据对首页主体内容的分析和首页主体内容的XHTML代码，编写首页主体内容的CSS代码如下：

代码10-10

```
01  .welcome{width:213px;height:324px;background:url("../images/welcome.
png") no-repeat left top;margin:0 0 0 35px;}
02  .welcome .img{float:left;width:86px;height:85px;background:url("../
images/pic_bg.jpg")no-repeat left top;}
03  .welcome img{width:73px;height:71px;display:block;margin:5px auto 0;
border:2px solid #A28A4C;}
04  .welcome .introduce{padding:10px 5px 10px 20px;}
05  .welcome .introduce p,.welcome .introduce h3,.welcome .introduce
ul{margin:0 0 0 90px; _margin:0 0 0 87px;}
06  .welcome .task{padding:10px 20px;margin:12px 0 0;}
07  .welcome .task h3{background:url("../images/arrow.png") no-repeat 8px
5px;padding:0 5px 0 20px;}
08  .welcome .task p{overflow:hidden; width:173px;}
09  .welcome .task p a{float:left;margin:0 0 0 20px;display:inline;}
10  .skill{width:209px;height:324px;background:url("../images/skill.png")
no-repeat left top;}
11  .skill img{width:162px;height:93px;display:block;margin:5px 0 0
18px;border:2px solid #A28A4C;}
12  .skill ul{padding:20px 30px 20px 25px;margin:0 0 10px 0;}
13  .skill ul li{background:url("../images/arrow1.png") no-repeat right
center;}
14  .member{width:422px;height:205px;background:url("../images/member.png")
no-repeat left top;float:left;}
15  .member a{color:#DFC17B;}
16  .member a:hover{color:#DFC17B;text-decoration:underline;}
17  .member input{width:180px;height:24px;font-size:12px;border:0
none;background:none;}
18  .member #submit{width:70px;height:30px;float:right;cursor:pointer;}
19  .member .activities{width:100px;height:120px;margin:10px 6px 0
25px;padding:10px 5px;}
20  .member .activities .more{margin:0 5px 0 0;*margin:-18px 5px 0 0;}
21  .member .login{width:245px;height:110px;margin:10px 0 0 0;font-
weight:bold;padding:15px 0 5px 15px;color:#DFC17B;}
```

```
22  .member .login p{padding:0 0 11px 20px;}
23  .member .login label{margin:0 5px 0 0;}
24  .member .login .tips{margin:8px 0 0 5px;}
25  .member .login .tips a{display:block;text-decoration:underline;}
```

第01~09行是"欢迎来到游戏部落"版块的样式。其中第01行是这个版块最外层容器的样式，通过"width:213px;height:324px;"限制了这个版块的宽度和高度，并定义了这个版块的背景图片。第02~03行是这个版块中图片的样式，通过float:left实现了图片向左浮动。第04~05行的代码实现了这个版块中的"游戏介绍"和"职业技能"模块的样式，其中第05行中通过"_margin:0 0 0 87px"解决了IE 6下p标签与.img容器多出了3px间距的问题。第06~09行的代码实现了这个版块中"入门任务"模块的样式。

第10~13行是"战场竞技"版块的样式，其中第10行是这个版块最外层容器的样式，同样定义了这个版块的宽度、高度和背景，第11行是这个版块中广告图片的样式，通过display:block将img标签由行内元素转换成块元素，进而又通过width和height属性定义了广告图片的宽度和高度，第12~13行是这个版块中文字链接列表的样式。第14~24行是会员专区版块的样式。其中第14行是这个版块最外层容器的样式。第15~16行定义了这个版块中所有a链接的样式。第17行定义了"用户名"和"密码"对应的文本框的样式。

第18行定义了"登录"按钮的样式，其中的cursor:pointer实现了鼠标划过时鼠标指针由指针变为手形，使用户明确这里是按钮，可以单击，增强了用户体验。第19行是会员专区版块中左侧的优惠活动模块的样式。第20行是优惠活动模块中"查看原文"的样式。其中*margin:-18px 5px 0 0是为了解决IE 6和IE 7下"查看原文"折行的问题，这是IE 6和IE 7浏览器自身的渲染问题。第21~24行是"会员专区"版块中右侧的登录区模块的样式。

10.4.5 内页主体内容的CSS编写

根据对内页主体内容的分析和内页XHTML代码，编写内页主体内容的CSS代码如下：

代码10-11

```
01  .news_game{width:424px;height:262px;background:url("../images/news.
png") no-repeat left bottom;margin:0 auto;}
02  .news_game .news{padding:10px 20px;}
03  .news_game .news p{background:url("../images/arrow.png") no-repeat 8px
5px;}
04  .news_game h2{background:url("../images/h2_newsgame.png") no-repeat 0
0;}
05  .news_game .img{float:left;width:86px;height:85px;background:url("../
images/pic_bg.jpg") no-repeat left top;}
06  .news_game img{width:73px;height:71px;display:block;margin:5px auto
0;border:2px solid #A28A4C;}
07  .news_game #n1 p{margin:0 0 0 85px;padding:0 5px 0 20px;}
08  .news_game #n2{background:url("../images/bg_newsgame.png") no-repeat
center 0;width:384px;height:98px;margin:0 auto;}
09  .news_game #n2 p{padding:0 10px 0 20px;overflow:hidden;}
10  .news_game .more{margin:0 5px 0 0;*margin:-18px 5px 0 0;}
11  .report{width:424px;height:262px;background:url("../images/news.png")
no-repeat left bottom;margin:0 auto;}
```

```
12  .report h2{background:url("../images/h2_report.png") no-repeat 0 0;}
13  .report ul{padding:10px 20px;}
14  .report ul li{width:190px;height:105px;overflow:hidden;float:left;}
15  .report ul li  .img{float:left;width:86px;height:85px;background:u
rl("../images/pic_bg.jpg") no-repeat left top;}
16  .report ul li  img{width:73px;height:71px;display:block;margin:5px auto 0;
border:2px solid #A28A4C;}
17  .report ul li p{background:url("../images/arrow.png") no-repeat 8px
5px;padding:0 0 10px 20px;float:left;width:80px; }
```

第01~10行是游戏新闻版块的样式。其中第01行是这个版块最外层容器的样式，分别定义了这个版块的宽度、高度、背景以及在父容器#bd中左右居中显示。第02~03行是这个版块中两条新闻模块的公用样式，第02行定义了新闻模块的上下左右内边距，第03行定义了新闻模块中段落的背景，在浏览器中看，是新闻模块中每个段落前面的三角形小图标。第04行定义了这个版块的版块标题的背景。第05~06行定义了这个版块中图片的样式，其中第05行通过float:left实现了图片向左浮动，并通过background设置了图片的背景，第06行中通过display:block将img标签由行内元素转换成块元素，以便能通过margin设置img的上下左右外边距。第07行为第一条新闻单独设置了样式，包括上下左右外边距和内边距。第08~09行为第二条新闻单独设置了样式，包括第二条新闻的背景、宽度、高度、水平居中显示以及这条新闻中段落的内边距。第10行是游戏新闻中"查看原文"的样式。

第11~17行是最新报道版块的样式。其中第11行是这个版块最外层容器的样式，分别定义了这个版块的宽度、高度、背景以及在父容器#bd中左右居中显示。第12行定义了这个版块的版块标题的背景。第13~17行是这个版块中ul列表的样式，其中第13行定义了ul标签的内边距，第14行定义了每个li的样式，包括宽度、高度、隐藏溢出及向左浮动，其中通过overflow:hidden设置了隐藏溢出，如果li中的内容超过样式中定义的高度，那么超出的部分将隐藏，设置隐藏溢出的目的是为了防止li中的内容过多导致的页面变形。第15~16行是每个li元素中img元素的样式，其中第15行的float:left实现了图片向左浮动，第16行的display:block将img有行内元素转换成块元素，进而分别设置图片的宽度、高度及外边距。第17行定义了li元素中p元素的样式，包括内外边距、背景、向左浮动和宽。

10.4.6 网站CSS代码总览

前面讲解了页面左栏信息、页脚、页面主体内容、CSS重置和页面公用的CSS代码，这些代码共同组成了网站页面的完整CSS代码，如代码10-12所示。

代码10-12

```
01  @charset "utf-8";
02  /*css reset*/
03  ...
04  /*global css*/
05  ...
06  /*module css*/
07  /*index.html*/
08  .welcome{...}
09  .welcome .img{...}
```

```
10  …
11  /*page.html*/
12  .news_game{…}
13  .news_game .news{…}
14  …
```

注意 省略的代码在每个小节中都有讲解。

10.5 制作中需要注意的问题

10.5.1 网页设计稿中特殊字体的处理

网页浏览者在看网页时，是用自己电脑上的字库来显示字体的，如果在制作网页时用了特殊的字体，必须保证浏览网页的用户的电脑上也有这样的字库才能看到相同的效果，如果用户的电脑上没有所定义的字体，那么它会自动用系统默认字体来显示，一般中文的默认字体都是宋体。

浏览器在从网络上下载网页并显示的时候，并不下载字库，因此所用的特殊字体只能在自己的电脑上，或者和有同样字库的电脑上显示出来。因此对于网页设计稿中应用了特殊字体的标题、美术字体都只能做成图片。

网页的CSS中常用的字体包括宋体、黑体、微软雅黑、Arial、Verdana、serif。

10.5.2 切图时应该保存成哪种图片格式

切图的时候应采用合适的图片格式并进行合理的参数设置，使保存的图片达到品质和性能的最优化。

制作网页切图时，保存图片的格式通常有三种，分别是JPEG(JPG)、PNG及GIF。

JPEG（JPG）是应用最广泛的格式之一，它是有损压缩，将不易被人眼察觉的图像颜色删除。可调节它的压缩量来改变文件的大小，压缩量越小，图像质量越好。

PNG是可移植性网络图像，能够提供长度比GIF小30%的无损压缩图像文件，是最不失真的格式。它汲取了GIF和JPG的优点，但是不支持动画应用效果。它可以做图标。同时提供16位灰度、24位和48位真彩色图像支持。

PNG是无损压缩的图片格式，即它的压缩方式会尽可能真实地还原图像。PNG图片根据索引颜色在保存时又可分为PNG8和PNG24两种。PNG8最多只能索引256种颜色，所以对于颜色较多的图像不能真实还原。PNG24则可以保存1600多万种颜色，基本能够真实还原人类肉眼可以分别的所有颜色。

GIF分为静态和动态两种，支持透明背景图像。对于一些小动画可以保存为GIF格式。对于普通图片，最高能显示256种颜色的图像。所以大图切片选择这种保存方式显得有些不清晰，尤其是有人物的图片就更加明显。

根据上面对各种图片格式的分析，可以得出这样的结论：

（1）JPG不适用于所含颜色很少、具有大块颜色相近的区域或亮度差异十分明显的较简单的图片。对于写实的摄影图像或是颜色层次非常丰富的图像采用JPG的图片格式保存一般能达到最佳的压缩效果。根据经验，在页面中使用的商品图片、采用人像或者实物素材制作的广告banner等图像更适合采用JPG的图片格式保存。

（2）对于需要高保真的较复杂的图像，PNG虽然能无损压缩，但图片文件较大，不适合应用在Web页面上。图像上颜色较少，并且主要以纯色或者平滑的渐变色进行填充。或者具备较大亮度差异以及强烈对比的简单图像适合使用PNG格式进行存储。

（3）PNG8支持1位的布尔透明通道，所谓布尔透明指的是要么完全透明要么完全不透明。而PNG24则支持8位（256阶）的Alpha通道透明，也就是说可以存储从完全透明到完全不透明一共256个层级的透明度（即所谓的半透明）。

（4）对于小图标或小动画，可以保存成GIF格式。

第11章

婚庆网站

随着生活水平的提高，人们开始越来越重视婚礼的排场，婚礼的礼节，婚礼布置等等，婚庆公司一时间也在行业里应运而。网站是婚庆公司实力的第一门面，网站的好坏直接影响到公司的整体形象。国内传统婚礼讲究的是喜庆，大红大喜，所以国内婚庆网站设计风格一般以红色和粉红色调居多，页面布局随性灵活。

本章主要涉及到的知识点如下。

- 婚庆网站效果图分析：将页面拆分，对每个模块进行分析。
- 网站布局规划和切图：对网站页面进行布局规划和切图，并导出图片。
- XHTML编写：XHTML框架搭建；网站公共模块的XHTML编写；各页面主体内容的XHTML编写。
- CSS编写：网站公用样式的编写；网站公共模块的CSS编写；网站框架的CSS编写；各页面主体内容的CSS编写。
- 制作中的注意事项。

11.1 页面效果图分析

本节主要对网站效果图进行分析，包括页面头部和页脚分析、首页主体内容分析和内页主体内容分析。图11.1和图11.2分别是一个婚庆网站首页和"关于我们"的页面图。

图11.1 首页

图11.2 "关于我们"页面

> 注意 首页的XHTML页面表示为index.html，除首页外的其他页面统称为内页。

11.1.1 页面头部和页脚分析

页面的头部如图11.3所示，包括网站标志、网站导航及促销信息1~4，分别对应图中①②③④⑤⑥。

网站标志由背景图片和指向首页的链接组成。导航是一组文字链接列表。促销信息1~4是4个相同结构和样式的模块，每个模块包含促销图片、标题、信息及"购买"和"再看看"按钮。

图11.3 页面头部

页脚如图11.4所示,包括网站底部导航和网站版权,分别对应图中①②。网站底部导航是一组文字链接列表。网站版权是一段文字。

图11.4 页脚

11.1.2 首页主体内容分析

首页的主体内容如图11.5所示,包括"婚礼花艺分类"、"婚礼花艺介绍"、"鲜花物语"和"合作伙伴"等版块,分别对应图中①②③④。

图11.5 首页的主体内容

"婚礼花艺分类"包括版块标题和一组文字链接列表。"婚礼花艺介绍"包括版块标题和两个有关婚礼花艺的介绍模块。这两个模块有相同的结构和样式,其中每个模块都包括一张图片和相关介绍文字。"鲜花物语"包括版块标题、鲜花含义的介绍以及两个文字链接组成的列表。其中鲜花含义的介绍包括一张图片和相关介绍文字。"合作伙伴"包括版块标题和合作伙伴图文列表。

首页主体内容在布局上分为左中右三栏,"婚礼花艺分类"位于左栏,"婚礼花艺介绍"位于中间栏,"鲜花物语"和"合作伙伴"位于右栏。

11.1.3 内页主体内容分析

内页的主体内容如图11.6所示,包括"关于我们"、"鲜花种植"、"推荐花艺"和"精选优惠"版块,分别对应图中①②③④。

图11.6 内页的主体内容

"关于我们"包括版块标题、"关于我们"的介绍和一组文字链接组成的列表。"鲜花种植"包括版块标题和种植基地介绍。"推荐花艺"包括版块标题和一组文字链接组成的列表。精选优惠包括版块标题、优惠头条及优惠信息列表。

内页主体内容在布局上分为左中右三栏,"关于我们"位于左栏,"鲜花种植"和"推荐花艺"位于中间栏,"精选优惠"位于右栏。

11.2 布局规划及切图

本节将主要介绍婚庆网站的页面布局规划、页面图片切割并导出图片。这些工作是制作本章案例前的必要步骤。

11.2.1 页面布局规划

根据前面对网站效果图的分析,为了后面写出清晰简洁的XHTML代码,对页面的整体结构进行了提炼,得到了页面的大致布局图,如图11.7所示是首页和内页的页面布局图。

图11.7 页面布局图

11.2.2 切割首页及导出图片

首页需要切割的图片有网站头部背景图片banner.jpg、头部促销信息背景图bg_pic.gif、头部促销信息的按钮背景图btn.gif、婚礼花艺版块标题背景图mn101.gif、婚礼花艺介绍版块标题背景图mn102.gif、鲜花物语版块标题背景图mn103.gif、合作伙伴版块标题背景图mn104.gif、婚礼花艺分类中的分类列表背景图class.gif、小图标arrow.png。临时图片包括网站头部促销信息中的促销图片p1.gif- p4.gif、婚礼花艺介绍中的图片p5.gif、p6.gif、鲜花物语中的图片p7.gif、合作伙伴中的各合作伙伴标志part1.gif~part3.gif。

如图11.8所示是首页在Photoshop中的所有切片。

图11.8 首页在Photoshop中的所有切片

11.2.3 切割内页及导出图片

内页需要切割的图片有"推荐花艺"版块标题背景图mn203.gif、推荐花艺版块中文字链接列表的背景图recommend.gif。临时图片包括网站头部促销信息中的促销图片p8.gif~p11.gif、"关于我们"版块中的图片p12.gif、"鲜花种植"版块中的图片p13.gif、"精选优惠"版块中的图片p14.gif。

如图11.9所示是内页在Photoshop中的所有切片。

图11.9 内页在Photoshop中的所有切片

11.3 XHTML编写

本节将详细讲解页面头部、页脚、页面公共部分、页面框架和每个页面的XHTML代码的编写。语义和结构良好的XHTML代码不仅在制作网站时省时省力，更有利于提高网站排名，因此XHTML的编写虽然简单但很重要。

11.3.1 页面XHTML框架搭建

首页和内页的XHTML框架相同，包括三部分：页面头部、主体内容和页脚，id分别为hd、bd和ft。XHTML框架的代码编写如下：

代码11-1

```
01  <div id="doc">
02      <!--start of hd-->
03      <div id="hd"></div>
04      <!--end of hd-->
05      <!--start of bd-->
06      <div id="bd"></div>
07      <!--end of bd-->
```

```
08          <!--start of ft-->
09          <div id="ft"> </div>
10          <!--end of ft-->
11  </div>
```

第01行和第11行是页面最外层容器，id是doc。第03行是页面头部。第06行是页面主体内容。第09行是页脚。其他行代码是注释。

11.3.2 页面头部和页脚的XHTML编写

根据前面对页面头部的分析，网站标志上有指向网站首页的链接，因此用h1标签包含a标签组成标志部分的XHTML代码。网站导航是一组文字链接列表，由ul标签包含若干li标签组成，每个li标签中都包含由a标签和文字组成的链接。头部促销信息包含4个模块，每个模块的XHTML结构都相同，其中包括img图片、h3标题、p段落包含的促销信息以及两个a链接包含的按钮。

编写网站头部的XHTML代码如下：

代码11-2

```
01 <div id="hd">
02      <h1 class="logo"><a href="index.html">婚礼花艺</a></h1>
03      <ul class="menu">
04          <li><a href="index.html">首页</a></li>
05          <li><a href="aboutUs.html">关于我们</a></li>
06          <li><a href="#">花艺展示</a></li>
07          <li><a href="#">婚礼服务</a></li>
08          <li><a href="#">联系我们</a></li>
09      </ul>
10      <div class="flower n1">
11          <img src="temp/p1.gif" />
12          <h3>圣洁的友谊</h3>
13          <p>今日特价 ￥75.99</p>
14          <div class="operation"><a href="#" target="_blank">购买</a><a href="#" target="_blank">再看看</a></div>
15      </div>
16      <div class="flower n2">
17          <img src="temp/p2.gif" />
18          <h3>万紫千红</h3>
19          <p>今日特价 ￥65.99</p>
20          <div class="operation"><a href="#" target="_blank">购买</a><a href="#" terget="_blank">再看看</a></div>
21      </div>
22      <div class="flower n3">
23          <img src="temp/p3.gif" />
24          <h3>爱的宣言</h3>
25          <p>今日特价 ￥75.99</p>
26          <div class="operation"><a href="#" target="_blank">购买</a><a href="#" terget="_blank">再看看</a></div>
27      </div>
```

```
28        <div class="flower n4">
29                <img src="temp/p4.gif" />
30                <h3>百事合意</h3>
31                <p>今日特价 ￥75.99</p>
32                <div class="operation"><a href="#" target="_blank">购买</a><a href="#" target="_blank">再看看</a></div>
33        </div>
34 </div>
```

第01行和第34行是页面头部的最外层容器，id是hd。第02行是网站标志，第03~09行是网站导航，是一个由ul、li和a标签构成的文字链接列表。第10~33行是4个促销信息模块，其中第10~15行是第一个促销信息模块，第16~21行是第二个促销信息模块，第22~27行是第三个促销信息模块，第28~33行是第四个促销信息模块，以第10~15行的第一个促销信息模块为例，包含第11行的促销信息图片，由img标签添加属性src组成；第12行的促销信息标题，由h3标签包含标题文字组成；第13行的促销信息介绍，由p标签包含促销介绍文字组成；第14行的按钮，每个按钮都由a标签包含按钮文字组成。

根据前面对网站页脚的分析，底部导航是由若干a标签组成的文字链接列表，网站版权由p标签包含网站版权信息等文字组成。

编写网站页脚的XHTML代码如下：

代码11-3

```
01 <div id="ft">
02        <p class="link"><a href="#" target="_blank">首页</a>|<a href="#" target="_blank">关于我们</a>|<a href="#" target="_blank">花艺展示</a>|<a href="#" target="_blank">婚礼服务</a>|<a href="#" target="_blank">联系我们</a></p>
03        <p>版权所有 © 2006 婚礼花艺</p>
04 </div>
```

第01行和第04行是页脚的最外层容器，id是ft。第02行是页脚中的底部导航，是一个p标签，里面包含5个a标签，每个a标签之间由"|"线分隔。第03行是网站版权，是由p标签包含的一段有关版权信息的文字。

11.3.3 页面公共部分的XHTML编写

在本章案例中，页面的公共部分包括页面头部和页脚，如图11.10所示。页面头部和页脚的XHTML代码在前面已经讲过了，这里不再赘述。

图11.10 网站所有页面的公共部分

11.3.4 首页主体内容的XHTML编写

根据前面对首页的主体内容的分析，编写首页主体内容的XHTML代码如下：

代码11-4

```
01  <div id="bd">
02      <div class="class fl">
03          <h2>婚礼花艺分类</h2>
04          <ul>
05              <li><a href="#" target="_blank">主桌花</a></li>
06              <li><a href="#" target="_blank">新娘手捧花</a></li>
07              <li><a href="#" target="_blank">新娘腕花</a></li>
08              <li><a href="#" target="_blank">新娘头花</a></li>
09              <li><a href="#" target="_blank">胸花</a></li>
10              <li><a href="#" target="_blank">婚车鲜花</a></li>
11              <li><a href="#" target="_blank">烛台装饰花</a></li>
12              <li><a href="#" target="_blank">鲜花花瓣</a></li>
13              <li><a href="#" target="_blank">香槟对杯花艺</a></li>
14              <li><a href="#" target="_blank">婚礼鲜花套系</a></li>
15              <li><a href="#" target="_blank" class="more">更多
...</a></li>
16          </ul>
17      </div>
18      <div class="introduce fl">
19          <h2>婚礼花艺介绍</h2>
20          <div class="intro borderbom">
21              <img src="temp/p5.gif" />
22              <p>花艺是传统婚礼上最隆重的组成部分，更是现代婚礼中最耀
眼的装饰元素。它见证着每一对有情人的海誓山盟、地久天长。<a href="#" target="_blank"
class="more">更多...</a></p>
23          </div>
24          <div class="intro">
25              <img src="temp/p6.gif" />
26              <p>婚礼用花一般多以玫瑰、郁金香、百合、康乃馨等为主。不同的鲜
花体现不同的意义。另外，同种花朵种类但是不同的颜色表达的意义也不同。<a href="#" target="_
blank" class="more">更多...</a></p>
27          </div>
28      </div>
29      <div class="story fl">
30          <h2>鲜花物语</h2>
31          <div class="intro">
32              <img src="temp/p7.gif" />
33              <p>郁金香被视为胜利和美好的象征，它还代表着爱的表白和永恒的祝
福。<a href="#" target="_blank" class="more">更多...</a></p>
34          </div>
35          <ul>
36              <li>- <a href="#" target="_blank">红色玫瑰是爱情的最佳
代言人</a></li>
37              <li>- <a href="#" target="_blank">百合花象征着纯洁、贞
洁和天真无邪</a></li>
```

```
38                    </ul>
39            </div>
40            <div class="parterner fl">
41                    <h2>合作伙伴</h2>
42                    <table>
43                            <tr>
44                                    <td><img src="temp/part1.gif" /><a href="#"
target="_blank">ATT婚礼策划</a></td>
45                                    <td><img src="temp/part2.gif" /><a href="#"
target="_blank">锐思婚庆</a></td>
46                                    <td><img src="temp/part3.gif" /><a href="#"
target="_blank">海格婚庆</a></td>
47                            </tr>
48                    </table>
49            </div>
50    </div>
```

第01行和第50行是首页主体内容的最外层容器，id是bd。

第02~17行是"婚礼花艺分类"版块。其中第02和第17行是这个版块的最外层容器。第03行是这个版块的版块标题，用h2标签包含相关标题文字组成。第04~16行是这个版块标题下面的分类导航，分类导航是由ul、li以及a标签包含相关分类导航文字组成的。

第18~28行是"婚礼花艺介绍"版块。其中第18和第28行是这个版块的最外层容器。第19行是这个版块的版块标题，用h2标签包含相关标题文字组成。第20~23行和第24~27行分别是两个婚礼花艺介绍模块，以第20~23行代表的第一个模块为例，其中第20和第23行是模块的最外层容器，第21行是介绍模块的图片，第22行是模块相关介绍，由p段落包含相关文字组成，另外，p段落中除了相关介绍还包含"更多…"链接，由a标签包含文字"更多…"组成。

第29~39行是"鲜花物语"版块。其中第29和第39行是这个版块的最外层容器。第30行是这个版块的版块标题，用h2标签包含相关标题文字组成。第31~34行是鲜花含义的介绍模块，其中第31行和第34行是这个模块的最外层容器，第32行是这个模块中的左侧图片，第33行是这个模块的文字介绍。第35~38行是鲜花含义介绍模块下面的文字链接列表，由ul、li及a标签包含相关文字组成。

第40~49行是"合作伙伴"版块。其中第40行和第49行是这个版块的最外层容器。第41行是这个版块的版块标题，用h2标签包含相关标题文字组成。第42~48行是三个合作公司组成的主体内容，由于每个合作公司的标志大小及公司名长度不一样，所以不能限制宽度，利用table很好地解决了这个问题。table中的td可以根据其中的内容自动调整每个td的宽度，并且总宽度是整个合作伙伴版块的宽度。

11.3.5 内页主体内容的XHTML编写

根据前面对内页主体内容的分析，编写内页主体内容的XHTML代码如下：

代码11-5

```
01 <div id="bd">
02        <div class="about fl">
03                <h2>关于我们</h2>
```

```
04                    <div class="intro">
05                        <img src="temp/p12.gif" />
06                        <h3>婚礼花艺</h3>
07                        <p>专注婚礼花艺。将每一场婚礼都精雕细琢力求完美。<a
href="#" target="_blank" class="more">更多...</a></p>
08                    </div>
09                    <ul>
10                        <li><a href="#" target="_blank">个性化婚礼鲜花定制</
a></li>
11                        <li><a href="#" target="_blank">美丽新娘如何呈现</a></
li>
12                        <li><a href="#" target="_blank">如何挑选最适合您的婚宴
场地</a></li>
13                        <li><a href="#" target="_blank">婚纱礼服应该购买还是租
赁</a></li>
14                        <li><a href="#" target="_blank" class="more">更多
...</a></li>
15                    </ul>
16            </div>
17            <div class="discount fr">
18                    <h2>精选优惠</h2>
19                    <div class="intro">
20                        <img src="temp/p14.gif" />
21                        <h3>【永结同心】</h3>
22                        <p>婚礼迎新花车，用花艺和色彩使婚礼豪华起来，既大大地节省开
支，又极具浪漫和时尚色彩。<a href="#" target="_blank" class="more">更多...</a></p>
23                    </div>
24                    <ul>
25                        <li>- <a href="#" target="_blank">2013最新婚礼花艺特惠
套系</a></li>
26                        <li>- <a href="#" target="_blank">限时特惠99朵玫瑰-永
恒的爱</a></li>
27                        <li>- <a href="#" target="_blank">6800元套系优惠人民币
400元</a></li>
28                        <li>- <a href="#" target="_blank">结婚第一周年日免费赠
送99支玫瑰</a></li>
29                        <li>- <a href="#" target="_blank">10800元以上婚礼布置
优惠人民币</a></li>
30                    </ul>
31            </div>
32            <div class="grow fl">
33                    <h2>鲜花种植</h2>
34                    <div class="intro">
35                        <img src="temp/p13.gif" />
36                        <p>聘请鲜花种植领域专家培育公司所需的各种鲜花，研究各种鲜
花的花形花色，巧妙发挥各种鲜花的花形优势。婚礼花艺鲜花种植基地欢迎您参观访问。<a href="#"
target="_blank" class="more">更多...</a></p>
37                    </div>
38            </div>
39            <div class="recommend fl">
40                    <h2>推荐花艺</h2>
41                    <ul>
42                        <li><a href="#" target="_blank">永结同心fs008圆型手捧
花</a></li>
43                        <li><a href="#" target="_blank">【爱海无际】hc004婚礼
```

```
迎新花车</a></li>
    44                              <li><a href="#" target="_blank">fx002泰国兰胸花</a></
li>
    45                              <li><a href="#" target="_blank" class="more">更多
...</a></li>
    46              </ul>
    47        </div>
    48 </div>
```

第01行和第48行是内页主体内容的最外层容器，id是bd。

第02~16行是"关于我们"版块。其中第02行和第16行是这个版块的最外层容器。第03行是这个版块的版块标题，用h2标签包含相关标题文字组成。第04~08行是"关于我们"的介绍，包含第05行的图片、第06行的标题和第07行的介绍文字。第09~15行是这个版块中的文字链接列表，由ul、li及a标签包含相关文字组成。

第17~31行是"精选优惠"版块。其中第17行和第31行是这个版块的最外层容器。第18行是这个版块的版块标题，用h2标签包含相关标题文字组成。第19~23行是精选优惠的介绍，其中包含第20行的图片、第21行的标题和第22行的相关文字。第24~30行是这个版块中的文字链接列表，由ul、li及a标签包含相关文字组成。

第32~38行是"鲜花种植"版块。其中第32行和第38行是这个版块的最外层容器。第33行是这个版块的版块标题，用h2标签包含相关标题文字组成。第34~37行是鲜花基地介绍模块，其中包含第35行的图片和第36行的基地介绍文字。

第39~47行是"推荐花艺"版块。其中第39和第47行是这个版块的最外层容器。第40行是这个版块的版块标题，用h2标签包含相关标题文字组成。第41~46行是这个版块中的文字链接列表，由ul、li及a标签包含相关文字组成。

根据前面对首页和内页主体内容的分析，提取出两种结构相似并且样式相同的公用的模块，分别是图片、标题和文字组成的图文介绍；文字链接列表。

11.3.6 首页XHTML代码总览

前面对网站首页各个模块的XHTML代码进行了逐一编写，如图11.11所示是这些模块组成的首页的XHTML框架图，说明了层的嵌套关系。

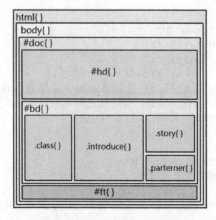

图11.11 首页XHTML框架图

在这些XHTML代码的基础上增加页面的<!DOCTYPE>声明及html头部元素，就是首页的完整XHTML代码。完整的首页XHTML代码如下：

代码11-6

```
01  <!DOCTYPE HTML>
02  <html>
03  <head>
04      <meta charset="utf-8">
05      <title>首页</title>
06      <link href="css/style.css" rel="stylesheet" type="text/css" />
07  </head>
08  <body>
09  <div id="doc">
10      <!--start of hd-->
11      <div id="hd">…</div>
12      <!--end of hd-->
13      <!--start of bd-->
14      <div id="bd">
15              <div class="class fl">…</div>
16              <div class="introduce fl">…</div>
17              <div class="story fl">…</div>
18              <div class="parterner fl">…</div>
19      </div>
20      <!--end of bd-->
21      <!--start of ft-->
22      <div id="ft">…</div>
23      <!--end of ft-->
24  </div>
25  </body>
26  <!--[if IE 6]>
27  <script src="js/DD_belatedPNG_0.0.8a-min.js"></script>
28  <script>
29          DD_belatedPNG.fix('*');
30  </script>
31  <![endif]-->
32  </html>
```

第01行是页面的<!DOCTYPE>声明。第03~07行是html头部元素。第02行和第32行是页面的一对html标签，对应图11.11中html{}。第08行和第25行是页面的一对body标签，对应图11.11中body{}。第11行是页面头部，对应图11.11中#hd{}。第14~19行是页面主体内容，对应图11.11中#bd{}，其中第15行是"鲜花花艺分类"版块，对应图11.11中.class{}，第16行是"婚礼花艺介绍"版块，对应图11.11中.introduce{}，第17行是"鲜花物语"版块，对应图11.11中.story{}，第18行是"合作伙伴"版块，对应图11.11中.parterner{}。第22行是页脚，对应图11.11中#ft{}。第26~31行是页面加载的JavaScript文件DD_belatedPNG_0.0.8a-min.js。在IE 6下，PNG24的透明或半透明图片不能在浏览器中正常显示，这个js文件是一个插件，用于解决IE 6下的这个问题。其中，第26行和第31行的<!--[if IE 6]>…<![endif]-->代码，是条件注释，被它包裹的代码仅IE 6可识别。

11.3.7 内页XHTML代码总览

前面对内页各个模块的XHTML代码进行了逐一编写,如图11.12所示是这些模块组成的内页的XHTML框架图,说明了层的嵌套关系。

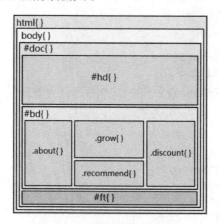

图11.12 内页的XHTML框架图

在这些XHTML代码的基础上增加页面的<!DOCTYPE>声明及html头部元素,就是内页的完整XHTML代码。完整的内页的XHTML代码如下:

代码11-7

```
01  <!DOCTYPE HTML>
02  <html>
03  <head>
04      <meta charset="utf-8">
05      <title>关于我们</title>
06      <link href="css/style.css" rel="stylesheet" type="text/css" />
07  </head>
08  <body>
09  <div id="doc">
10      <!--start of left-->
11      <div id="left">…</div>
12      <!--end of left-->
13      <!--start of bd-->
14      <div id="bd">
15          <div class="about fl">…</div>
16          <div class="discount fr">…</div>
17          <div class="grow fl">…</div>
18          <div class="recommend fl">…</div>
19      </div>
20      <!--end of bd-->
21      <!--start of ft-->
22      <div id="ft">…</div>
23      <!--end of ft-->
24  </div>
25  </body>
```

```
26 <!--[if IE 6]>
27 <script src="js/DD_belatedPNG_0.0.8a-min.js"></script>
28 <script>
29     DD_belatedPNG.fix('*');
30 </script>
31 <![endif]-->
32 </html>
```

第01行是页面的<!DOCTYPE>声明。第03~07行是html头部元素。第02行和第32行是页面的一对html标签，对应图11.12中html{}。第08行和第25行是页面的一对body标签，对应图11.12中body{}。第11行是页面头部，对应图11.12中#hd{}。第14~19行是页面主体内容，对应图11.12中#bd{}，其中第15行是"关于我们"版块，对应图11.12中.about{}，第16行是"精选优惠"版块，对应图11.12中.discount{}，第17行是"鲜花种植"版块，对应图11.12中.grow{}，第18行是"推荐花艺"版块，对应图11.12中.recommend{}。第22行是页脚，对应图11.12中#ft{}。第26~31行是页面加载的JavaScript文件DD_belatedPNG_0.0.8a-min.js。与首页一样，用于解决IE 6下PNG24格式的透明或半透明图片不能在浏览器中正常显示的问题。

11.4　CSS编写

本节主要讲解婚庆网站的CSS编写，包括页面头部和页脚、首页和内页的CSS编写。

11.4.1　页面公共部分的CSS编写

页面公共部分包括CSS重置、页面中公用字体、字体颜色的样式，以及页面头部和页脚。CSS重置代码、页面公用样式的CSS代码编写如下：

代码11-8

```
01 /*css reset*/
02 body,div,dl,dt,dd,ul,ol,li,h1,h2,h3,h4,h5,h6,pre,code,form,fieldset,legend,input,button,textarea,p,blockquote,th,td{margin:0; padding:0;}/*以上元素的内外边距都设置为0*/
03 …
04 *.cf{zoom:1;} /* IE 6/7浏览器（触发hasLayout） */
05 /*global css*/
06 body{font-family:"宋体";font-size:12px;color:#676767;line-height:18px;background:#000;padding:20px 0;}
07 a{color:#676767;}
08 a:hover{color:#676767;}
09 .fl{float:left;display:inline;}
10 .fr{float:right;display:inline;}
11 .borderbom{border-bottom:1px solid #DADADA;}
```

```
12  #bd{margin:2px auto 0;overflow:hidden;*zoom:1;}
13  .intro{padding:12px 10px;overflow:hidden;*zoom:1;}
14  .intro p{text-indent:2em;}
15  .intro img{float:left;display:inline;border:1px solid #C7ABD3;margin:0
10px 0 0;}
16  h2{height:20px;line-height:20px;font-family:"微软雅黑";color:#fff;font-
size:12px;padding:0 0 0 20px;border-bottom:2px solid #fff;}
17  .more{color:#A317B3;}
18  .more:hover{color:#A317B3;}
```

第01~04行是CSS重置代码，与前几章相同。CSS重置代码在第2章中已经详细讲解过了，这里不再赘述。

第06~18行是公用CSS代码。第06行是页面元素body标签的样式，定义了整个页面的字体是宋体，文字默认大小为12px，颜色是#676767，文字行高是18px，整个页面的背景颜色是黑色，上下内边距是20px。第07行和第08行设置了页面默认文字链接的样式，包括未访问时和鼠标划过时文字链接的颜色。第09行和第10行定义了两个通用类，分别是.fl和.fr，这两个类分别设置了向左浮动和向右浮动，并且设置display:inline解决了IE 6双边距的bug。在后面的页面结构中，凡是需要向左或者向右浮动的模块或标签，都可以添加这两个类以实现相应的布局。第11行也定义了一个名为borderbom的通用类，这个通用类中定义了下边框，页面中凡是需要有相同颜色下边框的容器都可以应用这个类。第12行是页面主体内容的样式。

第13~15行定义了类名为intro的模块的样式，其中第13行中的*zoom:1是为了解决IE 6/7中浏览器不兼容的问题。第14行通过将text-indent的值设置为2em，实现了段落中向右缩进两个汉字的效果。第15行定义了模块intro中图片为向左浮动、图片边框以及外边距。在后面的页面结构中，凡是属于图片和文字混合排版的模块，都可以添加这个类以实现相应的图文环绕效果。第16行是页面中所有h2标签的样式，所有h2标签在本例中都是运用到了版块的标题上，在h2中分别设置了标题高度、行高、字体、文字颜色、文字大小、标题内边距以及h2标签的下边框。第17行和第18行是页面中所有"更多"链接的样式，设置了链接的颜色。

11.4.2 页面框架的CSS编写

前面分析了页面的布局图并且编写了页面框架的XHTML代码，根据这两部分编写页面框架的CSS代码如下：

代码11-9

```
01  #doc{width:732px;padding:17px;background:#fff;margin:0 auto;}
02  #hd{height:366px;background:url("../images/banner.jpg") no-repeat left
top;position:relative;}
03  #bd{margin:2px auto 0;overflow:hidden;*zoom:1;}
04  #ft{color:#858585;text-align:center;font-family:Tahoma,Arial;}
```

第01行是页面最外层容器#doc的样式，其中通过width:732px设置了这个容器的宽度，进而限制了页面内容的宽度，通过margin:0 auto实现了这个容器在浏览器屏幕中左右居中，通过"padding:17px;background:#fff;"分别设置了#doc容器的内边距和背景颜色。

第02行是页面头部的样式，通过position:relative将头部最外层容器设置为相对定位，以便于头部容器中的内容能够设置绝对定位及left/top属性进行精确定位。

第03行是页面主体内容的样式，通过margin:2px auto 0实现了主体内容在#doc容器中水平居中显示，通过overflow:hidden; *zoom:1实现了清除#bd中最后一个模块的浮动，进而使#bd容器的高度等于#bd中实际内容的高度。

第04行是页脚的样式，分别定义了文字颜色、文字居中显示以及字体。

11.4.3 页面头部和页脚的CSS编写

前面分析了页面头部并且编写了这部分的XHTML代码，页面头部的CSS代码如下：

代码11-10

```
01  #hd{…}
02  h1{width:240px;height:80px;overflow:hidden;position:absolute;left:230px;top:20px;}
03  h1 a{display:block;width:100%;height:100%;text-indent:-999em;}
04  .menu{width:70px;height:105px;position:absolute;left:410px;top:136px;}
05  .menu li{font-weight:bold;line-height:19px;}
06  .menu li a{color:#fff;font-family:"微软雅黑";}
07  .menu li a:hover{color:#fff;text-decoration:none;}
08  .flower{background:url("../images/bg_pic.gif") no-repeat left top;width:244px;height:120px;line-height:32px;position:absolute;z-index:1;}
09  .flower h3{font-family:"微软雅黑";color:#E647B3;font-size:14px;margin:15px 0 0 130px;position:relative;z-index:3;}
10  .flower p{color:#8C41B6;margin:0 0 0 130px;position:relative;z-index:3;}
11  .flower .operation{overflow:hidden;margin:0 0 0 105px;position:absolute;z-index:3;}
12  .flower .operation a{float:left;width:61px;height:18px;line-height:18px;text-align:center;background:url("../images/btn.gif") no-repeat left top;color:#fff;font-weight:bold;margin:0 4px 0 0;display:inline;}
13  .flower .operation a:hover{text-decoration:none;}
14  .n1,.n5{left:239px;top:244px;}
15  .n2,.n6{left:485px;top:3px;}
16  .n3,.n7{left:485px;top:123px;}
17  .n4,.n8{left:485px;top:244px;}
18  .flower img{position:absolute;left:6px;top:10px;z-index:2;}
```

第01行是页面头部的最外层样式。

第02行和第03行是网站标志的样式。其中需要说明的是，第03行中通过display:block将a标签由行内元素转变为块元素，后面紧接着通过"width:100%;height:100%;"将a标签的宽度和高度都设置为与h1标签的宽和高一样，又通过text-indent:-999em将a标签中的文字隐藏，通过这个属性能够隐藏a中文字的原因在前面的章节中讲解过了。

第04~07行是网站导航的样式。其中第04行中通过"position:absolute;left:410px;top:136px;"精确定位了导航在网站头部容器中的位置。

第08~18行是网站头部中促销信息的样式。其中第08行通过"position:absolute;"将每个促销信息模块都设置为相对#ft容器的绝对定位，以便于通过第14~17行的left和top属性的值精确定位每个促销模块在页面头部中的位置。第09行是促销信息标题的样式。第10行是促销信息介绍的样式。第11~13行是促销信息中按钮的样式。第18行是促销信息中促销图片的样式。

需要特别说明的是，促销图片的大小不一，有的图片甚至覆盖了图片右侧的文字和按钮，因此需要将图片的层级移到右侧文字和按钮的层级之下，这里用到了属性z-index。第08行、第09行、第10行、第11行和第18行中各有一个z-index属性，通过这个属性可以设置相应元素的堆叠顺序，每个标签元素都有堆叠顺序，值越大的越位于最上层，所以.flower、.flower h3、.flower p、.flower .operation和.flower img的顺序是：.flower h3、.flower p和.flower .operation位于最上层，.flower img位于中间层，.flower位于.flower img下面，普通的没有设置z-index属性的标签位于最下层。要使z-index起作用相应的元素必须是绝对或相对定位，因此第09~11行中都设置了position:relative。

根据前面对页脚和这部分的XHTML代码的分析，编写页脚CSS代码如下：

代码11-11

```
01  #ft{…}
02  #ft .link{background:#B7ACBA;height:23px;line-height:23px;color:#fff;}
03  #ft .link a{color:#fff;margin:0 10px;}
```

第01行是页脚最外层容器的样式，在前面已经介绍过了，这里不再赘述。第02行和03行是页脚中底部导航的样式，其中第02行分别定义了底部导航最外层容器的背景颜色、高度、行高以及文字颜色。第03行分别定义了底部导航中文字链接的颜色和左右外边距。

11.4.4　首页主体内容的CSS编写

根据对首页主体内容和这部分XHTML代码的分析，编写首页主体内容的CSS代码如下：

代码11-12

```
01  .class{width:186px;margin:0 2px 0 0;}
02  .class h2{background:url("../images/mn101.gif") no-repeat left top;}
03  .class ul li{background:url("../images/class.gif") no-repeat 0 0;height:22px;line-height:22px;}
04  .class ul li a{background:url("../images/arrow.png") no-repeat 12px center;padding:0 0 0 24px;}
05  .introduce{width:301px;margin:0 2px 0 0;}
06  .introduce h2{background:url("../images/mn102.gif") no-repeat left top;}
07  .introduce .intro img{width:93px;height:84px;}
08  .story{width:241px;}
09  .story h2{background:url("../images/mn103.gif") no-repeat left top;}
10  .story .intro img{width:91px;height:67px;}
11  .story ul{padding:0 10px 5px;}
12  .parterner{width:241px;}
13  .parterner h2{background:url("../images/mn104.gif") no-repeat left top;}
14  .parterner a,.parterner a:hover{text-decoration:underline;color:#666;}
15  .parterner table{background:#EAEAEA;}
16  .parterner table td{text-align:center;padding:10px;}
17  .parterner table td img{display:block;margin:0 auto 5px;}
```

第01~04行是"婚礼花艺分类"版块的样式。其中第01行是这个版块最外层容器的样式，通过width:186px限制了这个版块的宽度，并定义了这个版块的外边距。第02行定义了这个版块中版块标题的背景图片。第03~04行是这个版块中ul文字链接列表的样式。其中第04行通过background和padding属性的设置实现了效果图中每个文字链接前面的三角形小图标。

第05~07行是"婚礼花艺介绍"版块的样式。其中第05行是这个版块最外层容器的样式，通过width:301px限制了这个版块的宽度，并定义了这个版块的外边距。第06行定义了这个版块中版块标题的背景图片。第07行设置了这个版块中图片的样式。

第08~11行是"鲜花物语"版块的样式。其中第08行是这个版块最外层容器的样式，通过width:241px限制了这个版块的宽度。第09行定义了这个版块中版块标题的背景图片。第10行设置了这个版块中图片的样式。第11行设置了这个版块中文字链接列表的内边距。

第12~17行是合作伙伴版块的样式。其中第12行是这个版块最外层容器的样式，通过width:241px限制了这个版块的宽度。第13行定义了这个版块中版块标题的背景图片。第14行设置了这个板块中所有文字链接的样式。第17行通过display:block将img标签由行内元素转换成块元素，并通过margin:0 auto 5px设置图片在td中水平居中，并且距下面的文字链接5px。

11.4.5 内页主体内容的CSS编写

根据对内页主体内容和这部分XHTML代码的分析，编写内页主体内容的CSS代码如下：

代码11-13

```
01  .about{width:186px;margin:0 2px 0 0;}
02  .about h2{background:url("../images/mn101.gif") no-repeat left top;}
03  .about h3{font-size:12px;color:#A317B3;}
04  .about .intro img{width:86px;height:117px;}
05  .about ul li{background:url("../images/arrow.png") no-repeat 12px
center;padding:0 0 0 24px;}
06  .grow{width:301px;margin:0 2px 0 0;background:#F3F3F3;}
07  .grow h2{background:url("../images/mn102.gif") no-repeat left top;}
08  .grow .intro{padding:12px 10px;}
09  .grow .intro img{width:136px;height:85px;}
10  .recommend{width:301px;margin:0 2px 0 0;}
11  .recommend h2{background:url("../images/mn203.gif") no-repeat left
top;}
12  .recommend ul li{background:url("../images/recommend.gif") no-repeat 0
0;height:22px;line-height:22px;}
13  .recommend ul li a{background:url("../images/arrow.png") no-repeat 12px
center;padding:0 0 0 24px;}
14  .discount{width:241px;background:#EAEAEA;}
15  .discount h2{background:url("../images/mn104.gif") no-repeat left top;}
16  .discount h3{font-size:12px;color:#A317B3;}
17  .discount .intro{padding:12px 10px 6px;}
18  .discount .intro img{width:80px;height:122px;}
19  .discount ul{margin:0 10px;padding:5px 10px;border-top:1px solid
#D2D2D2;}
```

第01~05行是"关于我们"版块的样式。其中第01行是这个版块最外层容器的样式，通过width:186px限制了这个版块的宽度，并定义了这个版块的外边距。第02行定义了这个版块中版块标题的背景图片。第03行是"婚礼花艺"标题的样式。第04行是图片的样式。第05行是文字链接列表的样式。

第06~09行是"鲜花种植"版块的样式。其中第06行是这个版块最外层容器的样式，通

过width:301px限制了这个版块的宽度，并定义了这个版块的外边距和背景颜色。第07行定义
了这个版块中版块标题的背景图片。第08行定义了"鲜花种植介绍"模块的内边距。第09行
定义了"鲜花种植"版块中图片的样式。

第10~13行是"推荐花艺"版块的样式。其中第10行是这个版块最外层容器的样式，通
过width:301px限制了这个版块的宽度，并定义了这个版块的外边距。第11行定义了这个版块
中版块标题的背景图片。第12~13行定义了这个版块中文字链接列表的样式。

第14~19行是"精选优惠"版块的样式。其中第14行是这个版块最外层容器的样式，通
过width:241px限制了这个版块的宽度，并定义了这个版块的背景颜色。第15行是这个版块中
版块标题的背景图片。第16行是"永结同心"标题的样式。第18行是图片的样式。第19行是
文字链接列表的样式。

11.4.6 网站CSS代码总览

前面讲解了页面头部、页脚、页面主体内容、CSS重置和页面公用的CSS代码，这些代
码共同组成了网站页面的完整CSS代码，如代码11-14所示：

代码11-14

```
01  @charset "utf-8";
02  /*css reset*/
03  …
04  /*global css*/
05  …
06  /*module css*/
07  /*index.html*/
08  .class{…}
09  .class h2{…}
10  …
11  /*page.html*/
12  .about{…}
13  .about h2{…}
14  …
```

 注意 省略的代码在每个小节中都有讲解。

11.5 制作中需要注意的问题—— z-index属性

在一个页面中，所有XHTML元素都是按照自然的层叠顺序排列的。当设置z-index 属性
的值时，会改变自然的层叠顺序。

W3C标准中对CSS的z-index属性是这样定义的："z-index 属性设置元素的堆叠顺序。拥有更高堆叠顺序的元素总是会处于堆叠顺序较低的元素的前面"，"该属性设置一个定位元素沿 z 轴的位置，z 轴定义为垂直延伸到显示区的轴。如果为正数，则离用户更近，为负数则表示离用户更远"。

z-index仅能在定位元素上奏效，也就是说应用z-index的元素必须同时定义position:absolute或relative。

为了更清晰地描述z-index是如何工作的，现夸大展示层叠元素在视觉位置上的关系，如图11.13所示。

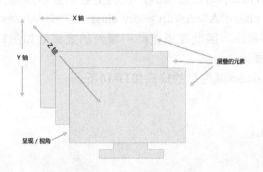

图11.13 层叠元素在视觉位置上的关系

下面的例子通过三个类名分别是A、B、C的div元素进一步展示了z-index属性的用法。如代码11-15所示是没有添加z-index属性时的XHTML及CSS代码：

代码11-15

```
01  <!DOCTYPE HTML>
02  <html>
03  <head>
04      <meta charset="utf-8">
05      <title>z-index</title>
06  </head>
07  <body>
08  <style type="text/css">
09      div{width:100px;height:100px;font-size:50px; position:absolute;}
10      .A{background:red; top:10px;left:10px;}
11      .B{background:orange; top:40px;left:40px;}
12      .C{background:green; top:70px;left:70px;}
13  </style>
14  <div class="A">A</div>
15  <div class="B">B</div>
16  <div class="C">C</div>
17  </body>
18  </html>
```

A、B、C三个容器在浏览器中的显示效果如图11.14所示。

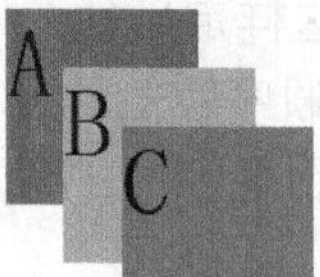

图11.14 A、B、C 三个容器在浏览器中的显示效果

没有添加z-index属性的三个div元素在浏览器中显示的前后顺序与XHTML中各div书写的先后的顺序有关，在XHTML中写在后面的，在浏览器中显示越离用户近。在这个例子中，如代码11-14所示，<div class="A">A</div><div class="B">B</div><div class="C">C</div>在XHTML文档中从上而下显示，因此在浏览器中看到的效果就如图11.14所示，A容器在最下面，B在中间，C在最上面。

给每个div元素增加z-index属性后的代码如11-16所示。

代码11-16

```
01  <!DOCTYPE HTML>
02  <html>
03  <head>
04      <meta charset="utf-8">
05      <title>z-index</title>
06  </head>
07  <body>
08  <style type="text/css">
09      div{width:100px;height:100px;font-size:50px;position:absolute;}
10      .A{background:red;top:10px;left:60px;z-index:2;}
11      .B{background:orange;top:40px;left:40px;z-index:3;}
12      .C{background:green;top:70px;left:70px;z-index:1;}
13  </style>
14  <div class="A">A</div>
15  <div class="B">B</div>
16  <div class="C">C</div>
17  </body>
18  </html>
```

A、B、C 三个容器在浏览器中的显示效果如图11.15所示。

图11.15 增加z-index属性后，A、B、C 三个容器在浏览器中的显示效果

代码11-16中，第10~12行分别为A、B、C 三个div元素增加z-index属性，值分别是2、3、1，在浏览器中显示效果如图11.15所示，B的层级最高，在最前面显示，其次是A，C在最后面显示。

论坛类网站

第12章

现在网络上论坛类的网站形形色色，主要是通过圈子来实现用户的自我展现和用户之间的相互交流。

本章主要涉及到的知识点如下。

- 论坛类网站效果图分析：将页面拆分，对每个模块进行分析。
- 网站布局规划和切图：对网站页面进行布局规划和切图，并导出图片。
- XHTML编写：XHTML框架搭建；网站公共模块的XHTML编写；各页面主体内容的XHTML编写。
- CSS编写：网站公用样式的编写；网站公共模块的CSS编写；网站框架的CSS编写；各页面主体内容的CSS编写。
- 制作中的注意事项。

12.1 页面效果图分析

本节主要对网站效果图进行分析，包括页面头部和页脚分析、首页主体内容分析和内页主体内容分析。图12.1和图12.2分别是一个论坛首页和论坛帖子页的效果图。

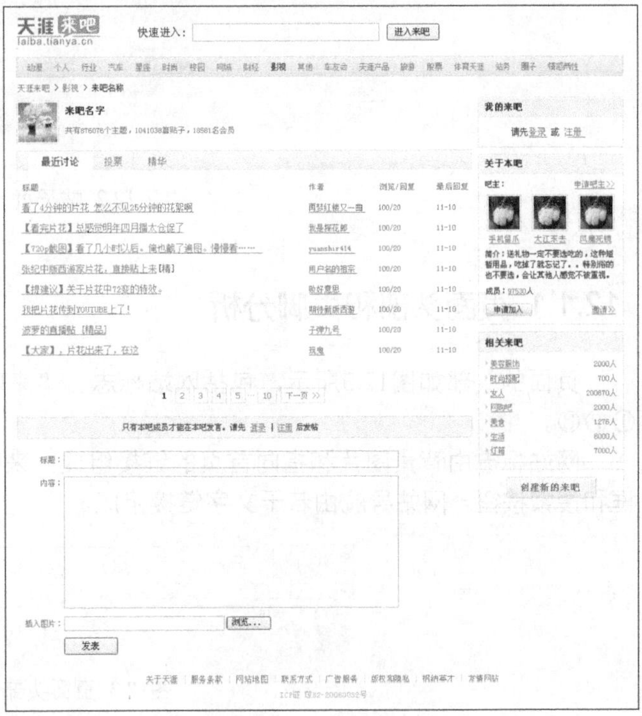

图12.1 首页

图12.2 帖子页

12.1.1 页面头部和页脚分析

页面的头部如图12.3所示，包括网站标志、"来吧搜索"以及网站导航，分别对应图中①②③。

网站标志由背景图片和指向首页的链接组成。来吧搜索包括搜索文本框标记、搜索文本框和搜索按钮。网站导航由若干文字链接组成。

图12.3 页面头部

页脚如图12.4所示，包括底部导航和网站版权，分别对应图中①②。底部导航是若干文字链接。

网站版权是一段文字。

图12.4 页脚

12.1.2 首页主体内容分析

首页的主体内容如图12.5所示，包括面包屑导航、主要内容以及侧栏，分别对应图中①②③。

在布局上，①位于主体内容的上半部分，②和③位于主体内容的下半部分。其中，②位于左栏，③位于右栏。

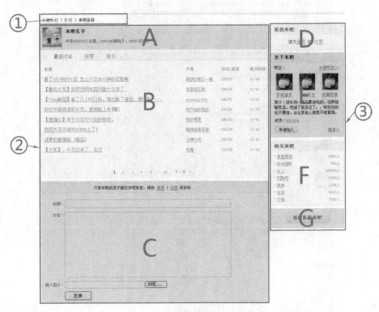

图12.5 首页的主体内容

面包屑导航由链接和文字组成。

主要内容包括"来吧"信息、"本吧"帖子以及"发帖"，共三个版块，分别对应图中ABC。

侧栏包括"我的来吧"、"关于本吧"、"相关来吧"以及"创建来吧"，共4个版块，分别对应图中DEFG。

"来吧"信息包括"来吧"图片和"来吧"信息介绍。

"本吧"帖子包括帖子分类导航、"帖子"列表和"帖子"分页。

"发帖"包括"发帖"提示和"发帖"表单。其中表单中有标题、内容、插图和发表按钮，这些都是表单元素，制作XHTML页面时用form标签包裹。

"我的来吧"包括版块标题、"登录"和"注册"链接。

"关于本吧"包括版块标题、吧主列表、本吧介绍、申请吧主和邀请链接以及申请加入本吧按钮。

"相关来吧"包括版块标题和"来吧"列表。其中来吧列表包括"来吧"名称和成员人数。

"创建来吧"是一个"创建新的来吧"按钮。

12.1.3 内页主体内容分析

帖子页的主体内容如图12.6示，包括面包屑导航、主要内容和侧栏，分别对应图中①②③。

在布局上与首页相似，①位于主体内容的上半部分，②和③位于主体内容的下半部分。其中②位于左栏，③位于右栏。

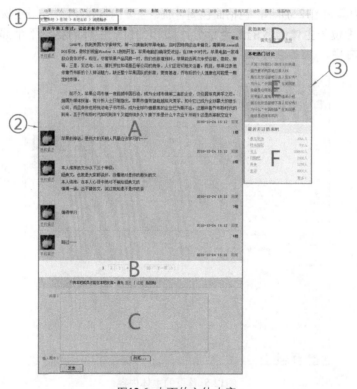

图12.6 内页的主体内容

面包屑导航与首页相同，由链接和文字组成。主要内容包括帖子详细内容、帖子内容分页和回帖，共三个版块，分别对应图中ABC。

侧栏包括"我的来吧"、"本吧热门讨论"和"最近去过的来吧"，共三个版块，分别对应图中DEF；其中"我的来吧"和分页与首页相同。回帖与首页的发帖基本相同。区别在于回帖不需要帖子的标题。帖子详细内容包括帖子标题、帖子内容以及回帖内容；其中，发表帖子内容的网友称为楼主，回帖的网友依次是1楼、2楼等，每一楼都包括网友头像、用户名、发表的内容、楼层、发表日期和回复链接。"本吧热门讨论"包括版块标题和帖子列表。"最近去过的来吧"包括版块标题、来吧列表和"更多"链接。其中来吧列表包括来吧名称和成员人数。

12.2 布局规划及切图

本节将主要介绍论坛类网站的页面布局规划、页面图片切割并导出图片。这些工作是制作本章案例前的必要的步骤。

12.2.1 页面布局规划

根据前面对网站效果图的分析，为了后面写出清晰简洁的XHTML代码，对页面的整体结构进行了提炼，得到了页面的大致布局图，如图12.7所示是首页和帖子页的页面布局图。

图12.7 页面布局图

12.2.2 切割首页及导出图片

首页需要切割的图片有网站标志bulo_logo.gif、网站导航和帖子分类导航背景图sf_x.png、帖子分类导航分隔背景gap.gif、网站按钮合并后的图片sf_bg.png、网站小图标arrow.png。临时图片包括来吧图片pimg60_60.jpg和网友头像pimg50_50.jpg。

如图12.8所示是首页在Photoshop中的所有切片。

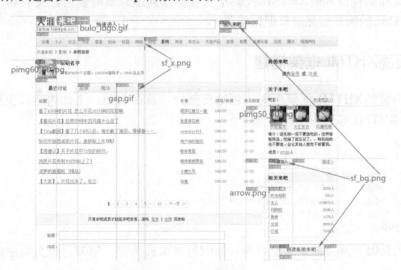

图12.8 首页在Photoshop中的所有切片

12.2.3 切割内页及导出图片

帖子页需要切割的图片有网站小图标arrow_down.png和dot.png。
如图12.9所示是帖子页在Photoshop中的所有切片。

图12.9 帖子页在Photoshop中的所有切片

12.3 XHTML编写

本节将详细讲解页面头部、页脚、页面公共部分、页面框架和每个页面的XHTML代码的编写。语义和结构良好的XHTML代码不仅在制作网站时省时省力，更有利于提高网站排名，因此XHTML的编写虽然简单但很重要。

12.3.1 页面XHTML框架搭建

首页和内页的XHTML框架相同，包括三部分：页面头部、主体内容和页脚，id分别为hd、bd和ft。XHTML框架的代码编写如下：

代码12-1

```
01 <div id="doc">
02     <div id="hd"></div>
03     <div id="bd" class="cf"></div>
04     <div id="ft"></div>
05 </div>
```

第01行和第05行是页面最外层容器。第02行是页面头部。第03行是页面主体内容。第04行是页脚。

12.3.2 页面头部和页脚的XHTML编写

根据前面对首页和帖子页头部的分析，网站标志上有指向网站首页的链接，因此用h1标签包含a标签组成。"来吧"搜索包含在form表单标签中，"搜索"文本框和"搜索"按钮都用input标签，type分别是text和submit。网站导航由ul和li标签包含相关导航文字链接组成。

编写网站头部的XHTML代码如下：

代码12-2

```
01  <div id="hd">
02          <h1><a href="#">天涯来吧</a></h1>
03          <div class="enter cf">
04          <form method="get" name="form" action="#">
05                  <label>快速进入：</label><input type="text" name="enterbox"
id="enterbox" class="enterbox"/><input type="submit" name="submit" id="submit"
class="submit" value="进入来吧"/>
06          </form>
07          </div>
08          <ul class="cf">
09                  <li><a href="#">动漫</a></li>
10                  <li><a href="#">个人</a></li>
11                  <li><a href="#">行业</a></li>
12                  <li><a href="#">汽车</a></li>
13                  <li><a href="#">星座</a></li>
14                  <li><a href="#">时尚</a></li>
15                  <li><a href="#">校园</a></li>
16                  <li><a href="#">同城</a></li>
17                  <li><a href="#">财经</a></li>
18                  <li><a href="#"  class="cur">影视</a></li>
19                  <li><a href="#">其他</a></li>
20                  <li><a href="#">车友会</a></li>
21                  <li><a href="#">天涯产品</a></li>
22                  <li><a href="#">旅游</a></li>
23                  <li><a href="#">股票</a></li>
24                  <li><a href="#">体育天涯</a></li>
25                  <li><a href="#">站务</a></li>
26                  <li><a href="#">圈子</a></li>
27                  <li><a href="#">情感两性</a></li>
28          </ul>
29  </div>
```

第01行和第29行是首页头部的最外层容器，id是hd。第02行是网站标志。第03~07行是"来吧"搜索。其中label标签包含表单元素的标注。第08~28行是网站导航。是一个ul列表。每个li标签中包含a标签，a标签中包含导航相关文字。

根据前面对网站页脚的分析，底导航由若干a标签包含相关导航文字组成，网站版权是一段文字。编写这部分的XHTML代码如下：

代码12-3

```
01  <div id="ft">
02          <p><a href="#">关于天涯</a>|<a href="#">服务条款</a>|<a href="#">网
站地图</a>|<a href="#">联系方式</a>|<a href="#">广告服务</a>|<a href="#">版权和隐私
</a>|<a href="#">招纳英才</a>|<a href="#">友情网站</a></p>
03          <p>ICP证 琼B2-20060032号</p>
04  </div>
```

第01行和第04行是页脚的最外层容器，id是ft。第02行是底部导航。第03行是网站版权。

12.3.3 页面公共部分的XHTML编写

本章案例中，页面的公共部分较多，除了页面头部和页脚，还包括页面的公用模块。页面的公用模块包括侧栏、面包屑导航、分页以及用户发/回贴，如图12.10所示。页面头部和页脚的XHTML代码在前面已经介绍过了，这里不再赘述。

图12.10 网站所有页面的公共部分

本例中首页和帖子页的侧栏内容虽然不完全相同。但是论坛网站的页面还有很多，本例只是列举其中两个页面作为介绍。侧栏内容的各版块在其他的页面中可以自由组合。

根据前面对首页和帖子页侧栏内容的分析，编写侧栏的XHTML代码如下：

代码12-4

```
01  <div class="sidecon">
02      <div id="login">
03          <div class="hd"><h2>我的来吧</h2></div>
04          <div class="bd">请先<a href="#">登录</a>或<a href="#">注册</a></div>
05      </div>
06      <div id="about">
07          <div class="hd"><h2>关于本吧</h2></div>
08          <div class="bd">
09              <h4><a href="#">申请吧主&gt;&gt;</a>吧主：</h4>
10              <ul class="cf">
11                  <li><a href="#"><img src="pimg/pimg50_50.jpg" alt="" /></a><a href="#">手机留爪</a></li>
12                  <li><a href="#"><img src="pimg/pimg50_50.jpg" alt="" /></a><a href="#">大江东去</a></li>
13                  <li><a href="#"><img src="pimg/pimg50_50.jpg" alt="" /></a><a href="#">风魔死镜</a></li>
14              </ul>
15              <p>简介：送礼物一定不要选吃的，这种短暂用品，吃掉了就忘记了。。特别俗的也不要选，会让其他人感觉不被重视。</p>
16              <div class="number">成员：<a href="#">97530</a>人</div>
17              <div class="apply cf"><a href="#">邀请&gt;&gt;</a><input type="button" name="applyjoin" id="applyjoin" class="applyjoin" value="申请加入"/></div>
18          </div>
19      </div>
20      <div id="related">
21          <div class="hd"><h2>相关来吧</h2></div>
22          <div class="bd">
23              <ul>
24                  <li><span>2000人</span><a href="#">美容服饰</a></li>
25                  <li><span>700人</span><a href="#">时尚搭配</a></li>
26                  <li><span>200670人</span><a href="#">女人</a></li>
27                  <li><span>2000人</span><a href="#">网购吧</a></li>
28                  <li><span>1276人</span><a href="#">美食</a></li>
29                  <li><span>8000人</span><a href="#">生活</a></li>
30                  <li><span>7000人</span><a href="#">灯箱</a></li>
```

```
31                        </ul>
32                    </div>
33            </div>
34        <div id="create"><a href="#">创建新的来吧</a></div>
35        <div id="popularvote">
36            <div class="hd"><h2>本吧热门讨论</h2></div>
37            <div class="bd">
38                    <ul>
39                        <li><a href="#">天窝11月每日小游戏《彩色爆...</a></li>
40                        <li><a href="#">强烈要求两家老总真人PK</a></li>
41                        <li><a href="#">腾讯北京总部楼下真人抗议秀！</a></li>
42                        <li><a href="#">为什么"中国制造"在美国更...</a></li>
43                        <li><a href="#">鱼翅是这样炼成的</a></li>
44                        <li><a href="#">天使脸孔魔鬼身材的健美小姐</a></li>
45                        <li><a href="#">腾讯北京总部楼下真人抗议秀！</a></li>
46                        <li><a href="#">为什么"中国制造"在美国更...</a></li>
47                        <li><a href="#">鱼翅是这样炼成的</a></li>
48                    </ul>
49            </div>
50        </div>
51        <div id="recentvisited">
52            <div class="hd"><h2>最近去过的来吧</h2></div>
53            <div class="bd">
54                    <ul>
55                        <li><span>2000人</span><a href="#">美容服饰</a></li>
56                        <li><span>700人</span><a href="#">时尚搭配</a></li>
57                        <li><span>200670人</span><a href="#">女人</a></li>
58                        <li><span>2000人</span><a href="#">网购吧</a></li>
59                        <li><span>1276人</span><a href="#">美食</a></li>
60                        <li><span>8000人</span><a href="#">生活</a></li>
61                    </ul>
62                    <p><a href="#">更多</a></p>
63            </div>
64        </div>
65 </div>
```

第01行和第65行是侧栏最外层容器的样式。第02~05行是"我的来吧"版块。其中第03行是版块标题，class为hd的容器中包含h2标题。第04行是论坛登录和注册链接。

第06~19行是"关于本吧"版块。其中第07行是版块标题，结构与"我的来吧"版块标题一样。第09行是"申请吧主"链接和"吧主"标题。第10~14行是吧主列表，是一个ul列表，每个li标签中包含吧主的头像和用户名，头像和用户名都带有链接，指向吧主在本论坛的个人主页。第15行是本吧介绍，用p标签包含相关文字。第16行是本吧成员数。第17行是申请加入和邀请链接。

第20~33行是"相关来吧"版块。其中第21行是版块标题。第23~31行是来吧列表，是一个ul列表，每个li标签中包含来吧名称和人数。来吧名称带有链接，指向相应来吧的首页。人数用span标签包裹，位于来吧名称前面，在CSS样式中只要将span标签向右浮动就可以实现页面上的人数位于每个li标签最右面的布局。

第34行是"创建新的来吧"版块。由这个版块的最外层容器<div id="create"></div>包含a链接。

第35~50行是"本吧热门讨论"版块。其中第36行是版块标题。第38~48行是帖子列表，是一个ul列表，每个li标签中包含帖子标题，每个帖子标题都带有链接，指向相应的帖子页。

第51~64行是"最近去过的来吧"。其中第52行是版块标题。第54~61行是来吧列表，是一个ul列表，每个li标签中包含来吧名称和人数，这个列表的结构和样式与"相关来吧"中的来吧列表的结构和样式一样。第62行是更多链接，指向论坛中来吧聚合页，在该页面用户将能看到"更多"来吧。

> 注意 侧栏中的版块是本例中首页和帖子页中所有侧栏版块的集合。网站各页面可以随意将侧栏中一个或几个版块随意组合。

根据前面对面包屑导航的分析，编写这部分的XHTML代码如下：

代码12-5

```
01 <div id="crumbs"><a href="#">天涯来吧</a><span>&gt;</span><a href="#">影视</a><span>&gt;</span><strong>来吧名称</strong></div>
02 <div id="crumbs"><a href="#">天涯来吧</a><span>&gt;</span><a href="#">影视</a><span>&gt;</span><a href="#">来吧名称</a><span>&gt;</span><strong>浏览帖子</strong></div>
```

第01行是首页的面包屑导航。第02行是帖子页的面包屑导航。网站中所有页面的面包屑导航的结构和样式都相同，都由<span>></span>将每个文本链接分隔。不同的是页面的层级不一样，因此a标签的数目可能不一样。

根据前面对分页的分析，编写这部分的XHTML代码如下：

代码12-6

```
01 <div id="page">
02     <a class="on">1</a>
03     <a href="#">2</a>
04     <a href="#">3</a>
05     <a href="#">4</a>
06     <a href="#">5</a>
07     <span>…</span>
08     <a href="#">10</a>
09     <a href="#" class="next">下一页&gt;&gt;</a>
```

```
10  </div>
```

第01行和第10行是分页的最外层容器，id是page。第02~09行是由若干a链接组成的带有链接的页码，其中第07行是分页中的省略号，没有链接，所以用了span标签。

根据前面对发/回贴的分析，编写这部分的XHTML代码如下：

代码12-7

```
01  <div id="messagebox">
02      <div class="tip">只有本吧成员才能在本吧发言。请先<a href="#">登录</a>|<a href="#">注册</a>后发帖</div>
03      <form method="post" name="form1" action="#">
04      <p><label>标题: </label><input type="text" name="enterbox" id="enterbox" class="enterbox" /></p>
05      <p><label>内容: </label><textarea></textarea></p>
06      <p><label>插入图片: </label><input type="file" name="file" id="file" class="file" /></p>
07      <p><input type="submit" name="submit1" id="submit1" class="submit1" value="发表"/></p>
08      </form>
09  </div>
```

第01行和第09行是发/回贴的最外层容器，id是messagebox。第02行是发帖提示，除了文字提示外，还包括登录和注册链接。第03行和第08行是包含表单元素的form标签。第04~07行是发帖的表单内容，包括input、textarea和file表单元素，分别构成页面中的标题、内容、插入图片和发表按钮。网站中所有页面的发帖和回帖的结构和样式都相同，对于表单中的内容可以随意组合，比如在本例中，回帖比发帖少了第04行的帖子标题。

12.3.4 首页主体内容的XHTML编写

根据前面对首页主体内容的分析，编写首页主体内容的XHTML代码如下：

代码12-8

```
01  <div id="bd" class="cf">
02      <div id="crumbs">…</div>
03      <div class="maincon cf">
04          <div id="personinfo">
05              <div class="personpic"><a href="#"><img src="pimg/pimg60_60.jpg" alt="" /></a></div>
06              <dl>
07                  <dt>来吧名字</dt>
08                  <dd>共有876076个主题，1011038篇帖子，18581名会员</dd>
09              </dl>
10          </div>
11          <div id="gebacontent">
12              <div class="tabbutton" id="tabbtn"><span class="curr"><a href="#">最近讨论</a></span><span><a href="#">投票</a></span><span><a href="#">精华</a></span></div>
```

```
13                          <div id="postslist">
14                              <table cellspacing="0" cellpadding="0"
class="postslist">
15                                  <tr>
16                                      <th>标题</td>
17                                      <th>作者</td>
18                                      <th>浏览/回复</td>
19                                      <th>最后回复</td>
20                                  </tr>
21                                  <tr>
22                                      <td class="title"><a href="#">看
了4分钟的片花 怎么不见25分钟的花絮啊</a></td>
23                                      <td class="author"><a href="#">
再梦红楼又一曲</a></td>
24                                      <td>100/20</td>
25                                      <td>11-10</td>
26                                  </tr>
27                                  …
28                              </table>
29                          </div>
30                          <div id="page">…</div>
31                      </div>
32                  <div id="messagebox">
33                      <div class="tip">…</div>
34                      <form method="post" name="form1" action="#">
35                          <p><label>标题: </label><input type="text"
name="enterbox" id="enterbox" class="enterbox" /></p>
36                          <p><label>内容: </label><textarea></textarea></p>
37                          <p><label>插入图片: </label><input type="file"
name="file" id="file" class="file" /></p>
38                          <p><input type="submit" name="submit1" id="submit1"
class="submit1" value="发表"/></p>
39                      </form>
40                  </div>
41              </div>
42          <div class="sidecon">
43              <div id="login">…</div>
44              <div id="about">…</div>
45              <div id="related">…</div>
46              <div id="create">…</div>
47          </div>
48  </div>
```

第01行和第48行是首页主体内容的最外层容器，id是bd。第02行是面包屑导航。第03~41行是主要内容。第04~10行是"来吧"信息。其中第05行是来吧图片，第06~09行是dl列表，这个dl列表包含来吧的文字信息，第07行是来吧名字，第08行是来吧的主题、帖子和会员介绍。

第11~31行是来吧帖子。其中第12行是来吧分类导航，由span标签包含分类导航文字链接。第13~29行是来吧帖子列表，包含标题、作者、浏览/回复和最后回复，由于每个列表项中包含的内容比较多，并且从效果图上看，所有列表项中的标题、作者、浏览/回复和最后回复的宽度都是相同的，所以用table标签制作这个帖子列表比较合适。第30行是分页。

第32~40行是发帖。第42~47行是侧栏。侧栏中有4个版块，分别是"我的来吧"、关于本吧、"相关来吧"和"创建来吧"。

12.3.5 内页主体内容的XHTML编写

根据前面对内页主体内容的分析，编写内页主体内容的XHTML代码如下：

代码12-9

```
01    <div id="bd" class="cf">
02        <div id="crumbs">…</div>
03        <div class="maincon cf">
04            <div id="replypost">
05                <h3>我在苹果工作过，说说老板乔布斯的那些事</h3>
06                <ul>
07                    <li class="cf">
08                        <div class="photo"><a href="#"><img
src="pimg/pimg50_50.jpg" alt="" /></a><a href="#">手机留爪</a></div>
09                        <dl>
10                            <dt>楼主</dt>
11                            <dd class="replycontent">
12                                <p>1989年，…可能是一颗定时
炸弹。</p>
13                                <p>前不久，苹果公司市值…还是
改革航空业？</p>
14                            </dd>
15                            < d d    c l a s s = " d a t e _
replylink">2010-10-24 15:12 <a href="#">回复</a></dd>
16                        </dl>
17                    </li>
18                    <li class="cf">
19                        <div class="photo"><a href="#"><img
src="pimg/pimg50_50.jpg" alt="" /></a><a href="#">手机留爪</a></div>
20                        <dl>
21                            <dt>1楼</dt>
22                            <dd class="replycontent">苹果的神
话…</dd>
23                            < d d    c l a s s = " d a t e _
replylink">2010-10-24 15:12 <a href="#">回复</a></dd>
24                        </dl>
25                    </li>
26                    <li class="cf">
27                        <div class="photo"><a href="#"><img
src="pimg/pimg50_50.jpg" alt="" /></a><a href="#">手机留爪</a></div>
28                        <dl>
29                            <dt>2楼</dt>
30                            <dd class="replycontent">本人推荐
…</dd>
31                            < d d    c l a s s = " d a t e _
```

```
      replylink">2010-10-24 15:12 <a href="#">回复</a></dd>
 32                                   </dl>
 33                            </li>
 34                            <li class="cf">
 35                                   <div class="photo"><a href="#"><img
src="pimg/pimg50_50.jpg" alt="" /></a><a href="#">手机留爪</a></div>
 36                                   <dl>
 37                                          <dt>3楼</dt>
 38                                          <dd class="replycontent">值得学习
</dd>
 39                                          < d d   c l a s s = " d a t e _
replylink">2010-10-24 15:12 <a href="#">回复</a></dd>
 40                                   </dl>
 41                            </li>
 42                            <li class="cf">
 43                                   <div class="photo"><a href="#"><img
src="pimg/pimg50_50.jpg" alt="" /></a><a href="#">手机留爪</a></div>
 44                                   <dl>
 45                                          <dt>4楼</dt>
 46                                          <dd class="replycontent">路过……
</dd>
 47                                          < d d   c l a s s = " d a t e _
replylink">2010-10-24 15:12 <a href="#">回复</a></dd>
 48                                   </dl>
 49                            </li>
 50                     </ul>
 51              </div>
 52              <div id="page">…</div>
 53              <div id="messagebox">
 54                     <div class="tip">…</div>
 55                     <form method="post" name="form1" action="#">
 56                     <p><label>内容: </label><textarea></textarea></p>
 57                     <p><label>插入图片: </label><input type="file"
name="file" id="file" class="file" /></p>
 58                     <p><input type="submit" name="submit1" id="submit1"
class="submit1" value="发表"/></p>
 59                     </form>
 60              </div>
 61       </div>
 62       <div class="sidecon">
 63              <div id="login">…</div>
 64              <div id="popularvote">…</div>
 65              <div id="recentvisited">…</div>
 66       </div>
 67  </div>
```

第01行和第67行是内页主体内容的最外层容器，id是bd。第02行是面包屑导航。第03~61行是主要内容。第04~51行是帖子详细内容。第05行是帖子标题，用h3标签包含标题的文字。第06~50行是帖子详细内容列表，是一个ul列表，每个li标签对应一位用户的发言，其中以07~17行的代码为例，第08行是网友头像和用户名，第09~16行是一个dl列表，这个列表中用dt标签包含回帖的楼层，用dd标签包含回帖内容、回帖日期和回复链接。第52行是分页。第53~60行是回帖。第62~66行是侧栏。侧栏中有三个版块，分别是"我的来吧"、"本吧热门"讨论和"最近去过的来吧"。

12.3.6 首页XHTML代码总览

前面对网站首页各个模块的XHTML代码进行了逐一编写，如图12.11所示是这些模块组成的首页的XHTML框架图，说明了层的嵌套关系。

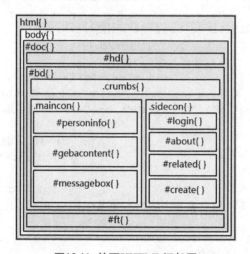

图12.11 首页XHTML框架图

在这些XHTML代码的基础上增加页面的<!DOCTYPE>声明及html头部元素，就是首页的完整XHTML代码。完整的首页XHTML代码如下：

代码12-10

```
01  <!DOCTYPE HTML>
02  <html>
03  <head>
04      <meta charset="utf-8">
05      <title>首页</title>
06      <link href="css/style.css" rel="stylesheet" type="text/css" />
07  </head>
08  <body>
09  <div id="doc">
10      <div id="hd">…</div>
11      <div id="bd" class="cf">
12          <div id="crumbs">…</div>
13          <div class="maincon cf">
14              <div id="personinfo">…</div>
15              <div id="gebacontent">…</div>
16              <div id="messagebox">…</div>
17          </div>
18          <div class="sidecon">
19              <div id="login">…</div>
```

```
20                      <div id="about">…</div>
21                      <div id="related">…</div>
22                      <div id="create">…</div>
23                  </div>
24              </div>
25          <div id="ft">…</div>
26      </div>
27  </body>
28  </html>
```

第01行是页面的<!DOCTYPE>声明。第03~07行是html头部元素。第02行和第28行是页面的html标签，对应图12.11中html{}。第08行和第27行是页面的body标签，对应图12.11中body{}。第09行和第26行是页面最外层容器，对应图12.11中#doc{}。第10行是页面头部，对应图12.11中#hd{}。第11~24行是页面主体内容，对应图12.11中#bd{}，其中第12行是面包屑导航，对应图12.11中#crumbs{}，第13~17行是主要内容，对应图12.11中.maincon{}，第18~23行是侧栏，对应图12.11中.sidecon{}，第14行是来吧信息，对应图12.11中#personinfo{}，第15行是"本吧"帖子，对应图12.11中#gebacontent{}，第16行是发帖文本框，对应图12.11中#messagebox{}，第19行是"我的来吧"，对应图12.11中#login{}，第20行是"关于本吧"，对应图12.11中#about{}，第21行是"相关来吧"，对应图12.11中#related{}，第22行是"创建来吧"，对应图12.11中#create{}。第25行是页脚，对应图12.11中#ft{}。

12.3.7 内页XHTML代码总览

前面对内页各个模块的XHTML代码进行了逐一编写，如图12.12所示是这些模块组成的内页的XHTML框架图，说明了层的嵌套关系。

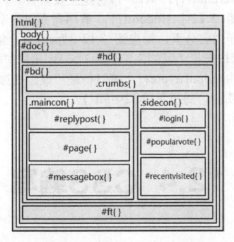

图12.12 内页的XHTML框架图

在这些XHTML代码的基础上增加页面的<!DOCTYPE>声明及html头部元素，就是内页的完整XHTML代码。完整的内页的XHTML代码如下：

代码12-11

```
01  <!DOCTYPE HTML>
```

```
02  <html>
03  <head>
04        <meta charset="utf-8">
05        <title>关于我们</title>
06        <link href="css/style.css" rel="stylesheet" type="text/css" />
07  </head>
08  <body>
09  <div id="doc">
10        <div id="hd">…</div>
11        <div id="bd" class="cf">
12              <div id="crumbs">…</div>
13              <div class="maincon cf">
14                    <div id="replypost">…</div>
15                    <div id="page">…</div>
16                    <div id="messagebox">…</div>
17              </div>
18              <div class="sidecon">
19                    <div id="login">…</div>
20                    <div id="popularvote">…</div>
21                    <div id="recentvisited">…</div>
22              </div>
23        </div>
24        <div id="ft">…</div>
25  </div>
26  </body>
27  </html>
```

第01行是页面的<!DOCTYPE>声明。第03~07行是html头部元素。第02行和第27行是页面的html标签，对应图12.12中html{}。第08行和第26行是页面的body标签，对应图12.12中body{}。第09行和第25行是页面最外层容器，对应图12.12中#doc{}。第10行是页面头部，对应图12.12中#hd{}。第11~23行是页面主体内容，对应图12.12中#bd{}，其中第12行是面包屑导航，对应图12.12中#crumbs{}，第13~17行是主要内容，对应图12.12中.maincon{}，第18~22行是侧栏，对应图12.12中.sidecon{}，第14行是帖子详细内容，对应图12.12中#replypost{}，第15行是帖子内容分页，对应图12.12中#page{}，第16行是"回帖"，对应图12.12中#messagebox{}，第19行是"我的来吧"，对应图12.12中#login{}，第20行是"本吧热门讨论"，对应图12.12中#popularvote{}，第21行是"最近去过的来吧"，对应图12.12中#recentvisited{}。第24行是页脚，对应图12.12中#ft{}。

12.4 CSS编写

本节主要讲解论坛类网站的CSS编写，包括页面头部和页脚、首页和内页的CSS编写。

12.4.1 页面公共部分的CSS编写

页面公共部分包括CSS重置、页面中公用字体、字体颜色、公用模块的样式，以及页面头部和页脚。

CSS重置代码、页面公共样式、公共模块的CSS代码编写如下：

代码12-12

```
01  /*css reset*/
02  body,div,dl,dt,dd,ul,ol,li,h1,h2,h3,h4,h5,h6,pre,code,form,fieldset,leg
end,input,button,textarea,p,blockquote,th,td{margin:0; padding:0;}
    /*以上元素的内外边距都设置为0*/
03  …
04  *.cf{zoom:1;} /* IE 6/7浏览器 (触发hasLayout) */
05  /*global css*/
06  body{background:#fff;font-family:"宋体", Arial, Verdana, Geneva,
Helvetica, sans-serif;font-size:12px;color:#444;}
07  a{color:#2965B1;text-decoration:underline;}
08  a:hover{color:#f30;text-decoration:underline;}
09  .red{color:red;}
10  #doc{width:950px;margin:0 auto;}
11  #bd .maincon{width:710px;float:left;}
12  #bd .sidecon{width:230px;float:right;}
13  #login{width:228px;border:1px solid #c9dde7;}
14  #login .hd h2{font-size:14px;line-height:28px;height:28px;padding-
left:5px;border-bottom:1px solid #dbeaef;border-top:1px solid
#fff;background:#eaf5fa;}
15  #login .bd{text-align:center;height:45px;line-height:45px;font-
size:14px;}
16  #login .bd a{margin:0 5px; }
17  #about{width:228px;border:1px solid #c9dde7;margin-top:10px;}
18  #about .hd h2{font-size:14px;line-height:28px;height:28px;padding-
left:5px;border-bottom:1px solid #dbeaef;border-top:1px solid
#fff;background:#eaf5fa;}
19  #about .bd{padding:10px 0;}
20  #about .bd h4{font-size:12px;font-weight:normal;padding:0 10px;}
21  #about .bd h4 a{float:right;}
22  #about .bd ul{padding:10px 0 0 5px;}
23  #about .bd ul li{width:56px;height:85px;overflow:hidden;float:left;marg
in:0 8px;display:inline;text-align:center;}
24  #about .bd ul li img{padding:2px;border:1px solid #ccc;margin-
bottom:5px;}
25  #about .bd p{line-height:18px;padding:0 10px;}
26  #about .bd .number{padding:10px;}
27  #about .bd .apply{padding:0 10px;}
28  #about .bd .apply a{float:right;margin:3px 0 0 0;}
29  #about .bd .apply input{background:url(../images/sf_bg.png) no-repeat
0px -59px;width:75px;height:19px;cursor:pointer;border:0;color:#434343;}
30  #related{width:228px;border:1px solid #c9dde7;margin-top:10px;}
31  #related .hd h2{font-size:14px;line-height:28px;height:28px;padding-
left:5px;border-bottom:1px solid #dbeaef;border-top:1px solid
#fff;background:#eaf5fa;}
32  #related .bd ul{padding:5px 0 15px;}
33  #related .bd ul li{padding:0 10px 0 22px;line-
```

```
height:22px;background:url(../images/arrow.png) no-repeat 12px center; }
    34 #related .bd ul li span{float:right;color:#999;}
    35 #create{width:228px;border:1px solid #c9dde7;margin-top:10px;}
    36 #create a{background:url(../images/sf_bg.png) no-repeat 0 -26px;width:
143px;height:33px;display:block;font-weight:bold;text-align:center;margin:10px
auto;line-height:32px;text-decoration:none;letter-spacing:1px;font-size:14px;}
    37 #popularvote{width:228px;border:1px solid #c9dde7;margin-top:10px;}
    38 #popularvote .hd h2{font-size:14px;line-
height:28px;height:28px;padding-left:5px;border-bottom:1px solid
#dbeaef;border-top:1px solid #fff;background:#eaf5fa;}
    39 #popularvote .bd ul{padding:10px 0;}
    40 #popularvote .bd ul li{padding:0 10px 0 22px;line-
height:22px;background:url(../images/dot.png) no-repeat 12px center; }
    41 #popularvote .bd ul li a{text-decoration:none;}
    42 #recentvisited{width:228px;border:1px solid #c9dde7;margin-top:10px;}
    43 #recentvisited .hd h2{font-size:14px;line-
height:28px;height:28px;padding-left:5px;border-bottom:1px solid
#dbeaef;border-top:1px solid #fff;background:#eaf5fa;}
    44 #recentvisited .bd ul{padding:5px 0;}
    45 #recentvisited .bd ul li{padding:0 10px 0 22px;line-
height:22px;background:url(../images/arrow.png) no-repeat 12px center #fff; }
    46 #recentvisited .bd ul li span{float:right;color:#999;}
    47 #recentvisited .bd p{text-align:right;padding:0 10px 10px 0;}
    48 #recentvisited .bd p a{text-decoration:none;background:url(../images/
arrow_down.png) no-repeat right center;padding-right:13px;}
    49 #crumbs{height:30px;font-size:12px;}
    50 #crumbs a{text-decoration:none;}
    51 #crumbs a:hover{text-decoration:underline;}
    52 #crumbs span{padding:0 5px;}
    53 #crumbs strong{font-weight:normal;}
    54 #messagebox .tip{background:#fffcd2;height:30px;line-
height:30px;border:1px solid #d4d4d4;text-align:center;margin-bottom:20px;}
    55 #messagebox .tip a{margin:0 5px; }
    56 #messagebox p{ margin-bottom:10px;}
    57 #messagebox p label{float:left;margin:7px 0 0 0;width:80px;text-
align:right;}
    58 #messagebox p .enterbox{width:514px;height:24px;line-
height:24px;border:1px solid #719cbb;padding:0 3px;font-size:12px;vertical-
align:middle;}
    59 #messagebox p .submit1{background:url(../images/sf_bg.png) no-repeat 0
0;width:83px;height:26px;border:0;font-size:14px;cursor:pointer;margin:1px 0 0
10px;float:left;display:inline;margin-left:80px;}
    60 #messagebox p textarea{width:520px;height:200px;border:1px solid
#719cbb;font-size:12px;line-height:24px;}
    61 #page{padding:10px 0 20px;text-align:center;font-family:Arial;}
    62 #page a{display:inline-block;border:1px solid #d6d6d6;text-
decoration:none;height:21px;font-size:14px;line-height:21px;padding:0 6px;}
    63 #page a:hover{background:#2965b1;color:#fff;}
    64 #page a.next{width:68px;font-size:12px;}
    65 #page a.on{border:0;color:#444;font-weight:bold;}
    66 #page a.on:hover{background:#fff;color:#444;}
```

```
67  #bd .maincon{width:710px;float:left;}
68  #bd .sidecon{width:230px;float:right;}
```

第01~04行是CSS重置代码。第06~09行是网站用到的公共样式。其中第06行定义了**body**的背景色、字体、文字大小和文字颜色。第10行是页面最外层容器的样式，定义了宽度，并且在页面中水平居中。第11行是页面主要内容最外层容器的样式，定义了宽度和向左浮动。第12行是页面侧栏最外层容器的样式，定义了宽度和向右浮动。第13~48行是侧栏各模块的样式。

第13~16行是"我的来吧"的样式。其中第13行是这个模块的最外层容器的样式，定义了模块宽度和边框。第14行是模块标题的样式，定义了标题文字大小、标题高度、行高、内边距、上下边框和背景色。第15~16行是"我的来吧"的主要内容的样式，分别定义了文字居中、高度、行高、文字大小和文字链接的左右间距。

第17~29行是"关于本吧"的样式。其中第17行是模块最外层容器的样式，定义了模块宽度、边框和上边距。第18行是模块标题的样式。第19~29行是模块主要内容的样式。其中第20行通过font-weight:normal将h4标签中的文字设置为标准字体，取消字体加粗。第21行通过float:right将h4标签中的链接"申请吧主>>"向右浮动。第22~24行是吧主列表的样式。第28行通过float:right将链接"邀请>>"向右浮动。第29行是"申请加入"按钮的样式。

第30~34行是"相关来吧"的样式。其中第30行是模块最外层容器的样式。第31行是模块标题的样式。第32~34行是模块中"来吧"列表的样式。第33行通过**background**设置了来吧名称前面的箭头图标。第34行通过float:right将来吧列表中的人数设置为向右浮动。

第35~36行是创建来吧的样式。其中第35行是模块最外层容器的样式。第36行是创建"新的来吧"按钮的样式，其中通过display:block将a链接将行内元素转换成块元素，通过letter-spacing:1px设置a中的各文字之间的间距。

第37~41行是"本吧热门讨论"的样式。其中第37行是模块最外层容器的样式。第38行是模块标题的样式。第39~41行是模块中帖子列表的样式。

第42~48行是"最近去过的来吧"的样式。其中第42行是模块最外层容器的样式。第43行是模块标题的样式。第44~46行是来吧列表的样式。第46行通过float:right将span标签设置为向右浮动，进而实现了"来吧"中人数在"来吧"名称右边的布局。第47~48行是链接"更多>>"的样式。

第49~68行是主要内容中的公共模块的样式。第49~53行是面包屑导航的样式。第49行设置了面包屑导航的最外层容器的高度和该容器中文字的大小。第50~51行设置了链接的样式。第52行设置了各层级链接之间的分隔符号">"的左右外边距。第53行是当前页面所在层级的样式。

第54~60行是发/回帖的样式。第54~55行是发/回贴提示的样式。第56行定义了各表单元素所在p容器之间的垂直间距是10px。第57行是表单中所有表单元素标注的样式，通过float:left设置为向左浮动，并通过width:80px;text-align:right设置了标注的宽度和文字居右，从而实现了效果图上每行标注右对齐的布局。第58~60行分别定义了模块中的文本框、发表按钮和文本区域的样式。

第61~66行是分页的样式。其中第62行通过display:inline-block将a标签由行内元素设置为类块级元素，以便于后面通过height设置a标签的高度。第67~68行分别是主要内容和侧栏的最外层容器的样式。分别定义了宽度、向左浮动和向右浮动。

12.4.2 页面框架的CSS编写

前面分析了页面的布局图并且编写了页面框架的XHTML代码，根据这两部分编写页面框架的CSS代码如下：

代码12-13

```
01 #doc{width:950px;margin:0 auto;}
02 #hd{margin-bottom:10px;}
03 #ft{text-align:center;color:#cbcbcb;padding:25px 0 10px;}
```

第01行是页面最外层容器的样式。第02行是页面头部最外层容器的样式。第03行是页脚最外层容器的样式。

12.4.3 页面头部和页脚的CSS编写

前面分析了页面头部并且编写了这部分的XHTML代码，页面头部的CSS代码如下：

代码12-14

```
01 #hd{…}
02 #hd h1{background:url(../images/bulo_logo.gif) no-repeat;width:151px;height:53px;float:left;margin:10px 0 14px 0;}
03 #hd h1 a{width:100%;height:100%;text-indent:-9999em;display:block;}
04 #hd .enter{width:740px;float:left;margin:26px 0 0 55px;display:inline;font-size:14px;}
05 #hd .enter label{float:left;margin:5px 0 0 0;}
06 #hd .enter .enterbox{width:284px;height:20px;border:1px solid #7f9db9;padding:3px;font-size:14px;float:left;}
07 #hd .enter .submit{background:url(../images/sf_bg.png) no-repeat 0 0;width:83px;height:26px;border:0;font-size:14px;cursor:pointer;margin:1px 0 0 10px;float:left;display:inline;}
08 #hd ul{clear:both;background:url(../images/sf_x.png) repeat-x 0 0;border:1px solid #bcd2e9;width:943px;height:29px;padding:0 0 0 5px;line-height:29px; }
09 #hd ul li{float:left;padding:0 9px;}
10 #hd ul li a{text-decoration:none;}
11 #hd ul li a:hover{color:#444;}
12 #hd ul li a.cur{color:#434645;}
```

第01行是页面头部的最外层容器的样式。第02~03行是网站标志的样式。其中第02行通过background设置标志的背景图，通过float:left将网站标志设置为向左浮动。第03行通过display:block将a标签由行内元素转换成块元素，通过width:100%;height:100%设置a的宽度和高度与父容器h1的相同，通过text-indent:-9999em将a标签中的文字隐藏。

第04~07行是"来吧搜索"的样式。其中第04行通过float:left将"来吧搜索"所在的容器设置为向左浮动，通过display:inline解决了在IE 6下左右双外边距的问题。第05行通过float:left将表单元素的标注文字"快速进入"设置为向左浮动。第06行通过"float:left;"将"来吧搜索"文本框设置为向左浮动。第07行通过background设置了"进入来吧"按钮的背景图，通过float:left设置了按钮向左浮动，通过display:inline解决了在IE 6下左右双外边距的问题。

第08~12行是网站导航的样式。其中第08行通过clear:both设置了在导航的左右两侧均不允许浮动元素，也就是说导航在页面中是单独一行展示的。第12行是当前选中的导航的样式。

根据前面对页脚和这部分的XHTML代码的分析，编写页脚CSS代码如下：

代码12-15

```
01  #ft{…}
02  #ft a{margin:0 8px;text-decoration:none;}
03  #ft a:hover{text-decoration:underline;}
04  #ft p{color:#999;line-height:30px;}
```

第01行是页脚最外层容器的样式。第02~03行是页脚中所有链接的样式。第04行是网站版权的样式。

12.4.4 首页主体内容的CSS编写

根据对首页主体内容和这部分XHTML代码的分析，编写首页主体内容的CSS代码如下：

代码12-16

```
01  #personinfo{height:78px; }
02  #personinfo dl{float:left;}
03  #personinfo dt{font-size:14px;font-weight:bold;padding:8px 0 15px
10px;}
04  #personinfo dd{font-size:12px;padding:0 0 0 10px;color:#676767;}
05  #personinfo .personpic img{float:left;width:60px;padding:2px;border:1px
solid #ddd;}
06  #gebacontent{width:710px;border-top:1px solid #c9dde7;}
07  #gebacontent .tabbutton{width:688px;background:url(../images/sf_x.png)
repeat-x 0 -29px;height:30px;border-left:1px solid #c9dde7;border-right:1px
solid #c9dde7;padding:0 0 0 20px;}
08  #gebacontent .tabbutton span{display:inline-block; color:#2965b1;font-
size:14px;height:30px;line-height:30px;background:url("../images/gap.png") no-
repeat right center; padding:0 20px;}
09  #gebacontent .tabbutton .curr{color:#444;background:#fff;}
10  #gebacontent .tabbutton a{text-decoration:none;}
11  .postslist{width:710px;color:#666;margin:0 auto 20px;}
12  .postslist th{font-weight:normal;font-size:12px;background:#f5f5f5;te
xt-align:left;line-height:31px;}
13  .postslist td{line-height:30px;}
14  .postslist td.title{font-size:14px;background:#fff;}
15  .postslist td.author{width:110px;}
16  .postslist td.author a{font-size:12px;text-decoration:underline;col
or:#666;}
```

第01~05行是"来吧"信息的样式。其中第02行通过float:left将"来吧"的文字信息所在的dl标签设置为向左浮动。第05行通过float:left将页面中展示来吧图片的img标签设置为向左浮动。通过第02行和第05行的两个float:left，实现了来吧信息中图片在左边，信息文字在右边的布局。

第06行是"来吧"帖子最外层容器的样式。第07~10行是"来吧"帖子中分类导航的样式。第07行是分类导航最外层容器的样式。第08行是每个导航的样式，其中通过display:inline-block将每个导航所在的span标签由行内元素转换成类块元素，以便后面通过height设置高度。第09行是当前选中导航的样式。第10行是导航中文字链接的样式。

第11~16行是"来吧"帖子列表的样式。第12行通过font-weight:normal将th中默认的粗体文字转换成标准未加粗的文字。第14行是帖子标题所在td的样式。第15行是帖子的作者所在td的样式。第16行是作者的链接样式。

12.4.5 内页主体内容的CSS编写

根据对内页主体内容和这部分XHTML代码的分析，编写内页主体内容的CSS代码如下：

代码12-17

```
01  #replypost{ margin:0 0 5px 0;}
02  #replypost ul li{padding:12px 0;border-bottom:1px solid #e7e7e7; }
03  #replypost ul li .photo{width:56px;float:left;text-align:center;}
04  #replypost ul li .photo img{padding:2px;border:1px solid #ccc;margin-
bottom:5px;}
05  #replypost ul li .photo a{display:block;}
06  #replypost ul li dl{padding:0 10px 0 75px;}
07  #replypost ul li dl dt{font-size:12px;text-align:right;padding-
bottom:5px;}
08  #replypost ul li dl dt a{margin-right:10px;}
09  #replypost ul li dl dd.replycontent{font-size:14px;line-
height:24px;padding:0 0 20px 0;}
10  #replypost ul li dl dd.date_replylink{font-size:12px;text-align:right;
height:15px;}
11  #replypost .replycontent p{text-indent:2em;margin:0 0 30px;}
12  #replypost h3{font-size:14px;}
```

第01行是帖子详细内容最外层容器的样式。第02行是每一楼的帖子的样式。第03~05行是用户头像和用户名的样式，其中第03行通过float:left将头像和用户名所在的容器设置为向左浮动，通过text-align:center将用户名设置为在该容器中居中显示。第05行通过display:block将用户名链接所在的a标签由行内元素转换成块元素，从而实现了用户头像和用户名各占一行显示的布局。第06~11行是帖子楼层、回帖内容、回帖时间和链接"回复"组成的dl列表的样式。其中第07行是帖子楼层所在的dt标签的样式，通过text-align:right将楼层设置为居右显示。第10行通过text-align:right将回帖时间和链接"回复"设置为居右显示。第11行通过text-indent:2em将回帖内容的每段文字首行缩进两个汉字。第12行重新设置了h3的文字大小，覆盖了默认的h3的文字大小。

12.4.6 网站CSS代码总览

前面讲解了页面头部、页脚、页面主体内容、CSS重置和页面公共模块的CSS代码，这些代码共同组成了网站页面的完整CSS代码，如代码12-14所示。

代码12-18

```
01  @charset "utf-8";
02  /*css reset*/
03  …
04  /*global css*/
05  …
06  /*module css*/
07  /*index.html*/
08  #personinfo{…}
09  #personinfo dl{…}
10  …
11  /*page.html*/
12  #replypost{…}
13  #replypost ul li{…}
14  …
```

注意　省略的代码在每个小节中都有讲解。

12.5 制作中需要注意的问题

12.5.1 网站文件规划

　　一般一个网站的文件由css、images、temp、js这几个文件夹及若干HTML文件组成。css文件夹存放网站的CSS文件；images文件夹存放网站的永久图片，永久图片是指一个网站的banner，网站标志等不经常更换的图片；temp文件夹存放网站的临时图片，临时图片和永久图片是相对的，是指网站中需要运营人员经常更换的图片，包括专题页面的图片，产品优惠图片等，这些图片随着活动的结束或时间的推移，需要运营人员每隔一段时间就更新一次；js文件夹存放的是网站需要引用的JavaScript文件，用于实现网站的交互和动画。

　　在每个新站点制作前，都需要先把这些文件夹建立好，将CSS、图片、JavaScript文件存放到相应的文件夹中，以便制作时能够正确引用其路径。如图12.13所示是网站的相关文件和路径关系。

名称	修改日期	类型	大小
css	2013/11/4 15:18	文件夹	
images	2013/11/4 15:17	文件夹	
js	2013/11/6 14:18	文件夹	
temp	2013/11/5 10:09	文件夹	
index.html	2013/11/4 15:13	HTML 文件	3 KB
products.html	2013/11/5 13:13	HTML 文件	4 KB
services.html	2013/11/5 13:14	HTML 文件	3 KB

图12.13　网站的相关文件和路径关系

12.5.2 CSS样式规划

网站中所有用到的CSS样式文件都存放在css文件夹中，大型网站有许多CSS文件，包括网站的通用CSS文件，每个频道的CSS文件等。

企业网站由于页面较少，而且三个页面中有许多相似的模块，CSS样式可以通用，因此放到一个CSS文件中即可。CSS文件中由发下三个部分组成。

最开始是CSS重置代码，即/*css reset*/代码，这部分代码用于重置浏览器的CSS默认属性。因为浏览器的品种很多，每个浏览器的默认样式也是不同的，比如<button>标签，在IE浏览器、Firefox浏览器以及Safari浏览器中的样式都是不同的，所以，通过重置button标签的CSS属性，然后再将它统一定义，就可以产生相同的显示效果。

中间的是/*global css*/，这部分代码用于页面中的公用样式，观察这三个页面，头部和页脚是完全相同的，内容部分的标题的颜色、字体、字体间距都是相同的，文字的行间距相同，文字所用到的颜色包括绿色、蓝色、深蓝色、这些都可以公用。根据上面这些信息，编写的CSS样式，作为网站的global css。

最后是各模块自己的样式，这些样式不可以复用，每个都是独一无二的。这部分是/*module css*/，放在CSS文件的最后。

餐饮网站

第13章

随着网络的发展，网上购物日益普及，除了日常用品外，餐饮美食也加入到网购的行列。餐饮网站的设计特点是颜色丰富，展现形式多样化。在网页制作中，可以利用定位或灵活浮动进行网站布局，对于特殊字体或复杂背景图最好切成图片，以使制作出来的页面更接近设计师的效果图。

本章主要涉及到的知识点如下。

- 餐饮网站效果图分析：将页面拆分，对每个模块进行分析。
- 网站布局规划和切图：对网站页面进行布局规划和切图，并导出图片。
- XHTML编写：XHTML框架搭建；网站公共模块的XHTML编写；各页面主体内容的XHTML编写。
- CSS编写：网站公用样式的编写；网站公共模块的CSS编写；网站框架的CSS编写；各页面主体内容的CSS编写。
- 制作中的注意事项。

13.1 页面效果图分析

本节主要对网站效果图进行分析，包括页面头部和页脚分析、首页主体内容分析和内页主体内容分析。图13.1和图13.2分别是一个餐饮网站首页和菜单的页面图。

图13.1 首页

图13.2 关于我们

注意 首页的XHTML页面表示为index.html，除首页外的其他页面统称为内页。

13.1.1 网站标志、导航和页脚分析

如图13.3所示，网站标志和导航分别对应图中①②。

网站标志由背景图片和指向首页的链接组成。导航是一组文字链接列表。

图13.3 网站标志和导航

页脚如图13.4所示，包括网站版权，是一段文字。

© 美味比萨餐厅版权所有 2000-2015

图13.4 页脚

13.1.2 首页主体内容分析

首页的主体内容，如图13.5所示，包括网站banner、"欢迎访问我们的网站"、"新品推荐"和"网上订餐"，分别对应图中①②③④。

图13.5 首页的主体内容

网站banner是一张带有链接的图片。"欢迎访问我们的网站"包括版块标题和网站相关介绍。"新品推荐"包括版块标题和新品比萨相关介绍。"网上订餐"版块是一段文字，内容包括优惠信息及订餐电话。

首页主体内容在布局上按照正常的CSS文档流自上而下顺序显示。

13.1.3 内页主体内容分析

内页的主体内容如图13.6所示，包括网站banner和"菜单"版块，分别对应图中①②。网站banner与首页相同。"菜单"版块包括版块标题、订餐介绍以及菜单列表。

图13.6 内页的主体内容

13.2 布局规划及切图

本节将主要介绍餐饮网站的页面布局规划、页面图片切割并导出图片。这些工作是制作本章案例前的必要步骤。

13.2.1 页面布局规划

根据前面对网站效果图的分析，为了后面写出清晰简洁的XHTML代码，对页面的整体结构进行了提炼，得到了页面的大致布局图，如图13.7所示是首页和内页的页面布局图。

图13.7 页面布局图

13.2.2 切割首页及导出图片

首页需要切割的图片有网站背景图片bg.jpg、新品推荐背景图片new.png、订餐版块背景图片order.png和导航选中项的背景图片cur.png。临时图片包括欢迎版块中的餐厅图片p.jpg和新品推荐中的新品比萨图片p1.jpg。

如图13.8所示是首页在Photoshop中的所有切片。

图13.8 首页在Photoshop中的所有切片

13.2.3 切割内页及导出图片

内页需要切割的图片有菜单版块中每个菜单列表项前面的小图标arrow.png。如图13.9所示是内页在Photoshop中的所有切片。

图13.9 内页在Photoshop中的所有切片

13.3 XHTML编写

本节将详细讲解页面头部、页脚、页面公共部分、页面框架和每个页面的XHTML代码的编写。语义和结构良好的XHTML代码不仅在制作网站时省时省力，更有利于提高网站排名，因此XHTML的编写虽然简单但很重要。

13.3.1 页面XHTML框架搭建

首页和内页的XHTML框架相同，包括4部分：网站标志、导航、主体内容和页脚，id分别为logo、menu、bd和ft。XHTML框架的代码编写如下：

代码13-1

```
01  <div id="doc">
02      <div id="logo"></div>
03      <div id="menu"></div>
04      <div id="bd"></div>
05      <div id="ft"> </div>
06  </div>
```

第01行和第06行是页面最外层容器，id是doc。第02行是网站标志。第03行是导航。第04行是页面主体内容。第05行是页脚。

13.3.2 网站标志、导航和页脚的XHTML编写

根据前面对网站标志、导航和页脚的分析，网站标志上有指向网站首页的链接，因此用h1标签包含a标签组成标志部分的XHTML代码。网站导航是一组文字链接列表，由ul标签包含若干li标签组成，每个li标签中都包含由a标签和文字组成的链接。

编写网站标志和导航的XHTML代码如下：

代码13-2

```
01  <h1 id="logo"><a href="index.html">美味比萨餐厅</a></h1>
02  <div id="menu">
03      <ul>
04          <li class="cur"><a href="index.html">首页</a></li>
05          <li><a href="index.html">关于我们</a></li>
06          <li><a href="index.html">菜单</a></li>
07          <li><a href="index.html">联系我们</a></li>
08      </ul>
09  </div>
```

第01行是网站标志，第02~09行是网站导航，是一个由ul、li和a标签构成的文字链接列表。根据前面对网站页脚的分析，网站版权是由p标签包含网站版权信息等文字组成。

编写网站页脚的XHTML代码如下：

```
01 <div id="ft">© 美味比萨餐厅版权所有 2000-2015</div>
```

13.3.3 页面公共部分的XHTML编写

在本章案例中，页面的公共部分包括网站标志、导航、页脚和主体内容中的banner，如图13.10所示。网站标志、导航和页脚的XHTML代码在前面已经讲过了，这里不再赘述。网站banner属于网页的主体内容，这部分的XHTML代码将在13.3.4节介绍。

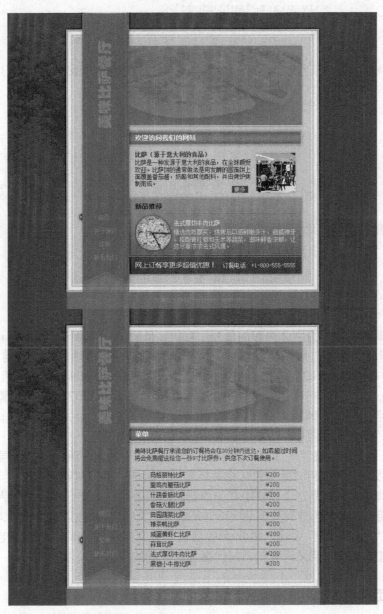

图13.10 网站所有页面的公共部分

13.3.4 首页主体内容的XHTML编写

根据前面对首页的主体内容的分析，编写首页主体内容的XHTML代码如下：

代码13-3

```
01  <div id="bd">
02      <div class="banner"><a href="#" target="_blank"></a></div>
03      <div class="welcome">
04          <h2>欢迎访问我们的网站</h2>
05          <div class="introduce">
06              <img src="temp/p.jpg" />
07              <h3 class="red">比萨（源于意大利的食品）</h3>
08              <p class="cf">比萨是一种发源于意大利的食品，在全球颇受
欢迎。比萨饼的通常做法是用发酵的圆面饼上面覆盖番茄酱，奶酪和其他配料，并由烤炉烤制而成。<a
href="#" target="_blank" class="more">更多</a></p>
09          </div>
10      </div>
11      <div class="new">
12          <h2>新品推荐</h2>
13          <div class="introduce">
14              <img src="temp/p1.png" />
15              <h3>法式厚切牛肉比萨</h3>
16              <p>精选肉质厚实，烘烤后口感鲜嫩多汁，细腻弹牙，搭配青红椒和玉
米等蔬菜，滋味鲜香浓郁，让您尽享浓浓法式风情。  </p>
17          </div>
18      </div>
19      <div class="order">网上订餐享更多超值优惠！<span>订餐电话：+1-800-555-
5555</span></div>
20  </div>
```

第01行和第20行是首页主体内容的最外层容器，id是bd。第02行是网站banner。

第03~10行是"欢迎"版块。其中第03行和第10行是这个版块的最外层容器。第04行是这个版块的版块标题，用h2标签包含相关标题文字组成。第05~09行是这个版块标题下面的网站介绍模块，其中第06行是这个模块中的右侧的餐厅图片，第07行是这个模块的标题，由h3包含相关文字组成，第08行是介绍的详细文字，由p段落包含相关文字组成。另外，p段落中除了相关介绍还包含"更多…"链接，由a标签包含文字"更多…"组成。

第11~18行是"新品推荐"版块。其中第11行和第18行是这个版块的最外层容器。第12行是这个版块的版块标题，用h2标签包含相关标题文字组成。第13~17行是这个版块中的新品比萨介绍模块，其中第14行是这个模块中左侧的新品比萨图片，第15行是新品比萨的标题，由h3包含相关文字组成，第16行是有关新品比萨详细的介绍文字，由p段落包含相关文字组成。

第19行是"网上订餐"版块。由div标签包含相关文字组成。其中"订餐电话"用span标签包裹，为了能在CSS中定义订餐电话与优惠信息之间的间距。

13.3.5 内页主体内容的XHTML编写

根据前面对内页主体内容的分析，编写内页主体内容的XHTML代码如下：

代码13-4

```
01 <div id="bd">
02       <div class="banner"><a href="#" target="_blank"></a></div>
03       <div class="menu">
04               <h2>菜单</h2>
05               <div class="list">
06                       <p>美味比萨餐厅承诺您的订餐将会在<span class="red">30分钟
内送达</span>，如若超过时间将会<span class="red">免费赠送给您一张9寸比萨券</span>，供您
下次订餐使用。</p>
07                       <table>
08                               <tr>
09                                       <td class="arrow"><span></span></td>
10                                       <td class="name"><a href="#">玛格丽特比
萨</a></td>
11                                       <td class="price">¥200</td>
12                               </tr>
13                               ...
14                               <tr>
15                                       <td class="arrow"><span></span></td>
16                                       <td class="name"><a href="#">黑椒小牛排
比萨</a></td>
17                                       <td class="price">¥200</td>
18                               </tr>
19                       </table>
20               </div>
21       </div>
22 </div>
```

第01行和第22行是内页主体内容的最外层容器，id是bd。第02行是网站banner。

第03~21行是菜单版块。其中第03行和第21行是这个版块的最外层容器。第04行是这个版块的版块标题，用h2标签包含相关标题文字组成。第05~20行是菜单的主要信息展示，其中第06行是订餐介绍模块，有p标签包含一段文字，在p标签中，页面中需要用红色字体显示的内容用类名为red的span标签包裹。第07~19行是菜单列表，用table中的td填充比萨的标题链接及价格，其中第09行中的<span></span>用来在页面中加入菜单标题前面的小图标。

13.3.6 首页XHTML代码总览

前面对网站首页各个模块的XHTML代码进行了逐一编写，如图13.11所示是这些模块组成的首页的XHTML框架图，说明了层的嵌套关系。

在这些XHTML代码的基础上增加页面的<!DOCTYPE>声明及html头部元素，就是首页的完整XHTML代码。完整的首页XHTML代码如下：

代码13-5

```
01  <!DOCTYPE HTML>
```

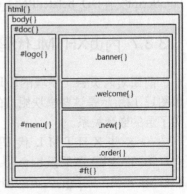

图13.11 首页XHTML框架图

```
02  <html>
03  <head>
04      <meta charset="utf-8">
05      <title>首页</title>
06      <link href="css/style.css" rel="stylesheet" type="text/css" />
07  </head>
08  <body>
09  <div id="doc">
10      <h1 id="logo">…</h1>
11      <div id="menu">…</div>
12      <div id="bd">
13          <div class="banner">…</div>
14          <div class="welcome">…</div>
15          <div class="new">…</div>
16          <div class="order">…</div>
17      </div>
18      <div id="ft">…</div>
19  </div>
20  </body>
21  <!--[if IE 6]>
22  <script src="js/DD_belatedPNG_0.0.8a-min.js"></script>
23  <script>
24      DD_belatedPNG.fix('*');
25  </script>
26  <![endif]-->
27  </html>
```

第01行是页面的<!DOCTYPE>声明。第03~07行是html头部元素。第02行和第27行是页面的一对html标签，对应图13.11中html{}。第08行和第20行是页面的一对body标签，对应图13.11中body{}。第09行和第19行是页面最外层容器#doc，对应图13.11中#doc{}。第10行是网站标志，对应图13.11中#logo{}。第11行是导航，对应图13.11中#menu{}。第12~17行是页面主体内容，其中第13行是网站banner，对应图13.11中.banner{}，第14行是"欢迎"版块，对应图13.11中.welcome{}，第15行是"新品推荐"版块，对应图13.11中.new{}，第16行是订餐版块，对应图13.11中.order{}。第18行是页脚，对应图13.11中#ft{}。第21~26行是页面加载的JavaScript文件DD_belatedPNG_0.0.8a-min.js。

13.3.7 内页XHTML代码总览

前面对内页各个模块的XHTML代码进行了逐一编写，如图13.12所示是这些模块组成的内页的XHTML框架图，说明了层的嵌套关系。

在这些XHTML代码的基础上增加页面的<!DOCTYPE>声明及html头部元素，就是内页的完整XHTML代码。完整的内页的XHTML代码如下：

代码13-6

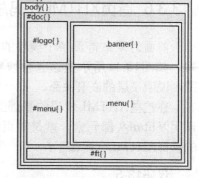

图13.12 内页的XHTML框架图

```
01  <!DOCTYPE HTML>
```

```
02  <html>
03  <head>
04      <meta charset="utf-8">
05      <title>菜单</title>
06      <link href="css/style.css" rel="stylesheet" type="text/css" />
07  </head>
08  <body>
09  <div id="doc">
10          <h1 id="logo">…</h1>
11          <div id="menu">…</div>
12          <div id="bd">
13              <div class="banner">…</div>
14              <div class="menu">…</div>
15          </div>
16          <div id="ft">…</div>
17  </div>
18  </body>
19  <!--[if IE 6]>
20  <script src="js/DD_belatedPNG_0.0.8a-min.js"></script>
21  <script>
22          DD_belatedPNG.fix('*');
23  </script>
24  <![endif]-->
25  </html>
```

第01行是页面的<!DOCTYPE>声明。第03~07行是html头部元素。第02行和第25行是页面的一对html标签，对应图13.12中html{}。第08行和第18行是页面的一对body标签，对应图13.12中body{}。第09行和第17行是页面最外层容器#doc，对应图13.12中#doc{}。第10行是网站标志，对应图13.12中#logo{}。第11行是导航，对应图13.12中#menu{}。第12~15行是页面主体内容，其中第13行是网站banner，对应图13.12中.banner{}，第14行是"菜单"版块，对应图13.12中.menu{}。第16行是页脚，对应图13.12中#ft{}。第19~24行是页面加载的JavaScript文件DD_belatedPNG_0.0.8a-min.js。

13.4 CSS编写

本节主要讲解餐饮网站的CSS编写，包括网站标志、导航和页脚、首页和内页的CSS编写。

13.4.1 页面公共部分的CSS编写

页面公共部分包括CSS重置、页面中公用字体、字体颜色的样式，以及网站标志、导航和页脚。

CSS重置代码、页面公用样式的CSS代码编写如下：

代码13-7

```
01  /*css reset*/
02  body,div,dl,dt,dd,ul,ol,li,h1,h2,h3,h4,h5,h6,pre,code,form,fieldset,leg
end,input,button,textarea,p,blockquote,th,td{margin:0; padding:0;}/*以上元素的内
外边距都设置为0*/
03  …
04  *.cf{zoom:1;} /* IE 6/7浏览器 (触发hasLayout) */
05  /*global css*/
06  body{font-family:"宋体";font-size:12px;color:#3f3f3f;line-
height:16px;background:url("../images/bg.jpg") no-repeat center 80px #000;
padding:80px 0 50px;}
07  .red{color:#a10000;}
08  a{color:#3f3f3f;}
09  a:hover{color:#3f3f3f;}
10  .fl{float:left;display:inline;}
11  .fr{float:right;display:inline;}
12  h2{font-family:"微软雅黑";font-size:14px;}
```

第01~04行是CSS重置代码，与前几章相同。CSS重置代码在第2章中已经详细讲解过了，这里不再赘述。

第06~12行是公用CSS代码。第06行是页面元素body标签的样式，定义了整个页面的字体是宋体，文字默认大小为12px，颜色是#3f3f3f，文字行高是16px，还定义了整个页面的背景图片和背景颜色，上下内边距。第07行定义了一个red类，应用该类的文字都显示为红色。第08和09行设置了页面默认文字链接的样式，包括未访问时和鼠标划过时文字链接的颜色。第10行和第11行定义了两个通用类，分别是.fl和.fr，这两个类分别设置了向左浮动和向右浮动，并且设置display:inline解决IE 6双边距的bug。在后面的页面结构中，凡是需要向左或者向右浮动的模块或标签，都可以添加这两个类以实现相应的布局。第12行是网页中每个版块标题的样式，定义了标题文字的字体是微软雅黑，大小是14px。

13.4.2 页面框架的CSS编写

前面分析了页面的布局图并且编写了页面框架的XHTML代码，根据这两部分编写页面框架的CSS代码如下：

代码13-8

```
01  #doc{width:766px;height:600px;margin:0 auto;position:relative;}
02  #logo{position:absolute;width:30px;height:180px;left:185px;top:55px;}
03  #menu{position:absolute;width:100px;height:115px;left:146px;top:405
px;}
04  #bd{width:360px;height:325px;padding:240px 0 0 250px;}
05  #ft{color:#fff;text-align:center;line-height:36px;}
```

第01行是页面最外层容器#doc的样式，其中通过width:766px和height:600px分别设置了这个容器的宽度和高度，进而限制了页面内容的宽度和高度，通过margin:0 auto实现了这个容器在浏览器屏幕中左右居中，通过position:relative将#doc容器设置为相对定位，以便于后面对网站标志及导航进行绝对的精确定位。这种精确定位是相对于父容器#doc的，之所以要相对父容器进

行绝对定位是因为用户的电脑屏幕的宽和高有差异，因此浏览器全屏显示页面或者用户将页面缩小时，能保证#doc中的网站标志和导航不会随浏览器宽度和高度随意改变位置。

第02行是网站标志最外层容器的样式，通过"position:absolute;"和"left:185px;top:55px;"将网站标志在页面中进行精确定位。并通过"width:30px;height:180px;"设置了标志的宽度和高度。第03行是导航最外层容器的样式，是与网站标志相似的，进行了精确定位并设置了导航的宽度和高度。第04行是页面主体内容的最外层容器的样式，分别定义了宽度、高度以及内边距。第05行是页脚的样式，分别定义了文字颜色、文字居中显示以及行高。

13.4.3 网站标志、导航和页脚的CSS编写

前面分析了网站标志和导航，并且编写了这两部分的XHTML代码，网站标志和导航的CSS代码如下：

代码13-9

```
01 #logo{…}
02 #logo a{display:block;width:100%;height:100%;text-indent:-999em;}
03 #menu{…}
04 #menu a{color:#fff;}
05 #menu .cur{background:url("../images/cur.png") no-repeat left center;}
06 #menu li{padding:0 0 0 15px;text-align:center;line-height:26px;}
```

第01行和第03行分别是网站标志和导航的最外层容器的样式。第02行通过display:block将标志的a标签由行内元素转变为块元素，后面紧接着通过"width:100%;height:100%;"将a标签的宽度和高度都设置为与h1标签的宽和高一样，又通过text-indent:-999em将a标签中的文字隐藏。

第04~06行是网站导航的样式。其中第04行设置了导航中文字链接的颜色。第05行设置了导航项在被选中后的背景图。第06行对导航中每项分别定义了内边距、文字水平居中显示以及行高。

13.4.4 首页主体内容的CSS编写

根据对首页主体内容和这部分XHTML代码的分析，编写首页主体内容的CSS代码如下：

代码13-10

```
01 .banner{height:165px;margin:0 0 10px 0;}
02 .banner a{display:block;width:100%;height:100%;}
03 .welcome{height:136px;padding:0 12px 0 15px;}
04 .welcome img{width:84px;height:84px;float:right;display:inline;}
05 .welcome h2{height:30px;line-height:30px;color:#fff;}
06 .welcome h3{font-size:12px;}
07 .welcome .more{color:#fff;background:#A00000;padding:1px
4px;float:right;margin:0 10px 0 0;display:inline;}
08 .welcome .introduce{padding:10px 0 0;}
09 .new{background:url("../images/new.png") no-repeat 0
0;height:120px;padding:0 12px 0 15px;}
10 .new img{width:px;height:px;float:left;margin:2px 10px 0
```

```
0;display:inline;}
    11  .new h2{color:#593F00;height:34px;line-height:34px;}
    12  .new h3{color:#fff;font-size:12px;font-weight:normal;padding:10px 0 0;}
    13  .new p{color:#DED1B6;}
    14  .order{color:#fff;font-family:"微软雅黑";font-
size:14px;background:url("../images/order.png") no-repeat 0
0;height:41px;line-height:36px;padding:0 0 0 15px;}
    15  .order span{font-family:"宋体";font-size:12px;margin:0 0 0 15px;}
```

第01~02行是网站banner的样式。第03~08行是"欢迎"版块的样式。其中第03行是这个版块最外层容器的样式，通过height:136px限制了这个版块的高度，并定义了这个版块的内边距。第04行通过设置float:right实现这个版块中的图片向右浮动，进而使图片位于这个版块中的右侧，而其他内容位于左侧。第05行是版块标题的样式，分别定义了高度、行高以及标题颜色。第06行是次标题"比萨（源于意大利的食品）"的样式。第07行是链接"更多"的样式。

第09~13行是"新品推荐"版块的样式。其中第09行是这个版块最外层容器的样式。第10行通过设置float:left实现这个版块中的图片向左浮动，进而使图片位于这个版块中的左侧，而其他内容位于右侧。第11~12行是这个版块的版块标题和次级标题的样式。

第14~15行是订餐版块的样式。其中第14行是这个版块最外层容器的样式。第15行定义了"订餐电话"的样式。

13.4.5 内页主体内容的CSS编写

根据对内页主体内容和这部分XHTML代码的分析，编写内页主体内容的CSS代码如下：

代码13-11

```
    01  .menu{padding:0 12px 0 15px;}
    02  .menu h2{height:30px;line-height:30px;color:#fff;}
    03  .menu .list p{padding:10px 0 15px;}
    04  .menu .list table{width:100%;}
    05  .menu td{border:1px dashed #3F3F3F;line-height:19px;}
    06  .menu .arrow{border-left:0 none;padding:0 2px;}
    07  .menu .arrow span{display:block;width:5px;height:3px;background:u
rl("../images/arrow.png") no-repeat 0 0;margin:0 auto;}
    08  .menu .price{border-right:0 none;font-family:Arial;padding:0 0 0
15px;color:#a10000;}
    09  .menu .name{padding:0 0 0 12px;}
```

第01~09行是关于菜单版块的样式。其中第01行是这个版块最外层容器的样式。第02行定义了这个版块中版块标题的样式。第03行是有关订餐介绍文字的样式。第05~09行是菜单列表的样式。其中第04行通过width:100%将表格宽度设置为与其父容器.list相同的宽度。第05行通过border:1px dashed #3F3F3F将每个表格的下边框设置为高度是1px并且颜色为#3F3F3F的虚线。第07行是每个菜单项标题前面的小图标。在前面的XHTML代码中介绍过这个小图标，在页面中是用<span></span>来加入的。第05行设置了所有表格的上下左右4个边框，根据页面的UI图，小图标和价格所在的表格分别没有左边框和右边框，所以在第06行和第08行又分别设置了border-left:0 none和border-right:0 none。内页主体内容中的网站banner的样式与首页完全一样。

13.4.6 网站CSS代码总览

前面讲解了页面头部、页脚、页面主体内容、CSS重置和页面公用的CSS代码,这些代码共同组成了网站页面的完整CSS代码,如代码13-12所示。

代码13-12

```
01  @charset "utf-8";
02  /*css reset*/
03  …
04  /*global css*/
05  …
06  /*module css*/
07  /*index.html*/
08  .banner{…}
09  .banner a{…}
10  …
11  /*page.html*/
12  .menu{…}
13  .menu h2{…}
14  …
```

注意 省略的代码在每个小节中都有讲解。

13.5 制作中需要注意的问题

本章制作中需要注意的问题是DIV+CSS的网站布局中表格标签table的使用。

使用DIV+CSS制作网站,并不是说完全排除table标签的使用。table标签定义了XHTML中的表格。表格是一种显示"数据"的方式,使用表格显示可以使信息或数据清晰易读,比如公司员工联系表、产品与型号对应表以及本例中的菜单等。

因此,在网页制作中,使用DIV等布局元素来制作页面的设计布局,比如定位、色块、图片等。使用table、ul等这样的元素来显示页面中需要展示的数据。

第14章 汽车网站

随着汽车行业的发展，全球汽车销量增加，随之而来的汽车类网站也不断兴起，各种网站设计更是五花八门，汽车类网站设计特点是前卫大气，网站中多用比较大的汽车图片做banner或滚动图片。在页面布局时需要注意有些模块是在屏幕中100%显示的，不能限制宽度。

本章主要涉及的知识点如下。

- 汽车网站效果图分析：将页面拆分，对每个模块进行分析。
- 网站布局规划和切图：对网站页面进行布局规划和切图，并导出图片。
- XHTML编写：XHTML框架搭建；网站公共模块的XHTML编写；各页面主体内容的XHTML编写。
- CSS编写：网站公用样式的编写；网站公共模块的CSS编写；网站框架的CSS编写；各页面主体内容的CSS编写。
- 制作中的注意事项。

14.1 页面效果图分析

本节主要对网站效果图进行分析，包括页面头部和页脚分析、首页主体内容分析和内页主体内容分析。图14.1和图14.2分别是一个汽车网站首页和费用计算器的页面图。

图14.1 首页

图14.2 费用计算器

14.1.1 页面头部和页脚分析

首页的头部，如图14.3所示，包括网站标志和经销商/登录/注册信息，分别对应图中①②。

网站标志由背景图片和指向首页的链接组成。

经销商/登录/注册信息包括两部分：经销商查询和经销商/登录/注册链接，分别对应图中A和B。经销商查询是两个select选择列表，经销商/登录/注册链接是4个文字链接。

图14.3 首页的头部

费用计算器页面的头部如图14.4所示，也包括网站标志和经销商/登录/注册信息，分别对应图中①②。

费用计算器页面与首页头部基本相同，不同之处有两点：网站标志图片不同、经销商查询是三个select选择列表。

图14.4 费用计算器页面的头部

页脚如图14.5所示，包括网站底部导航、网站版权以及分享，分别对应图中①②③。

网站底部导航是一组文字链接列表。网站版权是一段文字。分享包括分享到的网站和相关链接。

图14.5 页脚

14.1.2 首页主体内容分析

首页的主体内容如图14.6所示，包括滚动的广告图片、导航、专题活动、新闻快讯以及用户服务，分别对应图中①②③④⑤。

图14.6 首页的主体内容

滚动的广告图片是一组图片链接列表。在这组图片列表左右两边分别有使广告向左和向右滚动的按钮。

导航是由4个文字链接组成的列表。每个文字链接都有一个半透明黑色背景。"专题活动"由标题、左右滚动的图片列表以及使广告左右滚动的按钮组成。"新闻快讯"由标题和一组文字链接列表组成。每个文字链接列表项都包括小图标、新闻标题和新闻日期。"用户管理平台登录"包括两个用户服务入口，每个入口都是一张图片，图片上有指向相应服务入口的链接。

首页主体内容在布局上，①②版块位于主体内容的上半部分，③④⑤版块位于主体内容的下半部分。并且主体内容的下半部分又分为左中右三栏，其中③位于左栏，④位于中间，⑤位于右栏。

14.1.3 内页主体内容分析

费用计算器页的主体内容如图14.7所示，包括导航、banner、购车指南相关导航以及费用计算器，分别对应图中①②③④。

导航是8个文字链接组成的列表。banner是一张图片。购车指南相关导航是由三个文字链接组成的列表。费用计算器是一张关于费用计算的表格。

费用计算器页的主体内容在布局上，①位于主体内容的第1行，②位于第2行，③④位于第3行。在第3行中，又分为左右两栏，其中③位于左栏，④位于右栏。

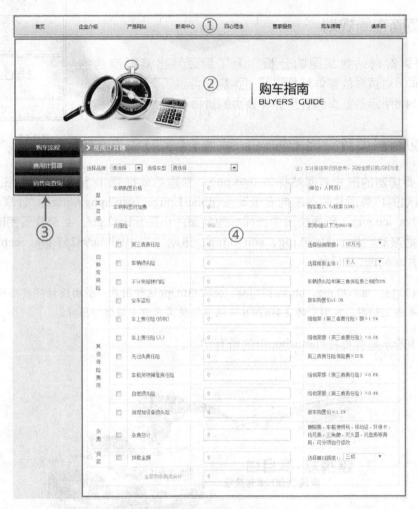

图14.7 内页的主体内容

14.2 布局规划及切图

本节将主要介绍汽车网站的页面布局规划、页面图片切割并导出图片。这些工作是制作本章案例前的必要步骤。

14.2.1 页面布局规划

根据前面对网站效果图的分析，为了后面写出清晰简洁的XHTML代码，对页面的整体结构进行了提炼，得到了页面的大致布局图。如图14.8所示是首页和费用计算器页的页面布局图。

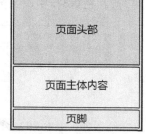

图14.8 页面布局图

14.2.2 切割首页及导出图片

首页需要切割的图片有网站标志logo.png、专题活动标题siz.jpg、新闻快讯标题sizxw.jpg、两处滚动的广告图片的向左向右滚动按钮biao1.png、biao2.png和jt.gif、分享到网站的标志合并的图片s_ico.png、新闻快讯中新闻标题前面的小图标bot2.gif、头部背景图headbg.gif。临时图片包括滚动广告大图x80.jpg、adb90.jpg、滚动广告小图bbc9a257.jpg、ccb743fc.jpg、用户服务图片ad6.jpg、ad7.jpg。

> **注意** 类似x80.jpg、adb90.jpg、bbc9a257.jpg、ccb743fc.jpg这种图片一般由设计师直接提供，不需要在效果图上切图。本例中的这4张图片可以直接使用光盘中提供的图片。

如图14.9所示是首页在Photoshop中的所有切片。

图14.9 首页在Photoshop中的所有切片

14.2.3 切割内页及导出图片

内页需要切割的图片有网站标志logo1.png、导航背景图navbg.png、导航链接选中或鼠标移入时的背景图片navbg2.gif、导航分隔线背景图icon4.gif、banner图adshop.jpg、购车指南的导航背景图navbg3.gif、费用计算器标题title_fyjsq.gif、费用计算器标题背景图menubg.gif、费用计算器中文本框的背景图bg_text.jpg。

如图14.10所示是费用计算器页在Photoshop中的所有切片。

图14.10 内页在Photoshop中的所有切片

14.3 XHTML编写

本节将详细讲解页面头部、页脚、页面公共部分、页面框架和每个页面的XHTML代码的编写。语义和结构良好的XHTML代码不仅在制作网站时省时省力，更有利于提高网站排名，因此XHTML的编写虽然简单但很重要。

14.3.1 页面XHTML框架搭建

首页和内页的XHTML框架相同，包括三部分：页面头部、主体内容和页脚，id分别为hd、bd和ft。XHTML框架的代码编写如下：

代码14-1

```
01  <div id="doc">
02      <div id="hd"></div>
03      <div id="bd"></div>
04      <div id="ft"> </div>
05  </div>
```

第01行和第05行是页面最外层容器，id是doc。第02行是页面头部。第03行是页面主体内容。第04行是页脚。

14.3.2 页面头部和页脚的XHTML编写

根据前面对首页和费用计算器页面的头部的分析，网站标志上有指向网站首页的链接，因此用h1标签包含a标签组成标志部分的XHTML代码。经销商查询由两个或三个select查询列表组成，select是表单元素，所以将这部分放到form标签中。经销商/登录/注册链接是4个由a标签和相应文字组成的链接。

编写首页的头部的XHTML代码如下：

代码14-2

```
01  <div id="hd">
02      <form method="get" name="form" action="#">
03      <div class="login-set fr">
04          <div class="agency">
05              <label>经销商查询</label>
06              <select id="province">
07                  <option value="0">省份</option>
08                  <option value="1">北京市</option>
09                  <option value="2">江西省</option>
10              </select>
11              <select id="city">
12                  <option value="0">请选择经销商</option>
13                  <option value="1">北京市奔腾总代理</option>
14                  <option value="2">南昌市奔腾总代理</option>
15              </select>
16          </div>
17          <div class="link"><span class="fr"><a href="#"  target="_
blank">会员登录</a><a href="#"  target="_blank">会员注册</a></span><a href="#"
target="_blank">经销商专区</a>|<a href="#"  target="_blank">经销商加盟</a></div>
18      </div>
19      </form>
20      <h1 class="logo"><a href="index.html" target="_blank"><img
src="images/logo.png" /></a></h1>
21  </div>
```

第01行和第21行是首页头部的最外层容器，id是hd。

第02~19行是经销商/登录/注册信息。其中第02行和第19行是最外层的标签元素form标签，第03行和第18行是最外层容器.login-set，第04~16行是经销商查询，第05行用label标签标注旁边的select元素为"经销商查询"，第06~15行分别是两个select选择列表，第17行是4个文字链接，每个链接由a标签包含相应的文字组成。

第20行是网站标志。用h1元素包含图片链接组成，链接指向是网站首页。

同时，编写费用计算器页的头部的XHTML代码如下：

代码14-3

```
01  <div id="hd">
02      <form method="get" name="form" action="#">
03      <div class="login-set fr">
04          <div class="agency">
05              <label>经销商查询</label>
06              <select id="brand">
07                  <option value="0">请选择品牌</option>
```

```
08                              <option value="1">一汽红旗</option>
09                              <option value="2">一汽奔腾</option>
10                      </select>
11                      <select id="province">
12                              <option value="0">省份</option>
13                              <option value="1">北京市</option>
14                              <option value="2">江西省</option>
15                      </select>
16                      <select id="city">
17                              <option value="0">请选择经销商</option>
18                              <option value="1">北京市奔腾总代理</option>
19                              <option value="2">南昌市奔腾总代理</option>
20                      </select>
21              </div>
22              <div class="link"><span class="fr"><a href="#"  target="_
blank">会员登录</a><a href="#"  target="_blank">会员注册</a></span><a href="#"
target="_blank">经销商专区</a>|<a href="#"  target="_blank">经销商加盟</a></div>
23              </div>
24              </form>
25              <h1 class="logo"><a href="index.html" target="_blank"><img
src="images/logo1.png" /></a></h1>
26 </div>
```

费用计算器页面的头部与首页的头部的XHTML结构相同，代码也基本一样。不同之处是增加了第06~10行的品牌选择列表，和第25行更改了网站标志的图片，由logo.png更改为logo1.png。

首页和费用计算器页面的页脚完全相同，编写这部分的XHTML代码如下：

代码14-4

```
01 <div id="ft">
02      <div class="inner cf">
03              <div class="nav fl"><a href="#">专家答疑</a>|<a href="#">联系
我们</a>|<a href="#">免责声明</a></div>
04              <div class="share fr">
05                      <span>分享到：</span>
06                      <a href="#" title="分享到新浪微博" class="s1"></a>
07                      <a href="#" title="分享到QQ收藏" class="s2"></a>
08                      <a href="#" title="分享到开心网" class="s3"></a>
09                      <a href="#" title="分享到人人网" class="s4"></a>
10                      <a href="#" title="分享到搜狐微博" class="s5"></a>
11                      <a href="#" title="分享到豆瓣" class="s6"></a>
12                      <form name="form1" method="get" action="#">
13                      <select id="link"><option value="0">相关链接</
option><option value="1">中国第一汽车集团公司</option><option value="2">一汽轿车股
份有限 公司</option></select>
14                      </form>
15              </div>
16              <div class="copyright fr">©2013一汽轿车销售有限公司 版权所有 吉
ICP备09003045号</div>
17      </div>
18 </div>
```

第01行和第18行是页脚的最外层容器，id是ft。第02行和第17行是页脚内层嵌套的容器，

class是inner。第03行是底部导航,包含三个a标签,每个a标签之间用"|"线分隔。第04~15行是分享模块,包含第06~11行的分享到网站的链接和第13行的相关链接。第16行是网站版权,包含一段有关版权信息的文字。

14.3.3 页面公共部分的XHTML编写

在本章案例中,页面的公共部分包括页面头部和页脚,如图14.11所示。虽然首页的页面头部和费用计算器页面的头部有差别,但是XHTML结构和CSS样式基本上相同,因此将页面头部看作公共部分。页面头部和页脚的XHTML代码在前面已经讲过了,这里不再赘述。

图14.11 网站所有页面的公共部分

14.3.4 首页主体内容的XHTML编写

根据前面对首页的主体内容的分析，编写首页主体内容的XHTML代码如下：

代码14-5

```
01 <div id="bd">
02 <div class="publicity">
03      <div class="ad">
04            <ul class="cf">
05                  <li class="ad1 show"><a href="#"></a></li>
06                  <li class="ad2"><a href="#"></a></li>
07            </ul>
08            <div class="btn prev"></div>
09            <div class="btn next"></div>
10      </div>
11      <div class="nav">
12            <ul class="link">
13                  <li><a href="#" target="_blank">奔腾资讯</a></li>
14                  <li><a href="#" target="_blank">购车指南</a></li>
15                  <li><a href="#" target="_blank">四心理念</a></li>
16                  <li><a href="#" target="_blank">俱乐部</a></li>
17            </ul>
18            <ul class="bg">
19                  <li></li>
20                  <li></li>
21                  <li></li>
22                  <li class="noborder"></li>
23            </ul>
24      </div>
25 </div>
26 <div class="con cf">
27      <div class="special fl">
28            <div class="hd"><a href="#" class="fr">more</a><h2><img
src="images/siz.jpg" /></h2></div>
29            <div class="bd cf">
30                  <div class="btn prev fl"></div>
31                  <div class="btn next fr"></div>
32                  <ul>
33                        <li class="show"><a href="#"><img src="temp/
bbc9a257.jpg" /></a></li>
34                        <li><a href="#"><img src="temp/ccb743fc.jpg"
/></a></li>
35                  </ul>
36            </div>
37      </div>
38      <div class="news fl">
39            <div class="hd"><a href="#" class="fr">more</a><h2><img
src="images/sizxw.jpg" /></h2></div>
40            <div class="bd">
41                  <ul class="newslist">
```

```
42                          <li><span>[2014.01.06]</span><a href="#">实至
名归···评价</a></li>
43                          <li><span>[2013.11.26]</span><a href="#">一汽
轿车···落幕</a></li>
44                          <li><span>[2013.11.22]</span><a href="#">新奔
腾···车展</a></li>
45                          <li><span>[2013.11.21]</span><a href="#">奔腾
全系···车展</a></li>
46                          <li><span>[2013.11.14]</span><a href="#">品质
决定···可挡</a></li>
47                          <li><span>[2013.11.04]</span><a href="#">新奔
腾···首选</a></li>
48                      </ul>
49                  </div>
50          </div>
51          <div class="user fr"><a href="#"><img src="temp/ad6.jpg" /></a><a
href="#"><img src="temp/ad7.jpg" /></a></div>
52  </div>
53  </div>
```

第01行和第53行是首页主体内容的最外层容器，id是bd。第02~25行是滚动广告图片和导航，其中第02行和第25行是这两个部分的最外层容器，第03~10行是滚动广告图片，其中包含一个ul图片列表和两个按钮。第11~24行是首页的导航，第一个ul列表是导航文字链接列表，第二个ul列表是导航的背景组成的列表，数量与导航数量一致，都是4个。由于导航的背景是半透明的，如果导航的半透明样式opacity写到第一个ul上时，导航中的文字也会变成半透明的，因此要单独写一个ul列表，用于添加导航背景的样式。

第26~52行是"专题活动"、"新闻快讯"以及"用户服务"的代码。其中第26行和第52行是这三个版块的最外层容器。第27~37行是专题活动。其中第27行和第37行是这个版块的最外层容器。第28行是版块标题。第29~36行是版块中的滚动广告。

第38~50行是新闻快讯。其中第38行和第50行是这个版块的最外层容器。第39行是版块标题。第40~49行是新闻列表。用ul包含6个li标签，每个li标签中的span标签包含新闻时间，a标签包含新闻的文字链接。其中span标签位于a标签的前面，在写样式时，只要使span向右浮动就可以实现时间位于文字链接右侧的效果。这样写的好处是，时间可以随意修改字数，不用限制宽度。

第51行是用户服务。包含两张带链接的图片，分别由a标签包含img组成。

14.3.5 内页主体内容的XHTML编写

根据前面对内页主体内容的分析，编写内页主体内容的XHTML代码如下：

代码14-6

```
01  <div id="bd" class="cf">
02      <ul class="sub-nav cf">
03          <li><a href="#">首页</a></li>
04          <li><a href="#">企业介绍</a></li>
05          <li><a href="#">产品网站</a></li>
```

```
06              <li><a href="#">新闻中心</a></li>
07              <li><a href="#">四心理念</a></li>
08              <li><a href="#">管家服务</a></li>
09              <li><a href="#">购车指南</a></li>
10              <li class="nobg"><a href="#">俱乐部</a></li>
11          </ul>
12          <div class="banner"></div>
13          <ul class="fl link">
14              <li><a href="#" target="_blank">购车流程</a></li>
15              <li class="cur"><a href="#" target="_blank">费用计算器</a></li>
16              <li><a href="#" target="_blank">俱乐部</a></li>
17          </ul>
18          <div class="con fl">
19              <form name="form2" method="post" action="#">
20              <h2><img src="images/title_fyjsq.gif" /></h2>
21              <div class="select">
22                  <em class="tip blue fr">注：本计算结果仅供参考，实际金额
以购买时为准</em>
23                  <label>选择品牌</label>
24                  <select id="brand">
25                      <option value="0">请选择</option>
26                      <option value="1">一汽红旗</option>
27                      <option value="2">一汽奔腾</option>
28                  </select>
29                  <label>选择车型</label>
30                  <select id="type">
31                      <option value="0">请选择</option>
32                  </select>
33              </div>
34              <table cellspacing="1" cellpadding="0" border="0"
class="cmy-table">
35                  <tr>
36                      <td width="44" align="center" rowspan="3">基
<br>本<br>款<br>项</td>
37                      <td width="200" colspan="2">车辆购置价格</td>
38                      <td align="center"><input type="text"
class="t" value="0" name="jg1" /></td>
39                      <td width="233">(单位：人民币)</td>
40                  </tr>
41                  ...
42                  <tr>
43                      <td align="right" colspan="3" class="orange">
全款购车费用合计</td>
44                      <td align="center"><input type="text"
class="t" value="0" name="jg100" /></td>
45                      <td></td>
46                  </tr>
47              </table>
48              </form>
49          </div>
50  </div>
```

第01行和第50行是内页主体内容的最外层容器，id是bd。第02~11行是导航。用ul标签包含8个li标签，每个标签中都包含a链接。第12行是费用计算器页面的banner。这个类名为banner的div容器中没有填充任何图片，只是在标签上设置了高度以便撑开这个容器。这里的banner图片是一张背景图片，样式写在了费用计算器页面的body元素上。

第13~17行是购车指南相关的导航。用ul列表标签包含三个li标签，每个li标签中都包含a链接。第18~49行是费用计算器。第18行和第49行是这个版块的最外层容器。其中第19行和第48行是这个版块的表单标签form。第20行是这个版块的标题，用h2标签包含标题图片。第21~33行是这个版块中的"选择品牌"、选择车型以及提示文字。其中"选择品牌"和"选择车型"是两个select选择列表。第34~47行是费用计算器表格，用table标签和tr、td标签来填充表格中相关的内容。

14.3.6 首页XHTML代码总览

前面对网站首页各个模块的XHTML代码进行了逐一编写。如图14.12所示是这些模块组成的首页的XHTML框架图，说明了层的嵌套关系。

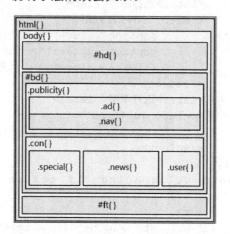

图14.12 首页XHTML框架图

在这些XHTML代码的基础上增加页面的<!DOCTYPE>声明及html头部元素，就是首页的完整XHTML代码。完整的首页XHTML代码如下：

代码14-7

```
01  <!DOCTYPE HTML>
02  <html>
03  <head>
04      <meta charset="utf-8">
05      <title>首页</title>
06      <link href="css/style.css" rel="stylesheet" type="text/css" />
07  </head>
08  <body class="index">
09  <div id="hd">…</div>
10  <div id="bd">
11      <div class="publicity">
```

```
12              <div class="ad">…</div>
13              <div class="nav">…</div>
14      </div>
15      <div class="con cf">
16              <div class="special fl">…</div>
17              <div class="news fl">…</div>
18              <div class="user fr">…</div>
19      </div>
20 </div>
21 <div id="ft">…</div>
22 </body>
23 <!--[if IE 6]>
24 <script src="js/DD_belatedPNG_0.0.8a-min.js"></script>
25 <script>
26      DD_belatedPNG.fix('*');
27 </script>
28 <![endif]-->
29 </html>
```

第01行是页面的<!DOCTYPE>声明。第03~07行是html头部元素。第02行和第29行是页面的html标签，对应图14.12中html{}。第08行和第22行是页面的body标签，对应图14.12中body{}。第09行是页面头部，对应图中14.12#hd{}。第10~20行是页面主体内容，对应图14.12中#bd{}，其中第11行和第14行是包含滚动广告和导航的最外层容器，对应图14.12中.publicity{}，第12行是滚动广告，对应图14.12中.ad{}，第13行是导航，对应图14.12中.nav{}，第15行和第19行是包含专题活动、新闻快讯以及用户服务三个版块的最外层容器。对应图14.12中.con{}，第16行是专题活动，对应图14.12中.special{}，第17行是新闻快讯，对应图14.12中.news{}，第18行是用户服务，对应图14.12中.user{}。第21行是页脚，对应图14.12中#ft{}。第23~28行是页面加载的JavaScript文件DD_belatedPNG_0.0.8a-min.js。

14.3.7 内页XHTML代码总览

前面对内页各个模块的XHTML代码进行了逐一编写。如图14.13所示是这些模块组成的内页的XHTML框架图，说明了层的嵌套关系。

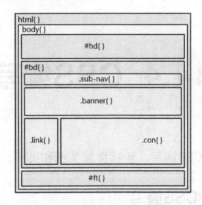

图14.13 内页的XHTML框架图

在这些XHTML代码的基础上增加页面的<!DOCTYPE>声明及html头部元素，就是内页的完整XHTML代码。完整的内页的XHTML代码如下：

代码14-8

```
01 <!DOCTYPE HTML>
02 <html>
03 <head>
04     <meta charset="utf-8">
05     <title>关于我们</title>
06     <link href="css/style.css" rel="stylesheet" type="text/css" />
07 </head>
08 <body class="cost">
09 <div id="hd">…</div>
10 <div id="bd" class="cf">
11     <ul class="sub-nav cf">…</ul>
12     <div class="banner">…</div>
13     <ul class="link fl">…</ul>
14     <div class="con fl">…</div>
15 </div>
16 <div id="ft">…</div>
17 </body>
18 <!--[if IE 6]>
19 <script src="js/DD_belatedPNG_0.0.8a-min.js"></script>
20 <script>
21     DD_belatedPNG.fix('*');
22 </script>
23 <![endif]-->
24 </html>
```

第01行是页面的<!DOCTYPE>声明。第03~07行是html头部元素。第02行和第24行是页面的html标签，对应图14.13中html{}。第08行和第17行是页面的body标签，对应图14.13中body{}。第09行是页面头部，对应图14.13中#hd{}。第10~15行是页面主体内容，对应图14.13中#bd{}，其中第11行是导航，对应图14.13中.sub-nav{}，第12行是banner，对应图14.13中.banner{}，第13行是"购车指南"相关的导航，对应图14.13中.link{}，第14行是费用计算器，对应图14.13中.con{}。第16行是页脚，对应图14.13中#ft{}。第18~23行是页面加载的JavaScript文件DD_belatedPNG_0.0.8a-min.js。

14.4 CSS编写

本节主要讲解汽车网站的CSS编写，包括页面头部和页脚、首页和内页的CSS编写。

14.4.1 页面公共部分的CSS编写

页面公共部分包括CSS重置、页面中公用字体、字体颜色的样式，以及页面头部和页脚。

CSS重置代码、页面公用样式的CSS代码编写如下：

代码14-9

```
01  /*css reset*/
02  body,div,dl,dt,dd,ul,ol,li,h1,h2,h3,h4,h5,h6,pre,code,form,fieldset,legend,input,button,textarea,p,blockquote,th,td{margin:0; padding:0;}/*以上元素的内外边距都设置为0*/
03  …
04  *.cf{zoom:1;} /* IE 6/7浏览器 (触发hasLayout) */
05  /*global css*/
06  body{font-family:"宋体";font-size:12px;color:#222220;line-height:20px;background:url("../images/bg.jpg") repeat left top;}
07  a{color:#30424E;}
08  a:hover{color:#30424E;text-decoration:none;}
09  .orange{color:#FAAE27;}
10  .blue{color:#3399FF;}
11  .fl{float:left;display:inline;}
12  .fr{float:right;display:inline;}
13  select{color:#656565;}
```

第01~04行是CSS重置代码，与前几章相同。CSS重置代码在第2章中已经详细讲解过了，这里不再赘述。

第06~13行是公用CSS代码。第06行是页面元素body标签的样式，定义了整个页面的字体是宋体，文字默认大小为12px，颜色是#222220，文字行高是20px以及整个页面的背景图。第07行和第08行设置了页面默认文字链接的样式。第09行和第10行定义了页面中常用的两个关于文字颜色的类。第11行和第12行定义了两个通用类，分别是.fl和.fr，这两个类分别设置了向左浮动和向右浮动，并且设置display:inline解决了IE 6双边距的bug。第13行定义了页面中所有select列表中文字的颜色是#656565。

14.4.2 页面框架的CSS编写

前面分析了页面的布局图并且编写了页面框架的XHTML代码，根据这两部分编写页面框架的CSS代码如下：

代码14-10

```
01  #hd{width:971px;height:55px;margin:0 auto;}
02  #ft{color:#929292;text-align:center;font-family:Arial;border-top:1px solid #ddd;padding:20px 0 30px;}
03  .index{background:url("../images/headbg.gif") repeat-x left top;}
04  .index #hd{padding:10px 0 0;}
05  .cost{background:url("../images/adshop.jpg") no-repeat center top #ECEBE7;}
06  .cost #hd{padding:10px 0;}
07  .cost #bd{width:987px;margin:0 auto 30px;}
```

第01行是页面头部的公共样式，分别定义了头部的宽度、高度以及在body容器中左右居中。第02行是页脚的样式，分别定义了文字颜色、文字居中显示、字体、上边框以及内边距。第03行是首页body元素的样式，定义了首页的背景图。第04行为首页头部单独定义了内边距。第05行是费用计算器页面的body元素的样式，定义了这个页面的背景图及背景色。第06行为费用计算器页面的头部单独定义了内边距。第07行是费用计算器页面主体内容的样式，分别定义了宽度，主体内容所在的#bd容器在body容器中左右居中，#bd容器下外边距为30px。

14.4.3　页面头部和页脚的CSS编写

前面分析了页面头部并且编写了这部分的XHTML代码，页面头部的CSS代码如下：

代码14-11

```
01  #hd{…}
02  .index #hd{…}
03  .cost #hd{…}
04  .index #hd .login-set{width:370px;}
05  .cost #hd .login-set{width:470px;}
06  #hd .login-set .link{color:#2D6DC7;margin:5px 0 0 -5px;}
07  #hd .login-set .link a{color:#2D6DC7;margin:0 5px;}
08  #hd .login-set #province{width:65px;}
09  #hd .login-set #city{width:230px;}
```

第01~03行是页面头部的最外层样式。第04~05行分别定义了首页和费用计算器页面的头部右侧的经销商/登录/注册信息模块的样式。第06~07行是头部右侧的经销商/登录/注册链接的样式，分别定义了文字链接的颜色，外边距。第08行定义了id是province的select列表标签的宽度。第09行定义了id是city的select列表标签的宽度。

根据前面对页脚和这部分的XHTML代码的分析，编写页脚CSS代码如下：

代码14-12

```
01  #ft{…}
02  #ft .inner{width:975px;margin:0 auto;}
03  #ft a{color:#929292;}
04  #ft a:hover{color:#929292;}
05  #ft .nav a{margin:0 10px;}
06  #ft .share{margin:0 0 0 10px;width:350px;}
07  #ft .share span{float:left;}
08  #ft .share a{background:url("../images/s_ico.png") no-repeat;float:left;
display:inline; margin:2px 3px 0 0;width:16px;height:16px;}
09  #ft .share a.s1{background-position:0 0;}
10  #ft .share a.s2{background-position:0 -17px;}
11  #ft .share a.s3{background-position:0 -34px;}
12  #ft .share a.s4{background-position:0 -51px;}
13  #ft .share a.s5{background-position:0 -68px;}
14  #ft .share a.s6{background-position:0 -85px;}
15  #ft .share #link{margin:0 0 0 5px;}
```

第01行是页脚最外层容器的样式，在前面已经介绍过了。第02行是页脚内层嵌套容器的样式，分别定义了宽度和在#ft容器中水平居中。由于页脚的上边框布满整个屏幕，因此页脚最外层容器#ft上没有限制宽度。但是页脚中的实际内容在页面中是水平居中显示的，所以需要嵌套内层容器.inner，通过.inner类，限制页脚实际内容的宽度，并通过设置margin:0 auto实现了页脚中的实际内容在页面中水平居中显示。

第03~04行是页脚中所有链接的样式。第05行通过margin:0 10px设置了底部导航中的每个链接的左右外边距。第06~15行是分享模块的样式。其中第08行定义了分享链接的样式，通过background设置了分享链接的背景图，通过float:left将a标签由行内元素转换成块元素，并通过width和height设置了a的宽度和高度。第09~14行分别对每个分享链接的背景图进行了定位。

14.4.4 首页主体内容的CSS编写

根据对首页主体内容和这部分XHTML代码的分析，编写首页主体内容的CSS代码如下：

代码14-13

```
01 .index #bd .publicity{position:relative;height:435px;}
02 .index #bd .publicity .ad{position:relative;}
03 .index #bd .publicity .ad ul li{height:435px;display:none;}
04 .index #bd .publicity .ad ul li.show{display:block;}
05 .index #bd .publicity .ad a{display:block;width:100%;height:100%;margin:0 auto;}
06 .index #bd .publicity .ad .ad1{background:url("../temp/x80.jpg") no-repeat center top;}
07 .index #bd .publicity .ad .ad2{background:url("../temp/adb90.jpg") no-repeat center top;}
08 .index #bd .publicity .ad .btn{width:23px;height:68px;cursor:pointer;position:absolute;top:50%;margin-top:-34px;}
09 .index #bd .publicity .ad .prev{background:url("../images/biao1.png") no-repeat left center;left:5%;}
10 .index #bd .publicity .ad .next{background:url("../images/biao2.png") no-repeat left center;right:5%;}
11 .index #bd .publicity .nav{width:860px;height:44px;position:absolute;left:50%;margin-left:-430px;bottom:0px;_bottom:-1px;}
12 .index #bd .publicity .nav .link,#bd .publicity .nav .bg{position:absolute;left:0px;bottom:0px;}
13 .index #bd .publicity .nav .link{z-index:2;}
14 .index #bd .publicity .nav .bg{z-index:1;}
15 .index #bd .publicity .nav li{float:left;width:214px;height:44px;line-height:44px;}
16 .index #bd .publicity .nav .link li{text-align:center;font-size:14px;}
17 .index #bd .publicity .nav .link li a{color:#fff;}
18 .index #bd .publicity .nav .bg li{background:#000;opacity:0.4;fliter:alpha(opacity=40);border-right:1px solid #fff;}
19 .index #bd .publicity .nav .bg li.noborder{border:0;}
20 .index #bd .con{width:1000px;margin:0 auto;padding:17px 0 0;height:217px;}
21 .index #bd .con .special,#bd .con .news,#bd .con .user{height:100%;}
22 .index #bd .con .hd{height:23px;border-bottom:3px solid #E1E1E1;margin-bottom:10px;_position:relative;}
23 .index #bd .con .hd h2{border-bottom:3px solid #406D9C;width:68px;
```

```
position:absolute;bottom:-4px;}
    24  .index #bd .con .hd a{color:#C3C6C9;font-weight:bold;line-height:16px;}
    25  .index #bd .con .special{width:331px;margin:0 30px 0 0;}
    26  .index #bd .con .special .hd{width:285px;margin:0 auto 10px;}
    27  .index #bd .con .special .bd ul{width:285px;overflow:hidden;margin:0
auto;}
    28  .index #bd .con .special .bd ul li{height:140px;display:none;}
    29  .index #bd .con .special .bd ul li.show{display:block;}
    30  .index #bd .con .special .bd .btn{background:url("../images/jt.gif")
no-repeat;width:10px;height:24px;margin:55px 0 0;cursor:pointer;}
    31  .index #bd .con .special .bd .prev{background-position:0 center;}
    32  .index #bd .con .special .bd .next{background-position:-19px center;}
    33  .index #bd .con .news{width:364px;}
    34  .index #bd .con .news .newslist{padding:8px 0 0;}
    35  .index #bd .con .news .newslist li{background:url("../images/bot2.gif")
no-repeat left center;padding:0 0 0 16px;}
    36  .index #bd .con .news .newslist li span{color:#9EA2A3;float:right;}
    37  .index #bd .con .user{width:233px;}
    38  .index #bd .con .user img{display:block;margin:0 0 6px;}
```

第01行是滚动广告和导航的最外层容器的样式，分别定义了相对定位和容器高度。

第02~10行是滚动广告的样式。其中第02行通过position:relative将滚动广告最外层容器设置为相对定位。第03行通过display:none将所有滚动的广告图片隐藏，又通过第04行的.show类中的display:block将当前广告图片显示。第05行通过display:block;将滚动广告图片上的a链接由行内元素转换成块元素，并通过width:100%;height:100%设置宽度和高度，进而使a标签有了可单击的区域。第06~07行设置了滚动图片的背景，没有通过img标签在页面中加入滚动图片，而要使用背景的原因是滚动图片的宽度可能超出用户电脑屏幕的宽度，将滚动图片设置成背景后，背景的宽度可以随屏幕宽度的变化而变化。第08行通过position:absolute将向左向右滚动按钮设置为绝对定位。并通过top:50%使按钮的左上角与父容器.ad的上边缘的距离为50%*父容器.ad的高度。再通过margin-top:-34px将按钮向上移动34px，34px是按钮的高度除以2得到的。"position:absolute;top:50%;margin-top:-34px;"这几句组合实现了按钮在父容器.ad中垂直居中显示，这是常用的使绝对定位的容器垂直居中的技巧。

第11~19行是导航的样式。其中第11行通过"position:absolute;left:50%;margin-left:-430px;"将.nav容器在父容器.publicity中水平居中。430px是.nav容器的宽度除以2得到的。通过bottom:0px将容器.nav置于父容器.publicity的底部。通过_bottom:-1px解决了在IE 6下不兼容的问题。第13行和第14行通过z-index将文字链接所在容器.link和导航背景所在容器.bg的层级顺序设置为：.link容器位于.bg容器上面。第18行通过opacity:0.4;fliter:alpha(opacity=40)将黑色背景色设置为半透明效果，其中opacity是W3C标准支持的属性Firefox、Chrome、IE 9等浏览器支持，对于IE 6~IE 8，使用IE私有的滤镜属性fliter:alpha(opacity=XX)来实现与opacity相同的效果。

第20行是"专题活动"、"新闻快讯"以及"用户服务"这三个版块的最外层容器的样式。分别定义了容器的宽度、高度、在页面中水平居中以及内边距。第21行定义了"专题活动"、"新闻快讯"以及"用户服务"这三个版块的高度是父容器的100%。第22~24行是"专题活动"、"新闻快讯"以及"用户服务"这三个版块标题样式。其中第23行通过设置"position:absolute;bottom:-4px;"实现了标题图片的蓝色下边框与第22行中设置的灰色下边框重叠。

第25~32行是专题活动的样式。其中第28行将所有滚动图片在页面中隐藏，第29行通过.show的类将当前的广告图片设置为显示。第30行通过cursor:pointer将向左和向右按钮设置为鼠标移入后显示为手形,增强了用户体验。

第33~36行是新闻快讯的样式。其中第35行通过background实现在每条新闻链接前显示方形的小图标。第36行通过float:right将span标签设置为向右浮动,从而使日期位于每条新闻的右侧。

第37~38行是用户服务的样式。其中第38行将img标签由行内元素转换成块元素,解决了img图片下有多余空白的问题。

14.4.5 内页主体内容的CSS编写

根据对内页主体内容和这部分XHTML代码的分析,编写内页主体内容的CSS代码如下:

代码14-14

```
01  .cost #bd{…}
02  .cost #bd .sub-nav{background:url("../images/navbg.png") no-repeat center top;height:45px;margin:0 auto;}
03  .cost #bd .sub-nav li{width:122px;height:41px;background:url("../images/icon4.gif") no-repeat right center;float:left;text-align:center;line-height:40px;}
04  .cost #bd .sub-nav li.cur,#bd .sub-nav li a:hover{background:url("../images/navbg2.gif") no-repeat center top;color:#fff;}
05  .cost #bd .sub-nav li.nobg{background:none;}
06  .cost #bd .sub-nav li a{color:#010101;font-family:"微软雅黑";display:block;width:100%;height:100%;}
07  .cost #bd .banner{height:275px;}
08  .cost #bd .link{width:167px;list-style:none outside none;}
09  .cost #bd .link li{width:167px;height:44px;line-height:44px;background:url("../images/navbg3.gif") no-repeat 0 0;text-align:center;overflow:hidden;}
10  .cost #bd .link li.cur,.cost #bd .link li a:hover{background:url("../images/navbg3.gif") no-repeat 0 -51px;}
11  .cost #bd .link li a{font-family:"微软雅黑";font-size:15px;display:block;width:100%;height:100%;color:#fff;}
12  .cost #bd .con{width:818px;background:#fff;color:#666;}
13  .cost #bd .con h2{background:url("../images/menubg.gif") no-repeat left top;height:40px;}
14  .cost #bd .con h2 img{margin:10px 0 0 12px;}
15  .cost #bd .con .select{margin:15px 15px 0;}
16  .cost #bd .con .select #brand{margin:0 5px 0 0;}
17  .cost #bd .con table{width:787px;margin:15px auto;}
18  .cost #bd .con td{border:1px solid #E2E2E2;height:45px;padding:0 10px; }
19  .cost #bd .con input.t{background:url("../images/bg_text.jpg") no-repeat left top;width:209px;height:30px;color:#999;border:0;padding:0 0 0 10px;font-family:Arial;}
```

第01行是费用计算器页面主体内容最外层容器的样式。第02~06行是导航的样式。其中第02行通过background设置了导航背景的样式,第03行通过background设置了导航每个文字链接之间的间隔。第04行设置了导航中每个链接在鼠标移入和选中时的样式。

第07行是banner的样式。第08~11行是"购车指南"相关导航的样式。其中第08行重置了CSS代码中list-style:none的样式，解决了在IE 6/7下，拥有float和display:inline的ul元素中的li元素的左侧会多出空白的问题。第12~19行是费用计算器的样式。其中第19行是表单元素input文本框的样式。

14.4.6 网站CSS代码总览

前面讲解了页面头部、页脚、页面主体内容、CSS重置和页面公用的CSS代码，这些代码共同组成了网站页面的完整CSS代码，如代码14-15所示。

代码14-15

```
01  @charset "utf-8";
02  /*css reset*/
03  …
04  /*global css*/
05  …
06  /*module css*/
07  /*index.html*/
08  .index{…}
09  .index #hd{…}
10  …
11  /*page.html*/
12  .cost{…}
13  .cost #hd{…}
14  …
```

 _{注意} 省略的代码在每个小节中都有讲解。

14.5 制作中需要注意的问题——IE 6下 1px间距的问题

IE 6有这样一个问题，当绝对定位容器的父元素高或宽为奇数时，**bottom**和**right**会多出1px，示例如下：

代码14-16

```
01  <style type="text/css">
02  .box1{background:#000;position:relative;width:201px;height:201px;}
03  .box2{background:#ff0000;position:absolute;width:100px;height:100px;bo
```

```
ttom:0px;right:0px;}
   04  </style>
   05  <div class="box1">
   06          <div class="box2"></div>
   07  </div>
```

在Firefox中的显示效果如图14.14所示。在IE 6中的显示效果如图14.15所示。

图14.14 Firefox中的显示效果　　　　　　　　图14.15 IE 6中的显示效果

解决方法是，针对IE 6进行hack处理，当发生此情况时将bottom或right减少1px，比如："_bottom:-1px;_right:-1px;"。或者条件允许，对页面无影响的情况下，将父元素的宽高都设置为偶数。

在上面的例子中，将代码14-16中的.box1的宽度和高度修改为width:200px;height:200px或者在.box2中增加样式"_bottom:-1px;right:-1px;"。

当ul拥有float和display:inline时，IE 6/IE 7下ul中的li元素的左侧会多出空白。将ul进行浮动定位，同时它们也有外边距，为了消除IE 6双倍外边距的问题，在ul的样式中加上display:inline。同时也导致了在IE 6下，ul中的li元素距离左边都出现了一定宽度的空白，如代码14-17所示。

代码14-17

```
   01  <style type="text/css">
   02  *{margin:0;padding:0;}
   03  .box{width:400px;border:1px solid red;overflow:hidden;margin:10px;}
   04  ul{float:left;display:inline;margin:0 0 0 10px;background:#ccc;width:20
0px;list-style:none;}
   05  ul li{background:red;width:200px;}
   06  </style>
   07  <div class="box">
   08  <ul>
   09          <li>A</li>
   10          <li>A</li>
   11          <li>A</li>
   12  </ul>
```

```
13  </div>
```

在Firefox中的效果如图14.16所示。

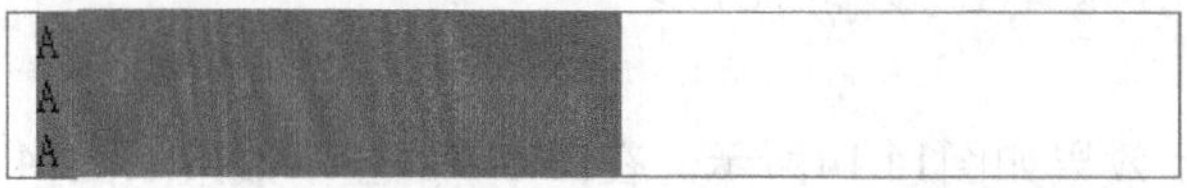

图14.16　IE 6中的显示效果

在IE 6/IE 7中的效果如图14.17所示。

图14.17　IE 6/IE 7中的显示效果

解决方法是将"list-style: none;"改为"list-style: none outside none;"。

list-style 是一个简写属性，可以在一个声明中按顺序设置list-style-type、list-style-position以及list-style-image属性的值。在IE 6/IE 7中，当ul具有float和display:inline属性后，如果设置了list-style:none，则list-style-position将默认设置为inside，即列表符被隐藏，但是仍然留有位置，所以需要将列表位置重置为outside。

将代码14-17中第04行的list-style:none修改为：list-style:none outside none。在IE 6/IE 7中的效果如图14.18所示。

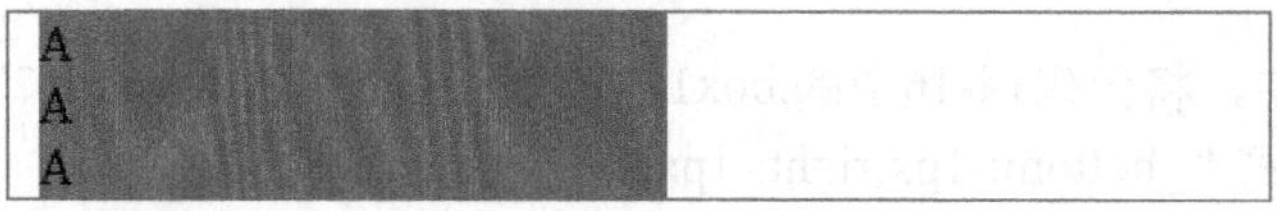

图14.18　IE 6/IE 7中的显示效果

在线阅读网站

第15章

　　随着电子时代的来临，在线阅读类网站也越来越多了。在线阅读网站提供包括电子相册、电子杂志、电子期刊、电子书等在内的免费或收费阅读。在线阅读网站的页面设计简单，布局也不是太复杂，但其中的细节较多，在制作时需要注意如何利用结构简洁的代码更好地实现UI中的这些细节。

　　本章主要涉及到的知识点如下。

- 在线阅读网站效果图分析：将页面拆分，对每个模块进行分析。
- 网站布局规划和切图：对网站页面进行布局规划和切图，并导出图片。
- XHTML编写：XHTML框架搭建；网站公共模块的XHTML编写；各页面主体内容的XHTML编写。
- CSS编写：网站公用样式的编写；网站公共模块的CSS编写；网站框架的CSS编写；各页面主体内容的CSS编写。
- 制作中的注意事项。

15.1　页面效果图分析

　　本节主要对网站效果图进行分析，包括页面头部和页脚分析、首页主体内容分析和内页主体内容分析。如图15.1和图15.2分别是在线阅读网站首页和正文页的页面图。

图15.1 首页

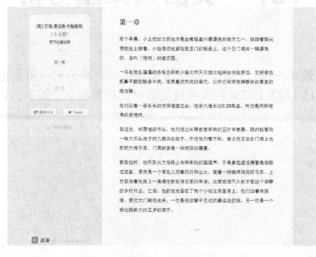

图15.2 正文页

15.1.1 页面头部和页脚分析

首页的头部，如图15.3所示，包括网站标志和登录/注册，分别对应图中①②。网站标志由背景图片和指向首页的链接组成。登录/注册是两个文字链接，分别链接到登录页和注册页。

图15.3 首页的头部

首页的页脚，如图15.4所示，包括网站底部导航和网站版权，分别对应图中①②。网站底部导航是一组文字链接列表。网站版权是一张图片和两段文字。

图15.4 首页的页脚

正文页的页脚，如图15.5所示，包括网站标志和网站版权，分别对应图中①②。网站标志是一张图片，带有指向首页的链接。网站版权是一段文字。

图15.5 正文页的页脚

15.1.2 首页主体内容分析

首页的主体内容，如图15.6所示，包括"所有书目"链接、"图书信息"、"图书来源"与"编撰人员"、"作品简介"以及"作者简介"，分别对应图中①②③④⑤。

图15.6 首页的主体内容

所有书目链接是一个文字链接。图书信息包括图书封面、图书标题、作者、来源、适用设备以及购买/阅读按钮。图书来源与编撰人员、作品简介以及作者简介这三个版块都是几段相关的文字介绍。

首页主体内容在布局上属于正常的CSS文档流，各版块按照XHTML结构中的顺序自上而下依次显示。

15.1.3 内页主体内容分析

内页的主体内容如图15.7所示，包括图书各章节索引和各章节正文，分别对应图中①②。

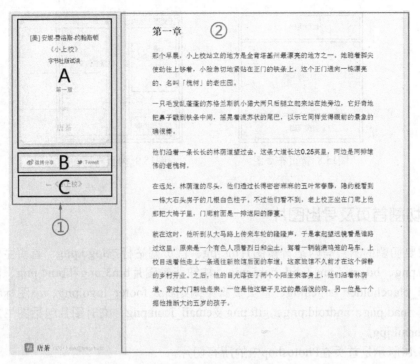

图15.7 内页的主体内容

图书各章节索引包括各章节简要信息、分享链接以及返回图书首页的链接。分别对应图中A、B和C三个区域。

各章节正文包括章节索引标题和正文。

内页主体内容在布局上分为左右两栏，图书各章节索引位于左栏，各章节正文位于右栏。

 15.2 布局规划及切图

本节将主要介绍在线阅读网站的页面布局规划、页面图片切割并导出图片。这些工作是制作本章案例前必要的步骤。

15.2.1 页面布局规划

根据前面对网站效果图的分析，为了后面写出清晰简洁的XHTML代码，对页面的整体结构进行了提炼，得到了页面的大致布局图。图15.8是首页的页面布局图。图15.9是内页的页面布局图。

图15.8 首页布局图 　　　　　　　　　　图15.9 内页布局图

15.2.2 切割首页及导出图片

首页需要切割的图片有网站背景图片bg.jpg、首页网站标志logo.png、首页主体内容背景图片bd_top.png、bd_mid.png及bd_bom.png、按钮背景图片btn3.png和btn4.png、图书封面背景图片book_placeholder_large.png、首页页脚中网站标志footer_logo.png、小图标arrow.png、iphone.png、ipad.png、android.png、gift.png及email_icon.png。临时图片包括图书封面thumb_cover_thumbnail.jpg。

如图15.10所示是首页在Photoshop中的所有切片。

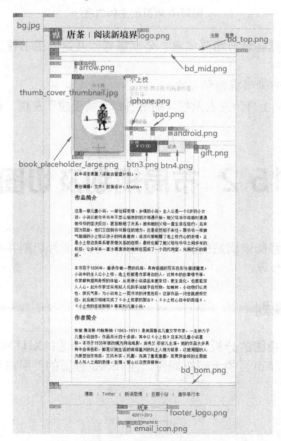

图15.10 首页在Photoshop中的所有切片

15.2.3 切割内页及导出图片

内页需要切割的图片有图书索引背景图片book_bg1.png和book_bg2.png、图书索引中分隔图片index_gap.png、图书索引中的网站标志index_logo.png、微博分享按钮btn1.png、Tweet按钮btn2.png、正文背景图片article_bg.png、正文结束末尾的装饰图片book_label.png、正文页的页脚中的网站标志small_logo.png。

如图15.11所示是内页在Photoshop中的所有切片。

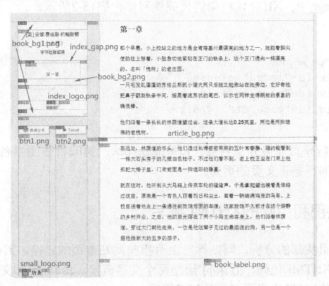

图15.11 内页在Photoshop中的所有切片

15.3 XHTML编写

本节将详细讲解页面头部、页脚、页面公共部分、页面框架和每个页面的XHTML代码的编写。语义和结构良好的XHTML代码不仅在制作网站时省时省力，更有利于提高网站排名，因此XHTML的编写虽然简单但很重要。

15.3.1 页面XHTML框架搭建

首页的XHTML框架包括三部分：页面头部、主体内容和页脚，id分别为hd、bd和ft。XHTML框架的代码编写如代码15-1所示。

代码15-1

```
01 <div id="index_doc">
```

```
02          <div id="hd"></div>
03          <div id="bd"></div>
04          <div id="ft"> </div>
05  </div>
```

第01行和第05行是页面最外层容器，id是index_doc。第02行是页面头部。第03行是页面主体内容。第04行是页脚。

正文页的XHTML框架包括三部分：图书各章节索引、各章节正文和页脚，id分别为index、page_bd和page_ft。XHTML框架的代码编写如代码15-2所示。

代码15-2

```
01 <div id="page_doc">
02          <div id="index" class="fl" ></div>
03          <div id="page_bd"></div>
04          <div id="page_ft"> </div>
05  </div>
```

第01行和第05行是页面最外层容器，id是page_doc。第02行是图书各章节索引。第03行是各章节正文。第04行是正文页的页脚。

15.3.2 页面头部和页脚的XHTML编写

根据前面对首页头部的分析，网站标志上有指向网站首页的链接，因此用h1标签包含a标签组成标志部分的XHTML代码。登录/注册是两个文字链接，由a标签和文字组成。

编写首页头部的XHTML代码如代码15-3所示。

代码15-3

```
01 <div id="hd">
02          <div class="login-set fr"><a href="#"  target="_blank">注册</a>|<a
href="#"  target="_blank">登录</a></div>
03          <h1 class="logo"><a href="index.html" target="_blank">唐茶|阅读新境
界</a></h1>
04  </div>
```

第01行和第04行是页面头部的最外层容器，id是hd。第02行是登录和注册，是两个由a标签构成的文字链接。第03行是网站标志。

根据前面对首页页脚的分析，底部导航是由若干a标签组成的文字链接列表，网站版权是由p标签包含网站版权信息等文字组成的。

编写首页页脚的XHTML代码如代码15-4所示。

代码15-4

```
01 <div id="ft">
02          <div class="nav"><a  href="#">博客</a>|<a href="#">Twitter</a>|<a
href="#">新浪微博</a>|<a href="#">豆瓣小站</a>|<a href="#">唐茶单行本</a></div>
03          <div class="copyright">
04               <p>©2011-2013</p>
05               <p><a  href="mailto:ask@tangcha.tc"  class="mail">ask@
```

```
tangcha.tc</a></p>
   06        </div>
   07 </div>
```

第01行和第07行是页脚最外层容器，id是ft。第02行是页脚中的底部导航，是一个div标签，里面包含5个a标签，每个a标签之间由用"|"线分隔。第03~06行是网站版权，分别由p标签包含两段有关版权信息的文字。

根据前面对正文页页脚的分析，网站标志上有指向网站首页的链接。网站版权是由一段有关网站版权信息的文字。

编写正文页页脚的XHTML代码如代码15-5所示。

代码15-5

```
01 <div id="page_ft">
02      <div class="logo fl"><a href="index.html">唐茶</a></div>
03      <div class="copyright fl">©2011<a href="mailto:ask@tangcha.tc">
ask@tangcha.tc</a></div>
04 </div>
```

第01行和第04行是页脚的最外层容器，id是page_ft。第02行是页脚中的网站标志。第03行是网站版权。

15.3.3 页面公共部分的XHTML编写

本章案例中，首页和正文页没有公共部分。页面头部和页脚的XHTML代码都要分别编写，参见第15.3.2小节。

15.3.4 首页主体内容的XHTML编写

根据前面对首页主体内容的分析，编写首页主体内容的XHTML代码如代码15-6所示。

代码15-6

```
01 <div id="bd">
02      <div class="bd_top"></div>
03      <div class="bd_mid">
04          <div class="back"><a href="#" target="_blank">所有书目</
a></div>
05          <div class="book_info borderbom cf">
06              <div class="cover"><img src="temp/thumb_cover_
thumbnail.jpg" /></div>
07              <div class="info">
08                  <h2>小上校</h2>
09                  <div class="author">[美] 安妮·费洛斯·约翰斯顿著,
<br/>文齐译</div>
10                  <div class="from">译言古登堡计划</div>
11                  <div class="device">
12                      <p>适用设备</p>
13                      <span class="iphone">iphone</span>
```

```
14                                    <span class="ipad">ipad</span>
15                                    <span class="android">Android</span>
16                              </div>
17                              <div class="operate"><input type="button"
name="btnP" class="price" value="¥12.00" /><input type="button" name="btnR"
class="read" value="试读" /><span class="gift"><a href="#" target="_blank">赠送
</a></span></div>
18                        </div>
19                  </div>
20            <div class="editor">
21                  <p>此中译本隶属「译言古登堡计划」。</p>
22                  <p>责任编辑：文齐；封面设计：Marina。</p>
23            </div>
24            <div class="synopsis">
25                  <h3>作品简介</h3>
26                  <p>这是一部儿童小说，一部诠释亲情、乡情的小说。……这部作品一
问世就颇受欢迎，此后她又相继完成了《小上校家的聚会》、《小上校心目中的英雄》、《小上校的圣诞
假期》等系列儿童小说。</p>
27            </div>
28            <div class="introduction">
29                  <h3>作者简介</h3>      <p>安妮·费洛斯·约翰斯顿（1863-
1931）是美国著名儿童文学作家，一生致力于儿童小说创作，作品共计四十多部，……充满了童真童趣，
而贯穿始终的主题就是人与人之间的亲情、友情、爱心以及宽容精神。</p>
30            </div>
31      </div>
32      <div class="bd_bom"></div>
33 </div>
```

　　第01行和第33行是首页主体内容的最外层容器，id是bd。第02行和第32行分别是主体内容白色背景区的顶部和底部，这两个div标签的作用是加载主体内容顶部和底部的背景图片。由于IE 6/IE 7/IE 8不支持CSS3圆角样式，所以对于圆角的背景要用图片代替。

　　第03~31行是实际的主体内容部分。其中第03行和第31行是实际主体内容的最外层容器，这个div标签的作用是加载主体内容的有左右边框的白色背景。

　　第04行是所有书目链接。第05~19行是图书信息版块。其中第06行是图书封面。第08行是图书标题，用h2标签包含标题的文字内容。第09行是图书作者。第10行是图书来源。第11~16行是适用设备。第17行是购买/阅读按钮。第20~23行是图书来源及编撰人员。第24~27行是作品简介。第28~30行是作者简介。

15.3.5　内页主体内容的XHTML编写

　　根据前面对内页主体内容的分析，编写内页主体内容的XHTML代码如代码15-7所示。

代码15-7

```
01 <div id="index" class="fl">
02      <div class="cover">
03            <div class="cover_top"></div>
04            <div class="cover_mid">
05                  <div class="author">[美] 安妮·费洛斯·约翰斯顿</div>
```

```
06                            <h2>《小上校》</h2>
07                            <div class="from">字节社版试读</div>
08                            <div class="index_gap"><img src="images/index_gap.
png" /></div>
09                            <div class="index"><a href="#" target="_blank">第一
章</a></div>
10                            <div class="index_gap"><img src="images/index_gap.
png" /></div>
11                            <h1 class="logo"><a href="index.html" target="_
blank"><img src="images/index_logo.png" /></a></h1>
12                    </div>
13                    <div class="cover_bom"></div>
14            </div>
15            <div class="operate"><a href="#" class="twitter" title="微博分
享" alt="微博分享"><img src="images/btn1.png" /></a><a href="#" class="tweet"
title="tweet" alt="tweet"><img src="images/btn2.png" /></a></div>
16            <div class="back"><a href="index.html" target="_blank">←    《小上
校》</a></div>
17    </div>
18    <div id="page_bd">
19            <div class="text">
20                    <h3>第一章</h3>
21                            <p>那个早晨，小上校站立的地方是全肯塔基州最漂亮的地方之一。……另一位
是一个据他推断大约五岁的孩子。</p>
22            </div>
23    </div>
```

第01~23行是内页的主体内容。第01~17行是图书各章节索引。其中第02~14行是各章节简要信息。其中第03行、第04行和第13行的作用是加载了索引所在内容的顶部、中间和底部背景图。第15行是分享链接，包含两个由图片组成的链接。第16行是返回图书首页的链接。第18~23行是各章节正文。第20行是章节索引标题。第21行是正文。

15.3.6　首页XHTML代码总览

前面对网站首页各个模块的XHTML代码进行了逐一编写。如图15.12所示是这些模块组成的首页的XHTML框架图，说明了层的嵌套关系。

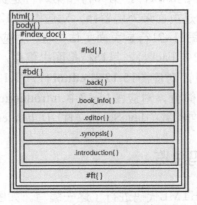

图15.12　首页XHTML框架图

在这些XHTML代码的基础上增加页面的<!DOCTYPE>声明及html头部元素，就是首页的完整XHTML代码。完整的首页XHTML代码如代码15-8所示。

代码15-8

```
01  <!DOCTYPE HTML>
02  <html>
03  <head>
04      <meta charset="utf-8">
05      <title>首页</title>
06      <link href="css/style.css" rel="stylesheet" type="text/css" />
07  </head>
08  <body>
09  <div id="index_doc">
10      <div id="hd">…</div>
11      <div id="bd">
12          <div class="bd_top"></div>
13          <div class="bd_mid">
14              <div class="back">…</div>
15              <div class="book_info ">…</div>
16              <div class="editor">…</div>
17              <div class="synopsis">…</div>
18              <div class="introduction">…</div>
19          </div>
20          <div class="bd_bom"></div>
21      </div>
22      <div id="ft">…</div>
23  </div>
24  </body>
25  <!--[if IE 6]>
26  <script src="js/DD_belatedPNG_0.0.8a-min.js"></script>
27  <script>
28      DD_belatedPNG.fix('*');
29  </script>
30  <![endif]-->
31  </html>
```

第01行是页面的<!DOCTYPE>声明。第03~07行是html头部元素。第02行和第31行是页面的html标签，对应图15.12中的html{}。第08行和第24行是页面的body标签，对应图15.12中的body{}。第09行和第23行是页面最外层容器，对应图15.12中#index_doc。第10行是页面头部，对应图15.12中#hd{}。第11~21行是页面主体内容，对应图15.12中#bd{}，其中第14行是所有书目链接，对应图15.12中.back{}，第15行是图书信息，对应图15.12中.book_info{}，第16行是图书来源与编撰人员，对应图15.12中.editor{}，第17行是作品简介，对应图15.12中.synopsis{}，第18行是作者简介，对应图15.12中.introduction{}。第22行是页脚，对应图15.12中#ft{}。第25~30行是页面加载的JavaScript文件DD_belatedPNG_0.0.8a-min.js。

15.3.7 内页XHTML代码总览

前面对内页各个模块的XHTML代码进行了逐一编写。如图15.13所示是这些模块组成的内页的XHTML框架图，说明了层的嵌套关系。

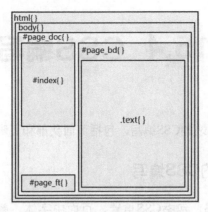

图15.13 内页的XHTML框架图

在这些XHTML代码的基础上增加页面的<!DOCTYPE>声明及html头部元素，就是内页的完整XHTML代码。完整的内页的XHTML代码如代码15-9所示。

代码15-9

```
01 <!DOCTYPE HTML>
02 <html>
03 <head>
04     <meta charset="utf-8">
05     <title>关于我们</title>
06     <link href="css/style.css" rel="stylesheet" type="text/css" />
07 </head>
08 <body>
09 <div id="page_doc">
10     <div id="index" class="fl">…</div>
11     <div id="page_bd">
12         <div class="text">…</div>
13     </div>
14     <div id="page_ft">…</div>
15 </div>
16 </body>
17 <!--[if IE 6]>
18 <script src="js/DD_belatedPNG_0.0.8a-min.js"></script>
19 <script>
20     DD_belatedPNG.fix('*');
21 </script>
22 <![endif]-->
23 </html>
```

第01行是页面的<!DOCTYPE>声明。第03~07行是html头部元素。第02行和第23行是页面的html标签，对应图15.13中html{}。第08行和第16行是页面的body标签，对应图15.13中body{}。第09行和第15行是页面最外层容器，对应图15.13中#page_doc{}。第10行是图书各章节索引，对应图15.13中#index{}。第11~13行是页面主体内容，对应图15.13中#page_bd{}，其中第12行是各章节正文，对应图15.13中.text{}。第14行是页脚，对应图15.13中#page_ft {}。第17~22行是页面加载的JavaScript文件DD_belatedPNG_0.0.8a-min.js。

15.4 CSS编写

本节主要讲解在线阅读网站的CSS编写，包括页面头部和页脚、首页和内页的CSS编写。

15.4.1 页面公共部分的CSS编写

页面公共部分的CSS代码，包括CSS重置、页面中字体、颜色、左右浮动及边框等公用样式。

CSS重置代码、页面公用样式的CSS代码编写如代码15-10所示。

代码15-10

```
01  /*css reset*/
02  body,div,dl,dt,dd,ul,ol,li,h1,h2,h3,h4,h5,h6,pre,code,form,fieldset,leg
end,input,button,textarea,p,blockquote,th,td{margin:0; padding:0;}/*以上元素的内
外边距都设置为0*/
03  …
04  *.cf{zoom:1;} /* IE 6/7浏览器 (触发hasLayout) */
05  /*global css*/
06  body{font-family:"宋体";font-size:13px;color:#222220;line-
height:20px;background:url("../images/bg.jpg") repeat left top;}
07  a{color:#B86A46;}
08  a:hover{color:#B86A46;text-decoration:none;}
09  .fl{float:left;display:inline;}
10  .fr{float:right;display:inline;}
11  .borderbom{border-bottom:1px solid #E3E3E3;}
```

第01~04行是CSS重置代码，与前几章相同。CSS重置代码已经讲解过，这里不再赘述。

第06~11行是公用CSS代码。第06行是页面元素body标签的样式，定义了整个页面的字体是宋体，文字默认大小为13px，颜色是#222220，文字行高是20px以及整个页面的背景图。第07行和第08行设置了页面默认文字链接的样式，包括未访问时和鼠标划过时文字链接的颜色。第09行和第10行定义了两个通用类，分别是.fl和.fr，这两个类分别设置了向左浮动和向右浮动，并且设置display:inline解决IE 6双边距bug。第11行也定义了一个名为borderbom的通用类，这个通用类中定义了下边框，页面中凡是需要有相同颜色下边框的容器都可以应用这个类。

15.4.2 页面框架的CSS编写

前面分析了首页的布局图并且编写了首页框架的XHTML代码，根据这两部分编写页面框架的CSS代码如下：

代码15-11

```
01  #index_doc{width:602px;margin:0 auto;}
```

```
02  #hd{ height:60px;padding:41px 0 0;}
03  #ft{color:#858585;text-align:center;font-family:Arial;}
```

第01行是首页最外层容器#index_doc的样式，其中通过width:602px设置了这个容器的宽度，进而限制了页面内容的宽度，通过margin:0 auto实现了这个容器在浏览器屏幕中左右居中。第02行是首页头部的样式，分别定义了头部容器的高度和内边距。第03行是首页页脚的样式，分别定义了文字颜色、文字居中显示以及字体。

前面分析了正文页的布局图并且编写了正文页框架的XHTML代码，根据这两部分编写正文页框架的CSS代码如下：

代码15-12

```
01  #page_doc{width:1034px;margin:0 auto;position:relative;}
02  #index{width:241px;margin:30px 0 0;}
03  #page_bd{width:753px;background:url("../images/article_bg.png")
repeat-y left top;margin:0 0 0 280px; _margin:0 0 0 277px;font-size:18px;line-
height:36px;padding:40px 0;}
04  #page_ft{position:absolute;bottom:5px;color:#858585;text-
align:center;font-family:Arial;height:24px;line-height:28px;}
```

第01行是正文页最外层容器#page_doc的样式，其中通过width:1034px设置了这个容器的宽度，进而限制了页面内容的宽度，通过margin:0 auto实现了这个容器在浏览器屏幕中左右居中。通过position:relative将容器设置为相对定位，以便第04行的页脚相对这个容器进行绝对定位。

第02行是图书各章节索引的样式，分别定义了容器的宽度和外边距。第03行是正文页主体内容的样式，分别定义了容器宽度、背景、外边距、文字大小、行高以及内边距。其中通过_margin:0 0 0 277px解决了IE 6下#page_bd 容器与#index 容器之间间距多出3px的问题。第04行是首页页脚的样式，分别定义了文字颜色、文字居中显示、字体、容器以及行高，并通过position:absolute;bottom:5px对页脚进行了精确定位。

15.4.3 页面头部和页脚的CSS编写

前面分析了首页的头部并且编写了这部分的XHTML代码，首页头部的CSS代码如下：

代码15-13

```
01  #hd{…}
02  #hd .logo{background:url("../images/logo.png") no-repeat left top;widt
h:282px;height:40px;overflow:hidden;}
03  #hd .logo a{display:block;width:100%;height:100%;text-indent:-999em;}
04  #hd .login-set{color:#D7D1C6;padding:12px 0 0;}
05  #hd .login-set a{font-size:14px;margin:0 8px;color:#574B3F;}
```

第01行是首页头部的最外层样式。第02行和第03行是网站标志的样式。其中需要说明的是，第03行中通过display:block将a标签由行内元素转变为块元素，后面紧接着通过width:100%;height:100%;将a标签的宽度和高度都设置为与.logo的宽和高一样，又通过text-indent:-999em将a标签中的文字隐藏。第04~05行是登录/注册的样式。

根据前面对首页页脚和这部分的XHTML代码的分析，编写首页页脚CSS代码如下：

代码15-14

```
01  #ft{color:#858585;text-align:center;font-family:Arial;}
02  #ft a{margin:0 10px;}
03  #ft .nav{color:#59493F;font-size:14px;margin:20px 0;}
04  #ft .nav a{color:#59493F;maregin:0 8px;}
05  #ft .nav a:hover{color:#999082;}
06  #ft .copyright{background:url("../images/footer_logo.png") no-repeat
center top;color:#59493F;font-size:12px;padding:20px 0;}
07  #ft .copyright a.mail{color:#59493F;background:url("../images/email_
icon.png") no-repeat left center;padding:0 0 0 15px;}
```

第01行是页脚最外层容器的样式，第02行是页脚中所有链接的样式。第03~05行是页脚中底部导航的样式。第06~07行是首页版权的样式。

根据前面对正文页页脚和这部分的**XHTML**代码的分析，编写正文页页脚**CSS**代码如下：

代码15-15

```
01  #page_ft{…}
02  #page_ft .logo{background:url("../images/small_logo.png") no-repeat
left center;width:69px;height:24px;}
03  #page_ft .logo a{display:block;width:100%;height:100%;text-indent:-
999em;}
04  #page_ft .copyright{width:150px;}
05  #page_ft .copyright,#page_ft .copyright a{color:#C6C6BB;}
06  #page_ft .copyright a{margin:0 0 0 5px;}
```

第01行是页脚最外层容器的样式。第02~03行是正文页脚中网站标志的样式。第04~06行是正文页脚中网站版权的样式。

15.4.4 首页主体内容的CSS编写

根据对首页主体内容和这部分XHTML代码的分析，编写首页主体内容的CSS代码如下：

代码15-16

```
01  #bd .bd_top{background:url("../images/bd_top.png") no-repeat left
top;height:4px; overflow:hidden;}
02  #bd .bd_bom{background:url("../images/bd_bom.png") no-repeat left
top;height:4px; overflow:hidden;}
03  #bd .bd_mid{background:url("../images/bd_mid.png") repeat-y left
top;padding:40px 80px;}
04  #bd .back{background:url("../images/arrow.png") no-repeat left
center;color:#CA2B0C;font-size:14px;padding:0 0 0 20px;margin:0 0 20px 0;}
05  #bd .back a{color:#CA2B0C;}
06  #bd .book_info{margin:0 0 30px 0;}
07  #bd .cover{background:url("../images/book_placeholder_large.png") no-
repeat left top;width:194px;height:274px;float:left;margin:0 0 0 -17px;}
08  #bd .cover img{margin:5px 0 0 17px;}
09  #bd .info{color:#B3B3B1; font-size:16px; float:left;width:265px;}
10  #bd h2{font-size:20px;color:#333;font-weight:normal;padding:10px 0 5px;}
```

```
11  #bd .from{font-size:16px;padding:5px 0 40px;}
12  #bd .device{padding:0 0 15px;font-size:0px;}
13  #bd .device p,#bd .device span{font-size:14px;line-
height:24px;color:#838383;font-family:Arial;}
14  .iphone{background:url("../images/iphone.png") no-repeat left
center;padding:0 0 0 14px;margin:0 12px 0 0;}
15  .ipad{background:url("../images/ipad.png") no-repeat left
center;padding:0 0 0 18px;margin:0 12px 0 0;}
16  .android{background:url("../images/android.png") no-repeat left
center;padding:0 0 0 20px;}
17  .operate input{font-size:14px;cursor:pointer;border:0;}
18  .price{background:url("../images/btn3.png") no-repeat left top;width:9
0px;height:39px;color:#fff;font-family:Arial;margin:0 5px 0 0;}
19  .read{background:url("../images/btn4.png") no-repeat left top;width:85
px;height:37px;color:#6E6E6E;}
20  .gift{margin:0 0 0 25px;}
21  .gift a{background:url("../images/gift.png") no-repeat 5px center;colo
r:#CA2B0C;padding:5px 5px 5px 25px;font-size:14px;}
22  .gift a:hover{background:url("../images/gift.png") no-repeat 5px center
#FBE9DE;}
23  .editor p,.synopsis p,.introduction p{margin:0 0 20px 0;padding:0 10px 0 0;}
24  #bd h3{font-size:18px;margin:0 0 20px 0;}
```

第01~03行分别对首页主体内容的白色背景图片进行了加载。其中第01行是主体内容顶部的背景。第02行是主体内容底部的背景。第01行和第02行中都通过overflow:hidden解决了IE 6下容器高度溢出的问题，原因是IE 6中的空容器（指标签中没有任何内容）中有一个默认的高度，这个高度与页面中设置的文字的大小有关。第03行是主体内容中间的背景，通过将background中的repeat设置为repeat-y，实现了中间背景图片在y轴方向上重复，当内容变化时，背景图片的高度可以随内容的增加而增加，反之，随内容的减少而减少。

第04~05行是所有书目的样式。其中第04行通过background实现了在"返回书目"这个链接前面显示箭头形状的小图标。

第06~22行是图书信息的样式。其中第06行是图书信息版块最外层容器的样式。第07~08行是图书封面的样式，其中第07行通过background加载了图书封面的背景图，并通过float:left实现了图书封面位于图书信息版块的左侧。第09行定义了图书信息版块右侧内容的文字颜色、文字大小、向左浮动以及宽度。第10行和第11行分别是图书标题和图书来源的样式。第12~16行是适用设备模块的样式，其中第12行通过font-size:0px将适用设备模块中span标签之间的空格去掉。第14~16行分别通过background实现了在iphone、ipad及android前面显示相应的图标。第17~22行是价格按钮、阅读按钮及赠送按钮的样式。第23行是图书来源与编撰人员、作品简介及作者简介中所有p段落的样式。第24行是主体内容中所有h3标题的样式。

15.4.5 内页主体内容的CSS编写

根据对内页主体内容和这部分XHTML代码的分析，编写内页主体内容的CSS代码如下：

代码15-17

```
01  #index{…}
```

```
02  #index .cover{margin:0 auto;color:#59493F;}
03  #index .cover .cover_top{background:url("../images/book_bg1.png") no-
repeat left 0;height:30px;}
04  #index .cover .cover_bom{background:url("../images/book_bg1.png") no-
repeat left -31px;height:30px;}
05  #index .cover .cover_mid{padding:0 25px;background:url("../images/
book_bg2.png") repeat-y left top;text-align:center;line-height:30px;}
06  #index .cover .author{font-size:16px;font-family:Georgia,sans-serif}
07  #index .cover h2{font-size:18px;font-weight:normal;}
08  #index .cover .from{font-size:14px;padding:0 0 3px 0;}
09  #index .cover .index{font-size:15px;padding:18px 0;}
10  #index .cover .logo{margin:15px 0 0;}
11  #index .operate{text-align:center;margin:30px 0;}
12  #index .operate .twitter{margin:0 18px 0 0;}
13  #index .back{text-align:center;}
14  #index .back a{color:#7D7B75;font-size:16px;}
15  #page_bd{…}
16  #page_bd h3{font-size:26px;line-height:39px;margin:0 0 26px 0;}
17  #page_bd .text{margin:0 75px;padding:0 0 30px;background:url("../
images/book_label.png") no-repeat center bottom;}
18  #page_bd .text p{margin:0 0 18px 0;}
```

第01~14行是图书各章节索引版块的样式。其中第01行是这个版块最外层容器的样式。第02~10行是各章节简要信息模块的样式。其中第03~05行分别对这个模块的背景图片进行了加载。其中第03行是这个模块顶部的背景，第04行是这个模块底部的背景，第05行是这个模块中间的背景，通过将background中的repeat设置为repeat-y，实现了中间背景图片在y轴方向上的重复。第11~12行是分享链接的样式。第13~14行是返回图书首页的链接样式。

第15~18行是正文页主体内容的样式。其中第15行是正文主体内容最外层容器的样式。第16~18行是图书各章节正文的内容。

15.4.6 网站CSS代码总览

前面讲解了页面头部、页脚、页面主体内容、CSS重置和页面公用的CSS代码，这些代码共同组成了网站页面的完整CSS代码，如代码15-18所示。

代码15-18

```
01  @charset "utf-8";
02  /*css reset*/
03  …
04  /*global css*/
05  …
06  /*module css*/
07  /*index.html*/
08  #index_doc{…}
09  #hd{…}
10  …
11  /*page.html*/
12  #page_doc{…}
```

```
13  #index{…}
14  …
```

省略的代码在每个小节中都有讲解。

15.5 制作中需要注意的问题

15.5.1 img标签中alt属性与title属性

alt属性是考虑到不支持图像显示或者图像显示被关闭的浏览器的用户，以及视觉障碍的用户和使用屏幕阅读器的用户。当图片不显示的时候，图片替换为文字。alt属性是搜索引擎判断图片与文字是否相关的重要依据，将alt属性添加到img中的主要的目的是为了SEO。

img中的title属性并不是必须的，title属性规定元素的额外信息有视觉效果，当鼠标移到文字或是图片上时有文字显示。title属性并不作为搜索引擎抓取图片的参考，更多倾向于用户体验的考虑。

下面的例子是图片Desert.jpg和Tulips.jpg在IE和Firefox中的代码和展示。

图片Desert.jpg和Tulips.jpg的XHTML代码为：

```html
<img src="Desert.jpg" width="102" height="76" title="沙漠" alt="沙漠图片" />
<img src="Tulips.jpg" width="102" height="76" alt="郁金香图片" />
```

在Firefox中的显示效果如图15.14所示。

图15.14 Desert.jpg和Tulips.jpg在Firefox中的显示

在Firefox中如果没有title属性，当鼠标移到图片上时不会有提示文字。

在IE 8/IE 9中的显示效果如图15.15所示。

图15.15 Desert.jpg和Tulips.jpg在IE 8/IE 9中的显示

在IE 7/IE 6中的显示效果如图15.16所示

图15.16 Desert.jpg和Tulips.jpg在IE 6/IE 7中的显示

说明的问题：

在Firefox及IE 8以上浏览器中，没有title时，鼠标移到图片上时不会有提示文字。

在IE 7及以下浏览器中，有title属性时，鼠标移到图片上显示title属性的内容；没有title属性时，显示alt属性的内容。

15.5.2 圆角背景的实现

圆角背景的实现方法有许多，包括使用CSS 3、使用多个div嵌套、取含有圆角的背景图片实现等。可以上网或找相关书籍查阅。

什么时候直接加载一张圆角背景图片，什么时候采用以上方法实现圆角背景，要视模块情况而定。如果一个模块中的内容固定，将来不会做修改，那么直接把这张背景图片切下来，用background加载到相应的模块最外层容器上即可。但是在实际工作中，尤其是门户或购物网站，一个模块的内容很难保证以后不会做修改，所以这个模块的高度是不确定的，相应的，背景图片也要随内容高度的变化而变化。这时就需要应用上面提到的诸多方法之一，对模块的背景进行处理。

下面使用简单的例子对圆角背景的问题进行说明。图15.17是在CSS中加载一整张圆角背景图实现的效果。

图15.17 加载整张背景图片

相应的XHTML和CSS代码如下：

代码15-19

```
01  <style type="text/css">
02      body{line-height:24px;}
03      .box{background:url(bg.png);width:300px;height:100px;}
04      .box p{padding:0 20px;}
05  </style>
06  <body>
07  <div class="box">
08      <p>第1行</p>
09      <p>第2行</p>
```

```
10        <p>第3行</p>
11        <p>第4行</p>
12        <p>第5行</p>
13  </div>
```

运用CSS3实现圆角的方法，将box容器的样式修改为：

```
.box{background:#FF4E00;border-radius:20px;width:300px;}
```

其中border-radius:20px表示将矩形的圆角半径设置为20px。

在Firefox中的显示效果如图15.18所示。

图15.18 运用CSS3制作容器的圆角背景

> **注意**　border-radius只在高级浏览器中可以使用。高级浏览器一般指Firefox、Chrome、Opera、Safari、IE 9或以上。

运用含有圆角的背景图片的方法，修改XHTML和CSS代码如下：

代码15-20

```
01  <style type="text/css">
02        body{line-height:24px;}
03        .box{background:#FF4E00;width:300px;}
04        .box-top{background:url(bg_top.png);height:20px;}
05        .box-bom{background:url(bg_bom.png);height:17px;}
06        .box p{padding:0 20px;}
07  </style>
08  <body>
09  <div class="box">
10        <div class="box-top"></div>
11        <p>第1行</p>
12        <p>第2行</p>
13        <p>第3行</p>
14        <p>第4行</p>
15        <p>第5行</p>
16        <div class="box-bom"></div>
17  </div>
```

在浏览器中的显示效果如图15.19所示。

图15.19 运用含有圆角的背景图片制作容器的圆角背景

第16章 常用浏览器及兼容处理

网页制作完成后，要检查浏览器的兼容问题，在DIV+CSS的页面制作中，主要指XHTML页面应用CSS样式后，在各种浏览器下页面布局表现不一致的问题。

本章主要涉及到的知识点如下。

- 常用浏览器：了解需要解决兼容问题的常用浏览器及内核。
- 兼容问题产生的原因：了解浏览器兼容问题产生的原因，才能快速高效地解决问题。
- 常见兼容问题总结和解决方法：针对各种常见兼容问题提供解决方案。

> **注意** 本章所介绍的浏览器兼容问题在网页制作中经常碰到，要使各种浏览器用户都能正常浏览网页，就必须解决浏览器的兼容问题。

16.1 常用浏览器

网页制作离不开浏览器，浏览器的种类，如果按照生产厂商的品牌分，有成百上千种，按照内核分，种类就少多了，每一类都有一款市场占有率较高的浏览器代表。在检查兼容时，一般只需要检查网页在这几款具有代表性的浏览器中的显示效果就可以了。

16.1.1 常用浏览器及内核

浏览器最重要的部分是Rendering Engine，可译为"渲染引擎"，一般习惯称为"浏览器内核"。负责对网页语法的解释（如HTML、CSS、JavaScript）并显示网页。所以，通常所谓的浏览器内核也就是浏览器所采用的渲染引擎，渲染引擎决定了浏览器如何显示网页的内容以及页面的格式信息。

常见的内核基本有以下4种。

（1）Trident（IE内核）

Trident是微软开发的一种排版引擎，该内核程序在1997年的IE 4中首次被采用，是微软在Mosaic代码基础上修改而来的，并沿用到目前的IE 11。Trident实际上是一款开放的内核，其接口内核设计的相当成熟，因此才有许多采用IE内核而非IE的浏览器涌现，如 Maxthon、The World、TT、GreenBrowser、AvantBrowser等。

（2）Gecko（Firefox内核）

Gecko是从开放源代码的、以C++编写的网页排版引擎。这款软件原本是由网景通信公司开发的，从Netcape 6开始采用该内核。后来的 Mozilla Firefox也采用了该内核，Gecko的特点是代码完全公开，因此，其可开发程度很高，全世界的程序员都可以为其编写代码，增加功能。Gecko现在由Mozilla基金会维护。由于Gecko内核浏览器Firefox用户最多，因此有时也称为Firefox内核。

（3）Presto

Presto是一个由Opera Software开发的浏览器排版引擎，该内核在2003年的Opera 7中首次被使用，该款引擎的特点就是渲染速度的优化达到了极致，也是目前公认网页浏览速度最快的浏览器内核。

（4）WebKit

WebKit是开源的Web浏览器引擎，苹果的Safari、谷歌的Chrome浏览器都是基于这个框架开发的。WebKit还支持移动设备和手机，包括iPhone和Android手机都是使用WebKit作为浏览器的核心。WebKit的优势在于高效稳定，兼容性好。

简单地总结如下。

- 使用Trident内核的浏览器：IE、Maxthon、TT、The World等；
- 使用Gecko内核的浏览器：Netcape 6及以上版本、Firefox、MozillaSuite/SeaMonkey；
- 使用Presto内核的浏览器：Opera 7及以上版本；
- 使用Webkit内核的浏览器：Safari、Chrome。

浏览器厂商对各浏览器也在不断地升级和更新，本书中案例测试的浏览器和版本如：IE 6、IE 7、IE 8、IE 9、Firefox 26.0、Chrome版本 31.0.1650.57m、Safari 5.0.2、Opera 12.02。

16.1.2 页面兼容问题产生原因

W3C对标准的推进，Firefox、Chrome、Safari、Opera等浏览器的出现，结束了IE雄霸天下的日子。

然而，这对开发者来说，是好事，也是坏事。

说它是好事，是因为浏览器厂商为了取得更多的市场份额，会促使各浏览器更符合W3C标准，而得到更好的兼容性，并且，不同浏览器的扩展功能，对W3C标准也是个推进。说它是坏事，因为多个浏览器同时存在，不同的浏览器内核对网页编写语法的解释不同，因此这些浏览器在处理一个相同的页面时，有时表现会有差异。这种差异可能很小，甚至不会被注意到，也可能很大，甚至造成网页在某个浏览器下无法正常浏览的情况。这些浏览器兼容性问题，无形中给网页制作者的开发增加了不少难度。

除了浏览器内核不同，另一个造成浏览器兼容性问题的常见原因则是网页制作人员编写的代码不规范，不规范的代码会使不兼容现象更加突出。

比如，不规范的嵌套：div中直接嵌套li标签是不符合标准的，li应该处于ul内。此类问题常见的还有p中嵌套div、table标签等。

16.2　兼容处理

网页制作中遇到的兼容问题需要不断地总结和整理，有些兼容问题处理得多了自然就记住了。本节对网页制作中常见的浏览器兼容问题进行了总结，其中大部分是IE浏览器与其他标准浏览器之间的差异。

16.2.1　理解CSS盒模型

网页中的每个元素类似日常生活中的一个个的长方形盒子。这些盒子有长宽有上下左右边距，有上下左右内边距。这些盒子在网站制作中叫做盒模型。在网页制作中，通过盒子的长宽边距来控制盒子的大小与其他盒子的距离。通过定位和浮动来确定盒子在页面中的位置。盒子的长宽边距浮动与定位是通过CSS样式来控制的。

CSS盒模型都具备的属性包括内容（content）、填充（padding）、边框（border）、边界（margin）。图16.1所示是与盒模型有关的属性。

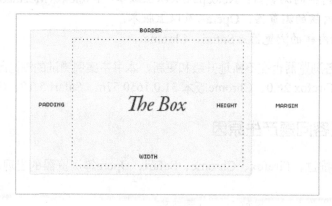

图16.1　盒模型

在Firefox浏览器中按F12键打开Firebug看到的盒模型如图16.2所示。

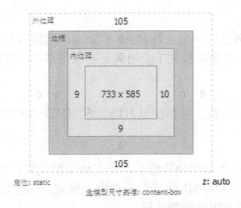

图16.2 Firebug中的盒模型

盒子模型的范围包括margin、border、padding和content。

> **注意** margin不会影响盒子本身的大小，但是它会影响和盒子有关的其他内容，因此 margin 是盒模型的一个重要的组成部分。

CSS盒模型有两种：W3C标准盒模型和IE盒模型。W3C标准盒模型的content 部分不包含其他部分。IE盒模型的content部分包含了 border和padding。由于在W3C标准和IE对盒模型中，content的范围不一样。因此盒子本身大小的计算也不一样。

（1）在W3C标准中，盒子本身的大小是这样计算的：

盒子宽度=width + padding-left + padding-right + border-left + border-right

盒子高度=height + padding-top + padding-bottom + border-top + border-bottom

盒子占据的空间大小是：

宽= width + padding-left + padding-right + border-left + border-right + margin-left + margin-right

高= height + padding-top + padding-bottom + border-top + border-bottom + margin-top + margin-bottom

（2）在IE中，盒子本身的大小是这样计算的：

盒子宽度=width

盒子高度=height

盒子占据的空间大小是：

宽= width + margin-left + margin-right

高= height + margin-top + margin-bottom

16.2.2 怪异模式问题及解决方案

在利用DIV+CSS技术进行网站制作时，不可避免的要遇到浏览器的兼容问题，这些兼容问题常常显示在IE浏览器和标准浏览器的差异上，从本小节开始对常见的兼容问题进行总结，在理解盒模型的基础上，如果能熟练运用后面这些技巧，95%的兼容问题都能迎刃而解。首先来看怪异模式问题。

1. 问题描述

漏写DTD声明，其他浏览器，比如Firefox、Chrome等仍然会按照标准模式来解析网页，但在IE中会触发怪异模式。在怪异模式下会给网页制作带来不可预料的兼容问题。

2. 解决方案

养成书写DTD声明的好习惯。推荐使用 HTML 5的DTD<!DOCTYPE HTML>。

3. 产生原因

DTD 是Document Type Definition的缩写，是文档类型定义。定义上说"此标签可告知浏览器文档使用哪种 HTML或XHTML规范"。在怪异模式下IE会按照自己的内核进行网页渲染，比如盒模型的计算就按照IE盒模型进行。

16.2.3 IE 6双边距问题及解决方案

1. 问题描述

在IE 6下，如果对元素设置了浮动，同时又设置了margin-left或margin-right，margin值会加倍。例如：

（1）XHTML：

```
<div class="box1"><div class="box2">box2</div></div>
```

（2）CSS：

```
.box1{width:200px;height:100px;border:1px solid #000;overflow:hidden;}
.box2{width:100px;height:100px;border:1px solid #000;float:left;margin-
left:30px;}
```

Firefox显示效果如图16.3所示。IE 6显示效果如图16.4所示。

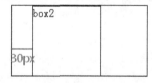

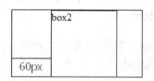

图16.3 Firefox显示效果　　　　　图16.4 IE 6显示效果

在IE 6中，margin-left:30px的边距翻倍成60px了。

2. 解决方案

设置display:inline，将上面例子中的样式修改为：

```
.myDiv{width:100px;height:100px;border:1px solid #000;float:left;display:
inline;margin-left:30px;}
```

3. 产生原因

IE 6内部解析问题。

16.2.4 普通文档流中块框的垂直边界问题及解决方案

1. 问题描述

margin是个有点特殊的样式，相邻的margin-left和margin-right是不会重合的，但相邻的margin-top和margin-bottom会产生重合。不管IE还是Firefox都存在这问题。例如：

XHTML：

```
<div class="topDiv"> topDiv </div>
<div class="bottomDiv"> bottomDiv </div>
```

CSS：

```
.topDiv{width:100px;height:100px;border:1px solid #000;margin-bottom:25px;}
.bottomDiv{width:100px;height:100px;border:1px solid #000;margin-top:50px;}
```

浏览器显示效果如图16.5所示。

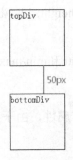

图16.5 各种浏览器中的显示效果

可见，结果不是预期的上下div拉开75px的距离，而是拉开了半个div高度（50px）的距离。

2. 解决方案

统一使用margin-top或者margin-bottom，不要混合使用。这并不是技术上必需的，但却是个良好的习惯。

3. 产生原因

普通文档流中盒模型的解释。实际上margin的重叠问题不能算是浏览器的bug。几乎所有的浏览器都会按照这个来解释。

16.2.5 IE 6、IE 7的hasLayout问题及解决方案

1. 问题描述

很多时候，CSS在IE下的解析十分奇怪，明明在Firefox中显示得非常正确，但到了IE下却出现了问题，有的时候，这些问题甚至表现得非常"诡异"。

比如一个比较经典的问题就是在设置border的时候，有时候border会断开，刷新页面或者

拖下滚动条的时候，断掉的部分又会连接起来。

2. 解决方案

不是由于盒模型的计算问题，也不是由于网页制作者的嵌套错误等原因而出现的怪异问题都可以尝试触发该标签或容器的hasLayout属性。可采用手动触发hasLayout来解决：推荐方式是设定标签的zoom:1，这是IE的特有属性，而且不会影响页面效果。

下列标签默认hasLayout="true"：<html>、<body><table>、<tr>、<th>、<td><img><hr> <input>、<select>、<textarea>、<button><iframe>、<embed>、<object>、<applet><marquee>。

下列CSS属性和取值将会自动让一个标签的hasLayout="true"：

- position: absolute。
- float: left/right。
- display: inline-block内联元素使用。
- width/height:除auto以外任意值，height: 1% 就在 Holly Hack 中用到。
- zoom:除normal以外任意值。

在IE 6+中，overflow: hidden/scroll/auto和min/max 和 width/height等也可以触发haslayout。

3. 产生原因

IE渲染的原因，haslayout是IE的特有属性，由于某些标签的layout属性，浮动模型会有很多怪异的表现。

16.2.6 IE 6对png24格式图片的透明度支持问题及解决方案

1. 问题描述

png格式因为其优秀的压缩算法和对透明度的完美支持，成为Web中最流行的图片格式之一。但它存在一个众所周知的头疼问题——在IE 6下对png24格式图片的透明度支持并不好。本该是透明的地方，在IE 6下会显示为浅灰色。例如下面的代码：

XHTML：

```
<div class="topDiv"> topDiv </div>
<div class="bottomDiv"> bottomDiv </div>
```

CSS：

```
.topDiv{width:100px;height:100px;border:1px solid #000;margin-bottom:25px;}
.bottomDiv{width:100px;height:100px;border:1px solid #000;margin-top:50px;}
```

在Firefox中的显示效果如图16.6所示。在IE 6中的显示效果如图16.7所示。

图16.6 Firefox显示效果　　　　　　图16.7 IE 6显示效果

2. 解决方案

IE的CSS滤镜中有一个使png背景透明的滤镜。

写法：

```
filter:progid:DXImageTransform.Microsoft.AlphaImageLoader(src='../image/
png_test.png');
```

用法示例：

```
.png{background:url(../image/png_test.png);}
* html .png {background:none;
filter:progid:DXImageTransform.Microsoft.AlphaImageLoader(src='../image/
png_test.png');}
```

非IE 6浏览器使用正常的**background**定位，在IE 6中去除背景图片，应用png透明滤镜。

还有一种方案是在XHTML文件中加载**DD_belatedPNG_0.0.8a-min.js**，在本书案例中使用的**DD_belatedPNG_0.0.8a-min.js**就是为了解决IE 6下png24格式的图片不透明问题的。

DD_belatedPNG_0.0.8a-min.js的引入格式如下：

```
<!--[if IE 6]>
<script src="js/DD_belatedPNG_0.0.8a-min.js"></script>
<script>
    DD_belatedPNG.fix('*');
</script>
<![endif]-->
```

3. 产生原因

IE 6浏览器自身的缺陷。IE 6不支持透明，所有的透明部分都被渲染成灰色。

16.2.7　IE 6下多余3px的问题及解决方案

1. 问题描述

当对一个容器设置了**float**，而另一个容器中是正常文档流时，在IE 6下，处于正常文档流的容器与它前面浮动的容器之间会出现多余的3px。

3px问题不是经常被人发现，因为它的影响只产生3px的位移。如果是精确到px级的设计，3px的影响可谓不小。比如下面的例子：

（1）XHTML：

```
<div id="left">左浮动div</div><span id="mydiv">段落</span>
```

（2）CSS：

```
#left{float:left;border:1px solid #333;width:100px;height:100px;}
#mydiv{border:1px solid #f66; }
```

#left是引发bug的一个浮动div，同时设置了边框便于观察。

Firefox中的显示效果如图16.8所示。IE 6中的显示效果如图16.9所示。

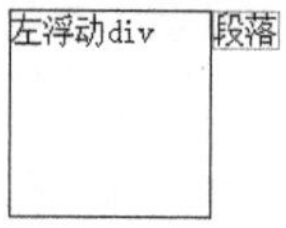

图16.8 Firefox显示效果 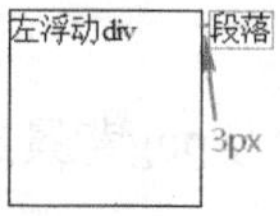　　　　图16.9 IE显示效果

在IE 6中，"段落"文字并未紧紧贴住#left。在实际中可能会因此导致内部元素宽度超出外部div固定宽度而引发布局问题。

2. 解决方案

把#mydiv设置为display:inline-block。或使用CSS hack，在#mydiv中增加margin-left:-3px。修改后的CSS：

```
#mydiv{border:1px solid #f66;margin-left:130px;_display:inline-block;}
```

或

```
#mydiv{border:1px solid #f66;margin-left:130px;_margin-left:-3px;}
```

3. 产生原因

IE 6渲染的原因。

16.2.8 各种浏览器中图片下方有空隙产生的问题及解决方案

1. 问题描述

各种浏览器都会有这个问题，img图片下有空隙产生，有时出现在所有浏览器中，有时出现在Firefox、Chrome以及IE 8及以上。

比如下面的例子：

XHTML：

```
<div id="box"><img src="a.png"/></div>
```

CSS：

```
#box{border:1px solid #333;width:102px;}
img{border:1px solid #f66;}
```

浏览器显示效果如图16.10所示。

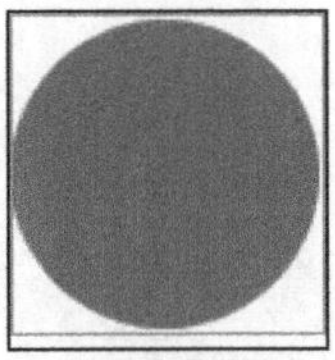

图16.10 各种浏览器中的显示效果

2. 解决方案

设置img为display:block或设置vertical-align:top/bottom/middle

3. 产生原因

浏览器渲染的问题。

16.2.9 IE 6无法定义1px高度的问题及解决方案

1. 问题描述

IE 6无法定义1px左右高度的容器。比如下面的例子：

XHTML：

```
<div id="box"></div>
```

CSS：

```
#box{border:1px solid #333;width:100px;height:1px;}
```

Firefox显示效果如图16.11所示，IE显示效果如图16.12所示。

图16.11 Firefox显示效果 　　　　　　　　　图16.12 IE显示效果

2. 解决方案

为容器设置overflow:hidden或line-height:1px。

3. 产生原因

IE 6容器的默认行高。

16.2.10 高度不适应问题

1. 问题描述

当内层容器的高度发生变化时，外层容器的高度不能自动扩展，特别是当内层容器使用padding或margin之后。高度不适应问题不是IE的专利，Firefox也会出现这种问题。比如下面的例子：

XHTML：

```
<div id="box1">
  <p>p对象中的内容</p>
</div>
<div id="box2">down</div>
```

CSS：

```
#box1{background-color:#eee;}
#box p{margin-top:20px;margin-bottom:20px;text-align:center;}
#box2{background-color:#aaa;}
```

浏览器显示效果如图16.13所示。

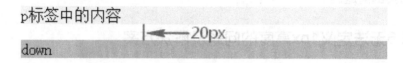

图16.13 各种浏览器中的显示效果

理论上#box这个div的高度会被挤开，至少达到40px以上。但实际效果表明，#box还是和文字一样高，并没有超过40px。而#box1和#box2的间距刚好是p标签的margin上下各20px。因此p标签的margin高度在整个页面中占据了一定的空间。相当于#box1不动，而p把自己撑到#box1外面去了。

无论是IE还是Firefox，测试中都会发现这个问题。

2. 解决方案

对#box定义padding或者border，就会迫使#box重新计算自己的高度，从而使自身能够适应内容的高度变化。

- 避免为容器中的最后一个标签设置margin-bottom属性。
- 或在父容器中使用padding。
- 或在对象上下增加两个高度为0的空div，并强制内容不显示。利用第三个方案修改XHTML代码：

```
<div id="box1">
  <div style="height:0px;overflow:hidden"></div>
  <p>p对象中的内容</p>
  <div style="height:0px;overflow:hidden"></div>
</div>
<div id="box2">down</div>
```

3. 产生原因

浏览器根据CSS 2.1中margin的使用规则进行渲染。

16.2.11 兼容问题的技巧

根据上面对兼容问题的总结，简单地总结了下面几点技巧：

（1）写DTD声明。

（2）为网页样式引入CSS重置代码，重置各浏览器默认属性值。

（3）同时为一个元素写float和margin-left或margin-right时，同时设置display:inline，为解决IE 6双边距问题。

（4）给元素设置固定高度后，同时设置overflow:hidden，避免在IE 6中高度继续扩展的问题。

（5）对于文本，在使用margin-left、padding-left、margin-top、padding-top之前优先考虑是否可用text-indent和line-height代替，因为计算尺寸的代价相对来说要大些。

第17章 网页制作的调试工具及使用

作为网站页面的开发者，各种网页调试工具必不可少。尤其是在遇到浏览器兼容问题时，有一款好用的网页调试工具显得尤为珍贵。

本章主要涉及到的知识点如下。

- Firefox浏览器中的网页调试工具Firebug的使用。
- IE浏览器中的网页调试工具IE Developer Toolbar的使用。
- Chrome浏览器中的网页调试工具的使用。

 本章对网页制作中经常使用的调试工具进行了介绍，合理使用调试工具能快速找到问题来源，提高工作效率。

17.1 Firefox浏览器下的页面调试工具及使用

Firebug是Firefox浏览器的一个插件，使用时单击浏览器右下角或右上角（视版本决定）的萤火虫图标，如图17.1所示。或者按F12键，都会启用这个插件。

图17.1 Firebug的萤火虫图标

如图17.2所示是打开后的Firebug面板，主要菜单选项有控制台、HTML、CSS、脚本、DOM、网络。调试XHTML和CSS时可能用到的是HTML和CSS。

图17.2 Firebug面板

HTML菜单主要用于查看当前页面的XHTML源代码，单击HTML菜单后，Firebug面板右侧包括4个子菜单，分别是样式、计算出的样式、布局和DOM。"样式"用于查看每个XHTML标签对应的CSS样式，"计算出的样式"用于查看浏览器自动计算出的选中的XHTML标签的样式，这些样式是经过覆盖等过程后最终显示在页面中的样式，"布局"用于显示用户所选中容器的盒模型。DOM用于JavaScript调试。

CSS菜单用于查看网页加载的所有CSS样式表。

如需查看某一部分代码，单击插件上查看页面元素按钮后，将鼠标移到网页上时，会出现一个相应的框，当选中需要查看源代码的元素后单击，在插件区域就显示出当前区域的代码及样式了，可以禁用某些样式，还可以添加新的样式来查找问题所在。

如图17.3所示，先单击①位置处的查看页面元素按钮，然后将鼠标移动到②的地方，就会出现图17.3中所示的线框，然后单击，会选中③位置的代码并在④位置出现对该区域生效的所有样式。当鼠标移动到④位置时，会出现一个禁止图标，单击后禁用当前样式，这样便于查找问题所在。

另外还可以在图17.4所示的①位置的任意一行代码后面双击插入新的样式，插入新样式后，浏览器可以实时显示应用新样式后的效果。

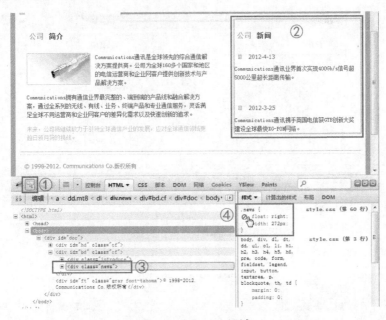

图17.3 用Firebug调试

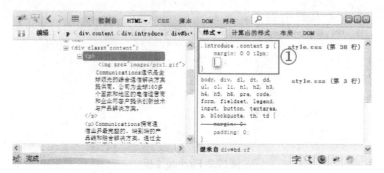

图17.4 双击插入新的样式

也可以在图17.5所示的①位置的任意一行代码的属性对应值上单击修改属性值，修改属性值后，浏览器同样可以实时显示应用新属性值后的效果。

图17.5 单击修改属性值

如图17.6所示，在HTML菜单下，选中class是content的容器，单击右侧的"布局"子菜单，可以查看容器content的盒模型。

图17.6 查看容器的盒模型

17.2 IE浏览器下的页面调试工具及使用

IE Developer Toolbar是微软为Web开发人员设计的一款网页调试工具，用于IE下XHTML和CSS的调试。使用方法和Firefox的Firebug类似。

如果安装的是IE 8或IE 8以上版本的浏览器，打开浏览器后，按F12键，可以打开相似功能的面板，不需要任何安装。如果是IE 7或以下版本浏览器，需要下载IE Developer Toolbar并进行安装。

如果是IE 8或以上版本，打开浏览器后，按F12键或在IE头部的工具栏中单击"F12开发人员工具"。如果是IE 7或以下版本，在IE头部的工具栏中单击"工具栏"按钮，再单击"浏览器栏"，然后再单击IE Developer Toolbar。如图17.7所示，是IE 8下的开发人员工具面板。

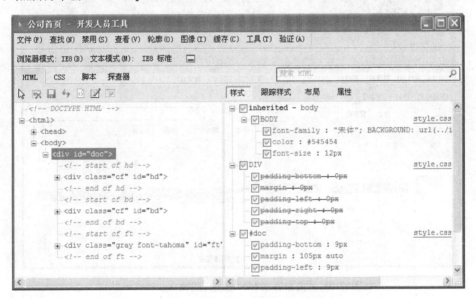

图17.7 IE 8的开发人员工具面板

IE的开发人员工具与XHTML和CSS调试有关的是HTML和CSS菜单。HTML菜单的功能与Firebug中的HTML菜单相似，可以查看页面的XHTML代码和容器所应用的CSS样式。CSS菜单可以查看网页加载的所有CSS样式。

单击HTML菜单后，面板的左侧是页面的XHTML代码，面板右侧包括4个子菜单，其中，"样式"子菜单可以查看左侧选中容器上所应用的CSS样式，"跟踪样式"子菜单可以查看左侧选中容器上应用的浏览器计算出的样式，"布局"子菜单可以查看左侧选中容器的盒模型。

在"样式"子菜单中，选中CSS代码前面的多选框，表示应用此样式，取消选中表示删除该样式。如图17.8所示是选中和取消选中多选框。单击每行的CSS代码可以修改相应的属性或值，如图17.9所示。

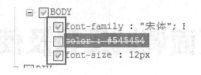

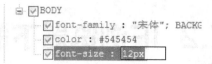

图17.8 选中和取消选中多选框　　　图17.9 单击每行的CSS代码可以修改相应的属性或值

在"属性"子菜单中，单击"添加属性"或"删除属性"按钮，可以为左侧选中的 XHTML容器增加CSS样式或删除CSS样式。如图17.10所示是为页面中的#doc容器增加样式 background:red后，页面背景变为红色。

图17.10 为页面容器#doc增加样式background:red

17.3 Chrome浏览器下的页面
调试工具及使用

Chrome浏览器下的开发者工具，是Chrome浏览器自带的一款用于调试网页的工具。打 开开发者工具面板的方法有多种，可以直接在页面上单击右键，然后选择审查元素，或者从 Chrome的右上角的工具栏中打开，或者按F12键打开。如图17.11所示是打开的开发者工具面板。在开发者工具面板中，与XHTML和CSS调试有关的菜单主要是Elements菜单。这个菜单的作用是查看、编辑页面上的元素，包括XHTML和CSS。与Firebug面板中的HTML菜单的功能和用法非常相似。

单击Elements菜单后，面板左侧可以查看页面的HTML结构，面板右侧与XHTML和CSS有关的子菜单是Styles和Computed。Styles子菜单可以对元素的CSS进行查看与编辑修改。在Computed子菜单中可以看到左侧面板中选中容器的盒模型和浏览器自动计算出的样式。其中自动计算出的样式是各种设置到该选中容器上的CSS值覆盖后的样式。

如图17.12所示是第2章中企业网站的首页，图中①是页面元素③所对应的XHTML代码，图中②是页面元素③所对应的CSS代码。

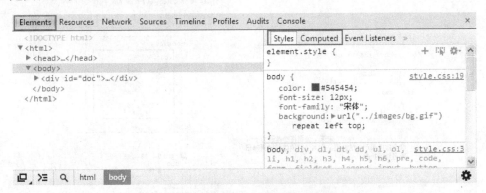

图17.11 Chrome的开发者工具面板

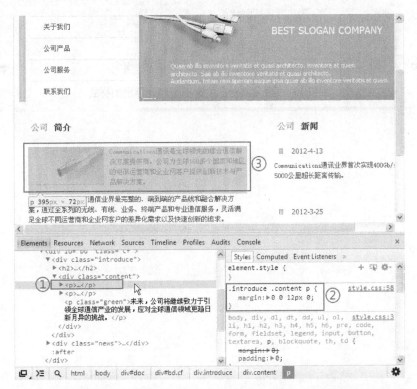

图17.12 企业网站首页中的元素在Chrome开发者工具中对应的XHTML和CSS

　　与Firebug中的操作相似，在图17.12所示的②位置的代码后面双击插入新的样式，也可以在CSS代码上单击修改属性和值。

　　如图17.13所示是页面元素对应的盒模型和计算出的样式。

图17.13　页面元素对应的盒模型和计算出的样式

代码发布前的优化

第18章

本章简单介绍了制作好的网页源代码在发布前需要经过的准备工作和步骤，在发布前检查自己的代码是每位网页制作人员在工作中应该具备的基本素质，体现了对广大用户负责的一种态度。压缩代码是为了使网站运行时效率更高。版本控制是为了在开发的过程中，确保由不同人所编辑的同一文件都得到更新。

本章主要涉及到的知识点如下。

- 检查代码：检查XHTML和CSS代码，在检查中重点应该注意什么。
- 压缩代码：压缩代码的原因和工具介绍。
- 版本控制：版本控制的原因和工具介绍。
- 上传：上传网页到服务器应该具备的条件和上传工具介绍。

注意　本章简单介绍了一个网站在发布前应该注意的问题，这些知识是网站制作中的最后一个环节，在大型项目中，这些步骤都是必须的。

18.1　检查代码

制作完成的网页要进行检查，包括XHTML的检查和CSS样式表的检查。本节介绍了XHTML和CSS代码在检查过程中应该主要从哪些方面着手。

18.1.1　XHTML代码的检查

XHTML代码在检查时需要注意的问题主要有以下几点。

（1）闭合XHTML标签
在以往的页面源代码里，经常看到这样的语句：

```
<li>Some text here. <li>Some new text here. <li>You get the idea.
```

非闭合XHTML标签不符合W3C标准，不但无法通过验证，并且容易出现一些难以预见的问题。

最好使用这样的形式：

```
<ul> <li>Some text here. </li> <li>Some new text here. </li> <li>You get
the idea. </li> </ul>
```

（2）不要使用嵌入式CSS样式

以下为嵌入式CSS代码：

```
<p style="color: red;">网页制作</p>
```

这样看起来即方便又没有问题，但是在后期的维护和修改时会产生不必要的麻烦。在制作网页时，最好在内容结构完成之后再开始加入样式代码。比如，把这个P的样式定义在样式表文件里：

```
p { color: red; }
```

（3）使用小写的标记

理论上讲，可以像这样随性的书写标记：

```
<DIV> <P>Here's an interesting fact about corn. </P> </DIV>
```

在W3C标准中，建议在 HTML 4 中使用小写标签，而在XHTML中，必须使用小写标签。所以最好不要用大写字母书写XHTML标签，费力气输入大些字母没有任何用处，最好这样写，比如：

```
<div> <p>Here's an interesting fact about corn. </p> </div>
```

（4）使用H1~H6标签

在网页中使用H会有很多好处，比如设备友好、搜索引擎友好等，制作网页时要尽可能充分利用H标签。

（5）缩减代码

为了控制定位而套上更多的DIV，甚至把一个段落用DIV包起来。其实这是一种低效而有害的做法。比如，能用UL布局的列表就不要用一个个的DIV去布局。

18.1.2 CSS代码的检查

CSS代码在检查时需要注意的问题主要有以下几点。

（1）各浏览器的兼容问题

检查CSS应用是否使网页在各浏览器中的表现一致。

（2）CSS属性书写是否正确

有些CSS属性名称比较长，检查书写是否正确，书写错误的样式属性，在页面上是看不到任何效果的。

（3）使用CSS缩写

CSS的缩写用来代替多个相关属性和值的集合。例如，内边距padding是上内边距padding-top、右内边距padding-right、下内边距padding-bottom和左内边距padding-left的缩写。

使用CSS缩写可以把多个属性/值对压缩进CSS样式表的一行代码里。不但有利于阅读，而且减少了CSS样式表的大小。

（4）减少空白

减少CSS样式表大小的另一种方法是从文档里删掉大多数无用的空白。换句话说，将每条规则放进一行代码里。例如，下面的代码示例在内容上相同，但是第二个要精炼得多：

```
h1 {
font-size: x-large;
 font-weight: bold;
 color: #FF0000;
 }
h1 {font-size: x-large; font-weight: bold; color: #FF0000}
```

（5）删掉注释

将注释从CSS代码里删掉可以减少文件大小。尽管注释对于代码的阅读很有用，但是它无助于浏览器生成Web页面。很多Web建设者都习惯给每一行代码加上注释，或者至少给每一条规则声明都加上。这样的慷慨注释在CSS样式表里是极少需要的，因为大多数CSS性质和属性都很容易阅读和理解。如果在样式表中对类、ID以及其他的选择器都使用有意义的名称，就可以省掉大多数的注释，同时仍然能够保持代码的可读性和可维护性。

18.2 压缩代码

网页中的CSS和JavaScript代码在上传到服务器之前都要进行压缩，对代码进行压缩，可以为服务器省下更多的网络流量，提高网站访客的浏览速度。

XHTML文件一般不进行压缩，由于XHTML文件中换行等空白字符的删除有可能导致部分元素样式产生差异，并且动态XHTML文件的压缩有可能会增加服务器的负担，因此XHTML文件一般不进行压缩。

CSS文件的压缩工具有很多，比如YUI Compressor、Clean CSS、CSS Optimizer。压缩工具一般是把注释、空格、换行等去掉，当然还有其他可选功能。有时使用在线压缩也很方便。在线压缩CSS代码的网站也有很多，比如http://ganquan.info/yui/?hl=zh-CN、http://flumpcakes.co.uk/css/optimiser/、http://tool.oschina.net/jscompress。

图18.1是使用YUI Compressor在线压缩CSS代码的截图。

您可以直接粘贴 JS 或 CSS代码到下面 代码框 或者 上传文件 和 URL.

```
.index #bd .publicity{position:relative;height:435px;}
.index #bd .publicity .ad{position:relative;}
.index #bd .publicity .ad ul li{height:435px;display:none;}
.index #bd .publicity .ad ul li.show{display:block;}
.index #bd .publicity .ad a{display:block;width:100%;height:100%;margin:0 auto;}
.index #bd .publicity .ad .ad1{background:url("../temp/x80.jpg") no-repeat center top;}
.index #bd .publicity .ad .ad2{background:url("../temp/adb90.jpg") no-repeat center top;}
.index #bd .publicity .ad .btn{width:23px;height:68px;cursor:pointer;position:absolute;top:50%;margin-top:-34px;}
.index #bd .publicity .ad .prev{background:url("../images/biao1.png") no-repeat left center;left:5%;}
.index #bd .publicity .ad .next{background:url("../images/biao2.png") no-repeat left center;right:5%;}
.index #bd .publicity .nav{width:860px;height:44px;position:absolute;left:50%;margin-left:-430px;bottom:0px;_bottom:-1px;}
.index #bd .publicity .nav .link,#bd .publicity .nav .bg{position:absolute;left:0px;bottom:0px;}
.index #bd .publicity .nav .link{z-index:2;}
.index #bd .publicity .nav .bg{z-index:1;}
.index #bd .publicity .nav li{float:left;width:214px;height:44px;line-height:44px;}
.index #bd .publicity .nav .link li{text-align:center;font-size:14px;}
.index #bd .publicity .nav .link li a{color:#fff;}
.index #bd .publicity .nav .bg li{background:#000;opacity:0.4;fliter:alpha(opacity=40);border-right:1px solid #fff;}
.index #bd .publicity .nav .bg li.noborder{border:0;}
```

文件类型 CSS ▾

全局选项

☐ 直接下载压缩完成后的代码？
☐ 显示压缩的shell命令行？

☐ 显示错误警告信息(方便对错误代码进行处理
　　☐ 行处插入换行.

JavaScript 选项

☐ 只压缩，不混淆.
☐ 保留不重要的分号(比如')'前面的分号).

压缩

图18.1 使用YUI Compressor在线压缩CSS代码

压缩后的代码会在几秒后显示在网站上，如图18.2所示。

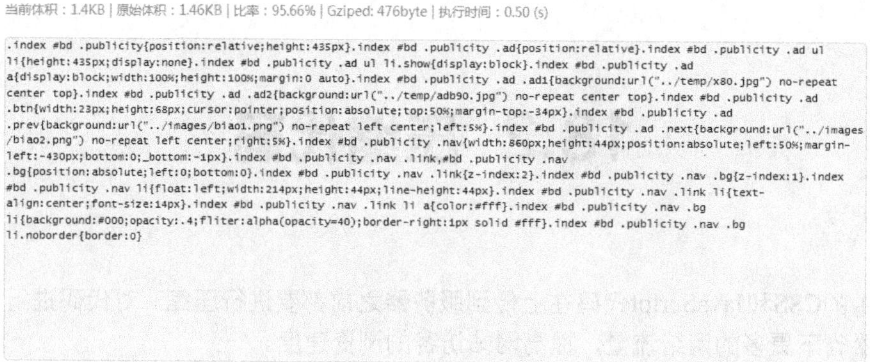

当前体积：1.4KB | 原始体积：1.46KB | 比率：95.66% | Gziped：476byte | 执行时间：0.50 (s)

```
.index #bd .publicity{position:relative;height:435px}.index #bd .publicity .ad{position:relative}.index #bd .publicity .ad ul
li{height:435px;display:none}.index #bd .publicity .ad ul li.show{display:block}.index #bd .publicity .ad
a{display:block;width:100%;height:100%;margin:0 auto}.index #bd .publicity .ad .ad1{background:url("../temp/x80.jpg") no-repeat
center top}.index #bd .publicity .ad .ad2{background:url("../temp/adb90.jpg") no-repeat center top}.index #bd .publicity .ad
.btn{width:23px;height:68px;cursor:pointer;position:absolute;top:50%;margin-top:-34px}.index #bd .publicity .ad
.prev{background:url("../images/biao1.png") no-repeat left center;left:5%}.index #bd .publicity .ad .next{background:url("../images
/biao2.png") no-repeat left center;right:5%}.index #bd .publicity .nav{width:860px;height:44px;position:absolute;left:50%;margin-
left:-430px;bottom:0;_bottom:-1px}.index #bd .publicity .nav .link,#bd .publicity .nav
.bg{position:absolute;left:0;bottom:0}.index #bd .publicity .nav .link{z-index:2}.index #bd .publicity .nav .bg{z-index:1}.index
#bd .publicity .nav li{float:left;width:214px;height:44px;line-height:44px}.index #bd .publicity .nav .link li{text-
align:center;font-size:14px}.index #bd .publicity .nav .link li a{color:#fff}.index #bd .publicity .nav .bg
li{background:#000;opacity:.4;fliter:alpha(opacity=40);border-right:1px solid #fff}.index #bd .publicity .nav .bg
li.noborder{border:0}
```

图18.2 压缩后的CSS代码

18.3 版本控制

进行版本控制是为了在开发的过程中，确保由不同人所编辑的同一文件都能得到更新。并且版本控制能透过文档控制记录每个文件的各种改动，并为每次改动编上序号。

网页上线后可能需要进行多次改版或局部调整，新的代码会取代线上的代码，网页开发人员无法保证手头上最新版本永远都是对的。很多时候，需要将所有的修改回复到数天前的版本。没有几个人能够完全记住自己修改过什么东西，如果没有做好版本控管，那么，最差的状况就是要全部重来。因此，为了方便以后查找之前的代码，需要对代码进行版本控制，主要是CSS样式表的版本控制，因为CSS的修改比较频繁，而XHTML一般结构固定后不常进行修改。在多人合作的项目中，每人将自己制作或修改的部分上传到服务器，项目中其他成员可以看到这些更改，并能下载到最新版本。

版本控制的关键步骤是：

（1）签入文件或目录。将本地修改后的文件作为新版本复制回服务器原文件夹中。

（2）签出文件或目录。从服务器的原文件夹中将文件的最新版本复制到本地电脑。

（3）提交文件或目录。与签入文件或目录的操作相同。对各自文件的副本做更改后，并将这些更改提交到服务器原文件夹中。

（4）冲突。当两名开发人员对同一文件的副本进行更改，并将这些更改提交到服务器时，他们提交的文件可能会发生冲突。在这种情况下，CVS或Subversion将检测冲突，并要求某个人先解决该冲突，然后再提交他们的更改。

（5）合并。将对相同文件的不同副本进行的多个更改合并到服务器原文件中。

（6）修订版本。对各个文件进行具体更新的编号。每次编辑文件并将它提交回服务器原文件夹中时，该文件的修订版本号将会增加。

常用的版本控制工具有CVS、SVN和GIT。读者如果对版本控制感兴趣可以自行查阅有关书籍，图18.3是利用TortoiseSVN对文件进行版本控制后，查看修改过的历史记录界面。

图18.3 查看修改过的历史记录界面

所有开发者对文档进行过的修改或更新，及其日期与对应的版本都会列在这个窗口上面。

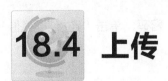

18.4 上传

检查并压缩代码后，就可以将所有网站文件上传到服务器了。常见的上传文件的工具有

CuteFTP、FileZilla、FlashFXP等。

无论上传何种数据文件到服务器，首先要具备以下的条件：

- 拥有服务器的账户名和密码。如果没有，是无法上传文件的，因为如果没权限，服务器不提供上传服务。
- 本地计算机安装好FTP软件。

下面简单介绍一款上传文件的工具FileZilla。FileZilla是一种快速、可信赖的上传工具，功能强大。

（1）首先安装FileZilla。安装完成后，打开FileZilla对话框，单击"文件"菜单下的"站点管理器"子菜单，如图18.4所示。

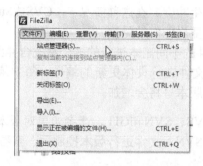

图18.4 "站点管理器"子菜单

（2）打开"站点管理器"对话框，单击"新站点2"节点，如图18.5所示。

图18.5 "站点管理器"对话框

（3）输入主机地址、账号、密码，单击"连接"按钮，如图18.6所示。

图18.6 输入主机地址、账号、密码

成功连接后，效果如图18.7所示。软件会显示"本地站点"和"远程站点"的文件目录，左边显示的就是本地计算机的文件目录列表，右边显示的就是远程服务器的目录列表，接下来就可以在两个小窗口里上传或下载文件了。上传文件，就选择本地的文件，直接拖到右边服务器相应位置，就开始上传了，如果想下载文件，先在左边窗口的本地电脑中选择一个存储文件的位置，然后选择服务器上的文件，拖到左边，即可实现下载。

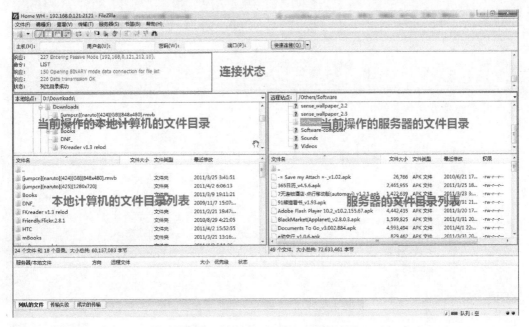

图18.7 通过FileZilla连接到服务器